普通高等教育应用技术型"十三五"规划系列教材

信号与线性系统

李香春　张　翼　容太平　卢　钢　编著

U0343428

华中科技大学出版社
中国·武汉

内 容 简 介

本书是作者根据信息与通信工程学科发展和培养通信与电子信息类应用型本科人才的需要,结合多年的理论和实践教学经验,按照"加强基础知识和提升应用能力"的原则编写而成的。

全书共分 6 章,包括绪论、连续时间信号的频谱、连续时间信号的复频谱、连续时间系统的变换域分析、离散时间系统的时域分析和离散时间系统的 z 域分析等内容。为了配合理论课的教学、帮助学生理解信号与系统的基本理论,每章最后配有相应的基于 Matlab 的实验部分,既可供课堂演示,又可供上机实验,还可让读者参与编程。

本书可供普通高校应用型本科通信与电子信息类、电子技术类、光电信息类、自动控制类、电气工程类和计算机类专业作为信号与系统课程的教材,亦可作为相关工程技术人员的参考书。

图书在版编目(CIP)数据

信号与线性系统/李香春等编著.—武汉:华中科技大学出版社,2015.7 (2024.1重印)
普通高等教育应用技术型"十三五"规划系列教材
ISBN 978-7-5680-1058-0

Ⅰ.①信… Ⅱ.①李… Ⅲ.①信号理论-高等学校-教材 ②线性系统-高等学校-教材 Ⅳ.①TN911.6

中国版本图书馆 CIP 数据核字(2015)第 169936 号

信号与线性系统
Xinhao Yu Xianxing Xitong

李香春 张 翼 容太平 卢 钢 编著

策划编辑:范 莹
责任编辑:陈元玉
封面设计:原色设计
责任校对:张会军
责任监印:徐 露
出版发行:华中科技大学出版社(中国·武汉)   电话:(027)81321913
        武汉市东湖新技术开发区华工科技园   邮编:430223
录 排:武汉楚海文化传播有限公司
印 刷:广东虎彩云印刷有限公司
开 本:787mm×1092mm 1/16
印 张:15.5
字 数:397千字
版 次:2024 年 1 月第 1 版第 6 次印刷
定 价:34.00 元

前　言

本书是根据培养应用型本科人才的要求,结合信息与通信工程学科的发展,综合多年的教学经验,按照"加强基础知识和提升应用能力"的原则编写而成的。

在通信和电子信息技术蓬勃发展的今天,信号与系统课程是普通高等院校通信工程、电子信息工程、自动控制、电子科学与技术、光电工程等弱电类专业学生必修的一门重要的专业基础课。原因在于,它是分析和设计实际应用中的"信号""系统"以及二者之间相互关系的理论基础,同时也是后续的数字信号处理、通信原理、电子线路分析与设计、电子线路原理、数字图像处理、控制原理、光纤通信等众多课程的理论基础。

信号与系统课程主要研究"信号""系统"以及二者之间的相互关系,具体研究确定信号的性质、线性非时变系统(LTIS)的特性,以及确定信号通过线性非时变系统的响应,并由此引出信号与系统理论中重要的傅里叶变换、拉普拉斯变换和 Z 变换这三个重要的基本概念,以及连续时间系统和离散时间系统的变换域分析方法。通过深入讨论某些典型信号、典型系统及其响应,使读者初步认识如何建立信号与系统的数学模型,如何对其进行正确的分析与求解,并能恰当地解释和分析结果的物理意义。

全书共分 6 章。第 1 章主要介绍信号、系统的基本概念,概述信号与系统的分析方法,并讨论连续时间系统的时域分析方法,重点介绍系统的零输入响应、零状态响应和全响应的概念;第 2 章主要介绍连续时间信号的频谱与傅里叶变换的概念,要求重点掌握傅里叶变换及其性质;第 3 章主要介绍拉普拉斯变换的概念,要求掌握拉普拉斯变换的性质及求拉普拉斯反变换的基本方法;第 4 章主要介绍连续时间系统的频域和复频域分析方法以及系统函数的概念,要求掌握系统频率特性的表示方法和系统稳定性的判别方法;第 5 章主要介绍离散时间信号和离散时间系统的时域分析、卷积和的基本概念,要求掌握离散时间系统的时域分析方法;第 6 章主要介绍 Z 变换与离散时间系统的 z 域分析, Z 变换、 Z 反变换以及 z 域的基本概念,要求掌握 Z 变换性质及离散时间系统 z 域分析方法。

本书内容的安排遵循从易到难、由浅入深的原则,先讨论连续时间信号及连续时间系统的分析方法,再讨论离散信号及系统分析。根据应用型本科学生的培养要求,基础理论的讲解深入浅出,并增强了实践部分。使用本书时,可以根据实际情况安排教学内容及教学顺序,不受本书体系的约束。

为了使读者能更好地理解信号与系统的基本概念和基本分析方法,本书精选了不少的例题和习题。为了配合理论课的教学、帮助学生理解信号与系统的基本理论,作者还编写了基于Matlab 的信号与系统实验软件,既可以课堂演示,又可以上机实验,还可以让读者参与编程。

本书由文华学院李香春、张翼、容太平、卢钢编著。其中,张翼执笔第 2 章和第 3 章的主要内容,容太平执笔第 1 章的主要内容,卢钢执笔 Matlab 语言在信号与系统应用部分的主要内容,其余部分由李香春执笔。

在本书的编写过程中,得到了文华学院各级领导的关心和指导,得到了信息学部电子与信息工程系、信息学部信号与系统课程教学组的大力支持和帮助,在此表示衷心的感谢。

由于编者水平有限,书中存在的错误在所难免,敬请广大读者予以批评和指正,我们不胜感激。

编者
2015 年 6 月

目　　录

第1章 绪　论

1.1　引言

自爱因斯坦（Einstein）的"相对论"、维纳（Wiener）的"控制论"和香农（Shannon）的"信息论"发表以来，世界科学技术发生了巨大的变化，新的工业化革命席卷全球。尤其是近几十年，在微电子技术、计算机技术、通信技术快速发展的基础上，世界迅速进入以计算机网络通信为特点、以知识经济为标志的信息时代。

在信息时代，"信息"是一项重要的资源，通过传输与交换就能创造出价值。在现代科学技术日益发展的情况下，携带信息的信号和传输系统日益复杂，促进了信号与系统理论研究的进一步发展。古代用烽火信号传送信息，近代用无线电报传送信息，现代用光纤宽带网传送信息。如何在有限的带宽内传递更多的信息，如何保证信息传递的安全可靠，这都是现代信号与系统中要研究的问题。"信号"的基本分析方法、"系统"的基本分析方法，是现代信号与系统分析方法的基础。

"信号与系统"在现代科学技术中是一个很基本、很普通、很重要的概念，在人们的日常生活中也经常用到。例如，当电视机上图像模糊、屏幕上有很多麻点时，人们就会说信号弱了。又如，当人们在选购计算机时，就会挑选有关的主机板、CPU、内存条、显示器等部件，选购品质好的产品，认为这样的计算机系统性能才会更好。

"信息传输系统"包括信息、消息、信号、系统和响应，如图 1-1 所示。"信号"是传递"信息"的工具，"系统"是"信号"的载体，"响应"是"信息"传递的目的。

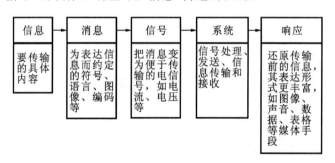

图 1-1　信息传输系统示意框图

"信号与系统"研究的基本内容可概括为"信号→系统→响应"，如图 1-2 所示。激励信号也称为输入，作用于系统的输入端；受激的系统产生响应，也称为输出。研究信号、系统及其响应的基本理论与基本分析方法，是为了让学习者更好地利用信息科学和计算机技术的理论和手段来解决现代科学、工程建设中出现的问题，并在实践中训练培养自己的基本技能。"信号与系统"的基本概念、基本理论和基本方法的发展,直接促进了模拟仿真技术、正交变换技术、数字化技术的发展。

图 1-2 信号→系统→响应示意图

"信号与系统"是一门理论和实践性都比较强的课程,除要有高等数学和工程数学基础、电路理论基础、算法语言基础外,对计算机实际操作和实验能力方面也有一定的要求。

本课程还是电路设计、通信原理、网络通信、数字信号处理、数字语音处理、数字图像处理、多媒体技术、数值计算、数字控制原理等后续课程的基础。

学好这门课程的方法是在理解其基本理论和基本方法的同时,适当地做一些习题和实验,进行基本技能的训练。理论和实践两环节是相辅相成的,只有在理解的基础上才会做习题和实验,在做习题和实验的过程中,必然会加深对课程内容的理解。

1.2 信号的概念

1.2.1 信号的种类

从整体上看,信号可分为两大类,即确定信号和随机信号。

1)确定信号

确定信号能够用确定的时间函数值来表示,即给定一个时间 t,就对应一个确定的函数值。

2)随机信号

随机信号不是一个确定的时间信号,即给定一个时间 t,其函数值并不确定,是一个随机数。随机信号在传输系统中经常表现为干扰、噪声等信号。

确定信号是本课程研究的重点,下面就重点讨论确定信号的分类及性质。

1.2.2 确定信号

1. 确定信号分类

确定信号可按时间连续性、函数值重复性、能量特点等进行分类。

1)按时间连续性分类

(1)连续时间信号。连续时间信号,又称为连续信号,它对一切时间变量 $t(-\infty < t < +\infty$,除有限个间断点外)都具有确定函数值。如果信号的函数值和时间变量 t 都是连续的,则称该连续信号为模拟信号。

(2)离散时间信号。离散时间信号,又称为离散信号,是指在一些离散时间点上有确定的函数值,而在其他时间点上无定义的信号,如图 1-3 所示。如果离散信号的函数值也是离散的,则称此信号为数字信号。

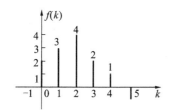

图 1-3 离散时间信号的表示方法

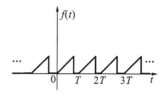

图 1-4 周期信号的波形

2)按函数值重复性分类

(1)周期信号。周期信号是指在一定时间内按照某一规律重复变化的信号,如图 1-4 所示。周期信号的一个重要参数是周期,常用 T 表示。

(2)非周期信号。非周期信号是指在时间上不具有周而复始变化性质的信号,如图 1-5 所示。非周期信号的周期 T 也可以看成是∞。

【例 1.1】 已知信号:(1)$A\sin t - B\sin(5t)$,(2)$A\sin t - B\sin(\pi t)$,试判断它们是否为周期信号,并求出周期 T。

解 (1)因为 $A\sin t - B\sin(5t)$中各分量的角频率为 $\omega_1 = 1$,$\omega_2 = 5$,所以它们对应分量的周期分别为 $T_1 = 2\pi/\omega_1 = 2\pi$,$T_2 = 2\pi/\omega_2 = 2\pi/5$。又因为 $T_1 : T_2 = 5 : 1$,所以 T_1、T_2 的最小公倍

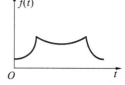

图 1-5 非周期信号的波形

数为 2π,因而合成信号的周期 $T = 2\pi$,即复合信号 $A\sin t - B\sin(5t)$ 是周期信号,其周期 $T = 2\pi$。

(2)因为 $A\sin t - B\sin(\pi t)$中各分量的角频率为 $\omega_1 = 1$,$\omega_2 = \pi$,所以它们对应分量的周期分别为 $T_1 = 2\pi/\omega_1 = 2\pi$,$T_2 = 2\pi/\omega_2 = 2\pi/\pi = 2$。又因为 $T_1 : T_2 = \pi : 1$,此比值为无理数,找不出 T_1 和 T_2 为有理数的最小公倍数。因而,复合信号 $A\sin t - B\sin(\pi t)$ 的周期 $T = +\infty$,为非周期信号。

3)按能量特点分类

(1)能量信号。能量信号是指总能量有限(作用在 1 Ω 电阻上的能量 $W = \int_{-\infty}^{+\infty} f^2(t)dt$),但平均功率为零的信号。例如,常见的单脉冲非周期信号等是能量信号。

(2)功率信号。功率信号是指平均功率有限(作用在 1 Ω 电阻上的功率 $P = \frac{1}{T}\int_{-\frac{T}{2}}^{\frac{T}{2}} f^2(t)dt$),但总能量可以达到无限的信号。例如,常见的交流电、周期信号等都是功率信号。

2. 确定信号的频谱

如何做到信号的高保真效果,即信号经过传输处理后,还能保持原来的波形特点(原汁原味),或者做到随心所欲地裁剪信号,即信号经过传输处理后,能够留下需要的成分,除去不需

要的成分,要解决这个问题就必须了解信号分析及描述信号实质的方法。

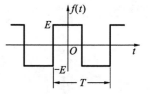

图 1-6 周期性方波信号

例如,一个周期性方波信号,如图 1-6 所示,可以分解成许多正弦和余弦频率分量,换句话说,一个周期性方波信号可以看成是很多正弦和余弦频率分量的组合。那么表示这些频率分量常用以下三种方法。

1)数学方法(三角函数表示法)

$$f(t)=\frac{4E}{\pi}\left[\cos(\Omega t)-\frac{1}{3}\cos(3\Omega t)+\frac{1}{5}\cos(5\Omega t)-\frac{1}{7}\cos(7\Omega t)+\cdots\right]$$

式中,基波频率为 $\Omega=2\pi/T$。由上式可以看出,一个周期性方波信号含有的频率分量有基波、3 次谐波、5 次谐波等无数个奇次谐波。这种方法的优点是能够精确地表示信号的分量组合,但是并不直观。

2)波形图分解方法(图形分解与合成)

将图 1-6 所示的周期性方波信号用余弦波形图表示,就是图形的分解与合成方法,如图 1-7 所示。图 1-7(a)表示周期性方波信号可分解成基波和无数个幅度不同的余弦奇次谐波;图 1-7(b)表示用基波和 3 次谐波合成的波形;图 1-7(c)表示基波和 3 次谐波、5 次谐波合成的波形。

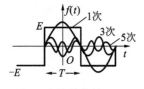

(a)方波的分解

(b)基波和3次谐波合成

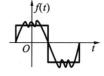

(c)基波和3次谐波、5次谐波合成

图 1-7 周期性方波图形的分解与合成示意图

观察图 1-7,可以得出以下结论。

(1)非正弦波信号含有许多余弦分量(或正弦分量)。

(2)信号各频率分量的幅度随着谐波频率的升高而逐渐下降,因此信号的能量主要集中在低频分量上。

(3)如果信号 $f(t)$ 是脉冲信号,那么它的高频分量主要影响脉冲的跳变沿,而低频分量主要影响脉冲的顶部。信号 $f(t)$ 的波形变化越剧烈,所含频率分量越丰富。

(4)用来叠加的谐波项数越多,合成后的波形越接近原来的波形。

采用波形图分解方法的优点是直观,能很清楚地获知谐波分量的叠加关系。但是,图形的分解和叠加过程很麻烦。

3)信号的频谱表示法

一般来说,信号含有的余弦频率分量可以用其幅度和相位表示。将信号的各个余弦分量的幅度和相位分别按频率由低向高依次排列就构成信号的频谱。和前面讨论的两种信号表示方法一样,信号的频谱也包含信号的全部信息。例如,图 1-6 所示的周期性方波信号,含有的频率分量有基波、3 次谐波、5 次谐波等无数个奇次谐波分量,将这些谐波分量的频率及幅度标在如图 1-8 所示的图上,就是该方波信号的频谱图。

虽然复杂信号的频谱在理论上可以扩展至无限,但在实际应用中,由于信号的能量一般集中在信号的低频部分,因此高于某一特定频率的分量在工程上可以忽略不计。这样信号的频谱只在某一个频率范围内有效存在,这个频率范围就是信号的频带。

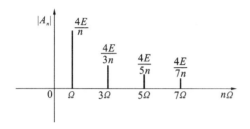

图 1-8 偶对称方波的频谱图

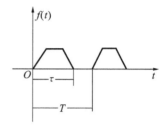

图 1-9 时间特性 (T,τ)

3. 确定信号的基本特性

1)时间特性(T,τ)

由前面确定信号的定义可知,确定信号能够用确定的时间函数值来表示,其函数值随时间变量 t 的变化而变化,并且可以用随时间变化而变化的波形来描述。所以确定信号随时间变化而变化的特性,即时间特性是它的首要特性,它包含信号的全部信息。确定信号的时间特性常用(T,τ)表示,如图 1-9 所示。其中,T 表示信号重复的周期;τ 表示信号持续时间,又称为脉宽。

2)频率特性(主要指信号的频谱和信号所占有的频带)

确定信号既具有时间特性又具有频率特性,其频率特性常用信号的频谱来描述。由前面的讨论可知,信号的频谱包含了信号的全部信息,那么它和同样包含信号全部信息的时间特性(T,τ)之间必然存在密切的联系,具体关系如下。

(1)重复周期 T 的倒数是周期信号的基波频率,其中:重复周期 T 越大,基波频率越低;重复周期 T 越小,基波频率越高。

(2)信号的脉冲持续时间(脉宽)τ 和边沿的陡度与信号占有的频带宽度有关。脉宽 τ 越宽,信号占有的频带越窄;脉宽 τ 越窄,信号占有的频带越宽。

1.2.3 激励信号

作用于系统输入端的信号称为激励信号,用数学的术语来描述也称为激励函数。为了以后讨论方便,这里重点介绍奇异函数做激励和普通函数做激励的表示方法。

1. 奇异函数

奇异信号,亦称奇异函数,是指函数本身有间断点,或者函数的导数不能用一般函数表示的信号。在连续系统中,常用的奇异函数有单位阶跃函数 $\varepsilon(t)$、单位冲激函数 $\delta(t)$ 等,下面分别讨论。

1)单位阶跃函数 $\varepsilon(t)$

单位阶跃函数 $\varepsilon(t)$,又称为单位阶跃信号,其定义为

$$\varepsilon(t)=\begin{cases}1 & (t>0)\\ 0 & (t<0)\end{cases} \tag{1-1}$$

其波形如图 1-10 所示。在图 1-10 中,单位阶跃函数 $\varepsilon(t)$ 在 $t=0$ 处是不连续的,即波形在 $t=0$ 处有一个跳变。

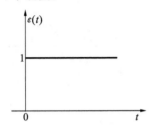

图 1-10 单位阶跃函数 $\varepsilon(t)$

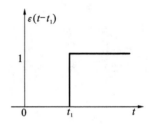

图 1-11 单位阶跃函数的延时 $\varepsilon(t-t_1)$

单位阶跃函数 $\varepsilon(t)$ 可以看成是在 $t=0$ 时,将单位电源接入某一电路,并且持续时间为无穷大。如果单位电源接入的时间向后推迟到 $t=t_1$,t_1 为正实数,持续时间同样为无穷大,就可以用单位阶跃函数 $\varepsilon(t)$ 的延时 $\varepsilon(t-t_1)$ 表示。可用图 1-11 表示,即

$$\varepsilon(t-t_1)=\begin{cases}1 & (t>t_1)\\ 0 & (t<t_1)\end{cases} \tag{1-2}$$

单位阶跃函数 $\varepsilon(t)$ 还可以用来表示信号的起始点,例如 $f(t)\varepsilon(t)$ 表示信号从 $t=0$ 点开始,$f(t)\varepsilon(t-1)$ 表示信号从 $t=1$ 点开始。

2)单位冲激函数 $\delta(t)$

单位冲激函数,又称为 δ 函数,常用 $\delta(t)$ 表示。它的定义为

$$\delta(t)=\begin{cases}\int_{-\infty}^{+\infty}\delta(t)\mathrm{d}t=1 & (t=0)\\ \delta(t)=0 & (t\neq0)\end{cases} \tag{1-3}$$

单位冲激函数 $\delta(t)$ 的波形如图 1-12 所示。

单位冲激函数常用来描述出现时间极短但幅度极大的物理现象。例如天空中出现的闪电、信号采样中常用的采样脉冲等信号。

单位冲激函数 $\delta(t)$ 具有如下性质。

(1)采样性。

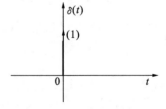

图 1-12 单位冲激函数 $\delta(t)$

δ 函数(单位冲激函数)不是通常意义上的函数,而是广义函数,也称为分配函数或采样函数,即满足

$$f(t)\delta(t)=f(0)\delta(t) \tag{1-4}$$

式(1-4)表示采集信号 $f(t)$ 中 $t=0$ 点的样值,如果要采集 $t=1$ 点的样值,则可以写为

$$f(t)\delta(t-1)=f(1)\delta(t-1) \tag{1-5}$$

如果对式(1-4)和式(1-5)在 $(-\infty,+\infty)$ 区间内积分,并利用单位冲激函数 $\delta(t)$ 的定义式,可得

$$\int_{-\infty}^{+\infty} f(t)\delta(t)\mathrm{d}t = f(0)\int_{-\infty}^{+\infty}\delta(t)\mathrm{d}t = f(0) \tag{1-6}$$

$$\int_{-\infty}^{+\infty} f(t)\delta(t-1)\mathrm{d}t = f(1)\int_{-\infty}^{+\infty}\delta(t-1)\mathrm{d}t = f(1) \tag{1-7}$$

(2)单位冲激函数 $\delta(t)$ 与单位阶跃函数 $\varepsilon(t)$ 的关系。

根据单位冲激函数 $\delta(t)$ 的定义,有

$$\int_{-\infty}^{t}\delta(\tau)\mathrm{d}\tau = \begin{cases} 1 & (t>0) \\ 0 & (t<0) \end{cases} \tag{1-8}$$

将式(1-8)与单位阶跃函数 $\varepsilon(t)$ 的定义式(1-1)比较,可知式(1-4)与式(1-6)完全相同,因而有

$$\varepsilon(t)=\int_{-\infty}^{t}\delta(\tau)\mathrm{d}\tau \tag{1-9}$$

由式(1-9)可知,单位阶跃函数 $\varepsilon(t)$ 是单位冲激函数 $\delta(t)$ 的积分。同理,单位冲激函数 $\delta(t)$ 是单位阶跃函数 $\varepsilon(t)$ 的微分,即满足

$$\delta(t)=\frac{\mathrm{d}\varepsilon(t)}{\mathrm{d}t} \tag{1-10}$$

单位冲激函数 $\delta(t)$ 可以用单位阶跃函数 $\varepsilon(t)$ 表示为

$$\delta(t)=\varepsilon(t)-\varepsilon(t-1) \tag{1-11}$$

同样,单位阶跃函数 $\varepsilon(t)$ 也可以用单位冲激函数 $\delta(t)$ 表示为

$$\varepsilon(t)=\sum_{i=0}^{+\infty}\delta(t-i) \tag{1-12}$$

(3)冲激函数的导函数 $\delta'(t)$。

冲激函数的导函数称为冲激偶,用 $\delta'(t)$ 表示。冲击偶 $\delta'(t)$ 表示在 $t=0$ 处有上下对称的两个冲激,故称为冲激偶,如图 1-13 所示。因为冲激偶信号包含正负两个冲激,所以它包含的面积为零,因此其积分为零,即

$$\int_{-\infty}^{+\infty}\delta'(t)\mathrm{d}t = 0 \tag{1-13}$$

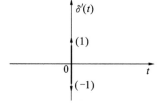

图 1-13 冲激偶 $\boldsymbol{\delta'(t)}$

当冲激偶与普通函数相乘时,具有如下性质:

$$f(t)\delta'(t)=f(0)\delta'(t)-f'(0)\delta(t) \tag{1-14}$$

式(1-14)可由冲激函数乘积的微分性质来证明,即

$$\left[f(t)\delta(t)\right]'=f'(t)\delta(t)+f(t)\delta'(t)$$

整理得

$$f(t)\delta'(t)=\left[f(t)\delta(t)\right]'-f'(t)\delta(t)$$

$$= f(0)\delta'(t) - f'(0)\delta(t) \tag{1-15}$$

将式(1-14)在$(-\infty, +\infty)$区间内积分,有

$$\int_{-\infty}^{+\infty} f(t)\delta'(t)\mathrm{d}t = -f'(0) \tag{1-16}$$

对于冲激偶的延迟$\delta'(t-t_1)$,同样有

$$\int_{-\infty}^{+\infty} f(t)\delta'(t-t_0)\mathrm{d}t = -f'(t_0) \tag{1-17}$$

(4)冲激函数$\delta(t)$的奇偶性。

冲激函数$\delta(t)$是偶函数,即满足

$$\delta(t) = \delta(-t) \tag{1-18}$$

(5)冲激函数$\delta(t)$的尺度变换性质。

当冲激函数在时间轴上发生尺度变化时,其强度也发生相应的变化,即

$$\delta(at) = \frac{1}{|a|}\delta(t) \tag{1-19}$$

2. 普通函数

由前面的讨论可知,用奇异函数做激励时,由于奇异函数的特殊性质,可以简化系统的分析和求解过程。在实际应用中,常用的激励函数并不是奇异函数,而是普通激励函数$e(t)$。但是,如果可以用奇异函数来表示普通激励函数$e(t)$,就同样可以利用奇异函数的性质来简化计算过程,降低系统分析和求解过程的难度。

从函数的叠加积分可看出:普通激励函数$e(t)$可以分解成一系列的阶跃函数之和,也可以分解成一系列脉冲之和,当脉冲间隔$\Delta t \rightarrow 0$时,它们就变成了奇异函数之和。

例如,普通激励函数$e(t)$如图 1-14(a)所示。可以将$e(t)$分解为如图 1-14(b)所示的一系列阶跃函数之和,也可以将$e(t)$分解为如图 1-14(c)所示的一系列脉冲函数之和。

将普通激励函数$e(t)$分解为一系列的阶跃函数时,有

$$e(t)\varepsilon(t) = e_0\varepsilon(t) + (e_1-e_0)\varepsilon(t-t_1) + (e_2-e_1)\varepsilon(t-t_2) + \cdots$$

将$e(t)$分解为一系列的脉冲函数时,有

$$e(t)\varepsilon(t) = e_0[\varepsilon(t) - \varepsilon(t-t_1)] + e_1[\varepsilon(t-t_1) - \varepsilon(t-t_2)] + \cdots$$

式中,$e(t)\varepsilon(t)$表示激励函数是一个有始信号,起始点是$t=0$。

令$\Delta t = t_2 - t_1$,当$\Delta t \rightarrow 0$时,上述两个等式完全成立,这些系列函数就变成了奇异函数。因而,普通激励函数完全可用系列奇异函数表示了。

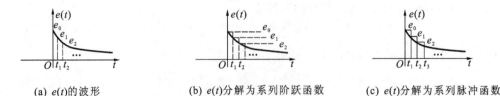

(a) $e(t)$的波形   (b) $e(t)$分解为系列阶跃函数   (c) $e(t)$分解为系列脉冲函数

图 1-14 $e(t)$的波形及分解

1.3　系统的概念

1.3.1　系统的概念及分类

系统是由若干元件、部件以特定方式连接,为完成某一特定功能而组成的一个有机整体。譬如,通信系统、广播电视系统、计算机系统等。一个简单的系统,一般由激励函数 $e(t)$、系统函数 $h(t)$、响应函数 $r(t)$ 三部分组成,如图 1-15 所示。

激励函数 $e(t)$ ──→ 系统函数 $h(t)$ ──→ 响应函数 $r(t)$

图 1-15　简单系统组成

根据系统中激励函数、系统函数与响应函数的性质,系统可归纳为以下几种类型。

1)因果系统

如果某个系统的响应是由过去或现在的激励产生的结果,那么此系统为因果系统。若 $e(t)$ 为激励、$r(t)$ 为响应,则有

$$e(t_1),e(t_2) \to r(t_2) \quad (t_1 < t_2) \tag{1-20}$$

因果系统是物理可实现系统。

与过去和现在激励都有关的系统也称为动态系统(或记忆系统),可表示为

$$e(t_1)+e(t_2) \to r(t_2) \quad (t_1 < t_2) \tag{1-21}$$

只与现在激励有关的系统称为即时系统(或无记忆系统),即时系统可以表示为

$$e(t_2) \to r(t_2) \tag{1-22}$$

2)可逆系统

若某系统对于不同的激励函数,对应有不同的响应函数,即响应与激励是单值对应的关系,则称此系统为可逆系统。用原系统和它的逆系统级联组合,可以组成恒等系统(见图 1-16),即输出信号与输入信号相同。

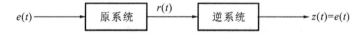

$e(t)$ ──→ 原系统 ──$r(t)$──→ 逆系统 ──→ $z(t)=e(t)$

图 1-16　恒等系统

图 1-16 中,$e(t)$ 是原系统的激励函数,$z(t)$ 是逆系统的响应函数。当原系统和逆系统级联时,输入信号 $e(t)$ 和输出信号 $z(t)$ 相等。

3)线性系统

同时具有齐次性(比例性)和叠加性(可加性)的系统称为线性系统。其中齐次性是指当激励变成原来激励 $e(t)$ 的 k(k 为任意常数)倍时,响应也相应地变为原来响应 $r(t)$ 的 k 倍。用符号表示为

若　　　　　　　　　　　　　　　　$e(t) \to r(t)$

则有
$$ke(t) \rightarrow kr(t) \tag{1-23}$$

系统的叠加性是指当有几个激励同时作用于系统时,系统的响应为各个激励分别作用于系统时所产生的响应之和。如果激励 $e_1(t)$ 产生的响应为 $r_1(t)$,激励 $e_2(t)$ 产生的响应为 $r_2(t)$,a_1 和 a_2 为任意常数,则叠加性可以用符号表示为

若
$$e_1(t) \rightarrow r_1(t), \quad e_2(t) \rightarrow r_2(t)$$
则
$$a_1 e_1(t) + a_2 e_2(t) \rightarrow a_1 r_1(t) + a_2 r_2(t) \tag{1-24}$$

4)非时变系统

响应的形状不随激励施加的时间不同而改变的系统,称为非时变系统,或称为时间平移系统,用符号表示为

若
$$e(t) \rightarrow r(t)$$
则
$$e(t-t_0) \rightarrow r(t-t_0) \tag{1-25}$$

5)线性非时变系统

同时具有齐次性、叠加性和时间平移性的系统,称为线性非时变系统(LTIS,linear time invariant system)。

6)稳定系统

在有界信号激励下,系统的响应也是有界的,则该系统是稳定的,即"有界的输入,产生有界的输出"(BIBO),此系统称为稳定系统。

下面以例题说明如何判断系统的这些性质。

【例 1.2】 已知:(1) $r(t) = r(t_0) + ae(t)$,(2) $r(t) = r(t_0) + e(t)\dfrac{\mathrm{d}e(t)}{\mathrm{d}t}$,当 $t = t_0$ 时,$e(t_0) = 0$。试判断系统的线性问题。

解 (1) $r(t) = r(t_0) + ae(t)$。

设
$$e_1(t) \rightarrow r_1(t) = r(t_0) + ae_1(t), e_2(t) \rightarrow r_2(t) = r(t_0) + ae_2(t)$$
则
$$b_1 e_1(t) \rightarrow r(t_0) + ab_1 e_1(t), b_2 e_2(t) \rightarrow r(t_0) + ab_2 e_2(t)$$
有
$$b_1 e_1(t) + b_2 e_2(t) \rightarrow r(t_0) + a(b_1 e_1(t) + b_2 e_2(t)) \neq b_1 r_1(t) + b_2 r_2(t)$$

因而系统不是线性系统。但是激励增量 Δe 和响应增量 Δr 之间有线性的关系,即
$$\Delta e = b_1 e_1(t) - e_1(t) = (b_1 - 1)e_1(t)$$
$$\Delta r = [r(t_0) + ab_1 e_1(t)] - [r(t_0) + ae_1(t)] = (b_1 - 1)ae_1(t)$$

观察可知,Δe 与 Δr 是线性关系,称这样的系统为增量线性系统。

(2) $r(t) = r(t_0) + e(t)\dfrac{\mathrm{d}e(t)}{\mathrm{d}t}$。

由题(1)的结论可知,$r(t) = r(t_0) + e(t)\dfrac{\mathrm{d}e(t)}{\mathrm{d}t}$ 不是线性系统,下面来判断它是否为增量线性系统。判断如下:
$$\Delta e = b_1 e_1(t) - e_1(t) = (b_1 - 1)e_1(t)$$
$$\Delta r = \left[r(t_0) + b_1 e_1(t)\frac{\mathrm{d}b_1 e_1(t)}{\mathrm{d}t}\right] - \left[r(t_0) + e_1(t)\frac{\mathrm{d}e_1(t)}{\mathrm{d}t}\right] \neq K(b_1 - 1)e_1(t)$$

式中,K 为实数,因而系统为非增量线性系统。

1.3.2　信息传输系统实例

1)通信网络系统

通信网络系统是现代人用得最多的系统之一,它由手机终端、基站、交换中心、传输信道等部分组成。现在信号传输的方式很多,可以通过各种信道,如有线、无线、光纤、微波和卫星等各种途径传输,并由它们组成了通信网络传输系统,如图 1-17 所示。

图 1-17　通信网络系统示意框图

2)广播电视系统

广播电视系统是一个将图像和声音同时传递给用户的一个较为复杂的系统,其系统框图如图 1-18 所示。

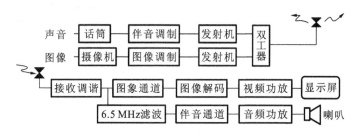

图 1-18　广播电视系统示意框图

3)互联网系统

互联网系统由亿万台计算机按照一定的协议互联而成,具有信息存储、信息传输、数据处理、网络通信等功能,可完成网络购物、各种票据的预订和购买、居家生活费用的交款等工作。单台计算机就是一个系统,其中键盘和鼠标是输入设备,击键就是输入信息;主板 CPU 是处理设备;屏幕、喇叭、打印机就是系统的输出设备,即系统的响应要从这些设备上反映出来。互联网系统就是由若干台计算机组成的,如图 1-19 所示。

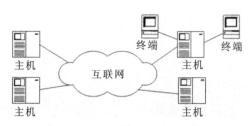

图 1-19　互联网系统示意图

4)集成芯片系统

大规模集成芯片就是一个系统,如 CPU、存储器、FPGA、专用集成电路 ASIC 等,它们分别在信息传输系统中完成不同的功能。譬如,STC12C5A60S2 系列单片机 VLIS 芯片,其中包含中央处理器(CPU)、程序存储器(Flash)、数据存储器(SRAM)、定时/计数器、UART 串口、串口 2、I/O 接口、高速 A/D 转换器、SPI 接口、PCA、看门狗及片内 R/C 振荡器和外部晶体振荡电路等模块。STC12C5A60S2 系列单片机还包含数据采集和控制中所需的所有单元模块,可称得上是一个片上系统(SOC),内部结构如图 1-20 所示。

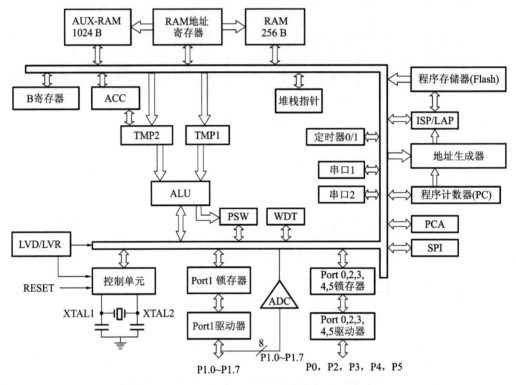

图 1-20　STC12C5A60S2 系列单片机内部结构示意框图

1.4 信号与系统分析方法概述

1.4.1 线性非时变系统的分析方法

1.一般分析方法与课程安排

1)描述系统特性的方法

(1)描述系统特性的数学模型。

一个线性非时变系统可以用数学模型来描述。其中,连续时间系统用微分方程来描述系统特性,具体采用连续时间系统的输入/输出方程和状态方程来描述;而离散时间系统用差分方程来描述系统特性,具体采用离散时间系统的输入/输出方程和状态方程来描述。

（2）描述系统特性的系统模拟。

在连续时间系统和离散时间系统中，都可以用模拟框图和信号流图来进行系统模拟。其中，模拟框图由加法器、乘法器等基本运算框图组成，可以用来代替描述系统的数学方程；信号流图由流图节点和支路构成，是描述系统结构的另一种方法，可以用来求系统函数。有关模拟框图和信号流图会在后续的章节中详细讨论。

2）线性非时变系统（LTIS）的分析方法

通过对系统特性的描述或模拟，就可以对系统进行分析了。在时域分析中有连续时间函数 $f(t)$ 和离散时间函数 $f(k)$ 两种类型的函数可用来分析系统，本课程不做详细研究。而连续时间系统中的频域分析（$FT \rightarrow F(j\omega)$）和复频域分析（$LT \rightarrow F(s)$），后面章节将进行详细研究；在离散时间系统中的 z 域分析（$ZT \rightarrow F(z)$），也将在后面章节进行详细研究。另外，对于状态变量分析方法，本课程也不做详细研究。

2. LTIS 分析中的应用技术基础

1）系统的全响应

线性连续时间系统的分析，可以归结为建立和求解线性微分方程的问题。对于电路网络，根据电路基本理论中的基尔霍夫（Kirchhoff）定律，令响应 $r=r(t)$，激励 $e=e(t)$。由基尔霍夫电流定律（KCL）、基尔霍夫电压定律（KVL）列出微分方程，可以整理成如下的标准形式：

$$\frac{d^n r}{dt^n} + a_{n-1}\frac{d^{n-1} r}{dt^{n-1}} + \cdots + a_1\frac{dr}{dt} + a_0 r = b_m\frac{d^m e}{dt^m} + b_{m-1}\frac{d^{m-1} e}{dt^{m-1}} + \cdots + b_1\frac{de}{dt} + b_0 e$$

上式就是电路网络系统的数学模型——微分方程，然后求解线性微分方程，再由电路基本理论分析可得系统的全响应。

系统的全响应 $r(t)$ 是零输入响应 $r_{zi}(t)$ 和零状态响应 $r_{zs}(t)$ 之和，即

$$r(t) = r_{zi}(t) + r_{zs}(t)$$

式中，零输入响应 $r_{zi}(t)$ 是系统在无输入激励的情况下，仅由初始条件产生的响应；零状态响应 $r_{zs}(t)$ 是系统在初始状态为零的情况下，仅由外加激励源产生的响应。

2）叠加积分法

在求零状态响应时，对有激励项的微分方程可以用叠加积分法求解。叠加积分法的基本原则是化复杂为简单，即将复杂的激励信号分解成很多简单的时间函数表示的单元信号。用每个简单的单元信号激励系统求出响应，然后利用线性系统的叠加原理将各单元信号的响应进行叠加，从而得到总的零状态响应，称为叠加积分。

激励函数的分解方法通常有以下两种。

（1）将激励函数分解成一系列脉冲函数。

此种方法的实质是，将激励函数分解成很多个幅度不同，但脉宽均为 Δt 的脉冲波，先求各个脉冲激励的响应，然后求整个激励的响应。求和时，当脉宽 Δt 趋向于无穷小时，求和的过程变成求积分，称为卷积积分。

（2）将激励函数分解成一系列阶梯函数。

此种方法将复杂的激励函数分解成很多个时间间隔为 Δt 的不同阶跃幅度的阶梯波，先求各个阶梯激励的响应，然后求和得到整个激励的响应。求和时，当 Δt 趋向于无穷小时，求和的过程变成求积分，称为杜阿美尔（Duhamel）积分。

在求零状态响应时，卷积积分使用比较广泛。另外，拉普拉斯（Laplace）变换法（详见第3章）在求零状态响应中使用也比较广泛。

【例 1.3】 已知矩形脉冲 $e(t) = E\varepsilon(t) - E\varepsilon(t-\tau_0)$，其波形如图 1-21(a)所示。求在此矩形脉冲信号激励下，图 1-21(b)所示 RC 电路的零状态响应。

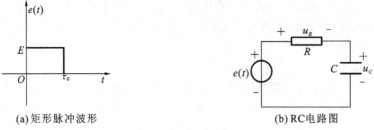

(a)矩形脉冲波形　　　　　　　(b)RC电路图

图 1-21　例 1.3 图

解　1)求电阻上电压 u_R

(1)求在 $E\varepsilon(t)$ 作用下电阻 R 上的电压 u_{R_1}。

由 KVL 可得

$$u_{R_1}(t) + \frac{1}{C}\int_{-\infty}^{t} \frac{u_{R_1}(\tau)}{R}\mathrm{d}\tau = E\varepsilon(t)$$

上式两边微分得

$$\frac{\mathrm{d}u_{R_1}(t)}{\mathrm{d}t} + \frac{1}{RC}u_{R_1}(t) = E\delta(t)$$

由高等数学知识和电路知识可知，响应 u_{R_1} 为

$$u_{R_1}(t) = Ee^{-at}\varepsilon(t)$$

(2)求在 $-E\varepsilon(t-t_0)$ 作用下电阻 R 上的电压 u_{R_2}。

其求法同题(1)，可得响应 u_{R_2} 为

$$u_{R_2}(t) = -Ee^{-a(t-\tau_0)}\varepsilon(t-\tau_0)$$

则电阻上的电压为

$$u_R(t) = Ee^{-at}\varepsilon(t) - Ee^{-a(t-\tau_0)}\varepsilon(t-\tau_0)$$

2)求电容上的电压 u_C

由 KVL，可得电容上的电压 u_C 为

$$\begin{aligned}
u_C(t) &= E[\varepsilon(t) - \varepsilon(t-\tau_0)] - u_R(t) \\
&= E[\varepsilon(t) - \varepsilon(t-\tau_0)] - Ee^{-at}\varepsilon(t) + Ee^{-a(t-\tau_0)}\varepsilon(t-\tau_0) \\
&= E(1-e^{-at})\varepsilon(t) - E(1-e^{-a(t-\tau_0)})\varepsilon(t-\tau_0)
\end{aligned}$$

在矩形脉冲信号激励下，RC 电路的零状态响应如图 1-22 所示。其中，图(a)是激励函数 $e(t)$ 的波形；图(b)是电阻上电压的零状态响应 $u_R(t)$ 的波形；图(c)是电容上电压的零状态响应 $u_C(t)$ 的波形。

当把 RC 电路看成一个简单系统 $h(t)$ 时，矩形脉冲 $e(t)$ 就是输入信号，电容上的电压 $u_C(t)$ 就是输入信号作用于系统的零状态响应 $r_{zs}(t)$。查看图(a)与图(c)的波形，发现输出波形与输入波形相比发生了变化，这是由于系统传输造成的。这里，当输入信号作用于系统时，其输出响应是一种卷积关系。

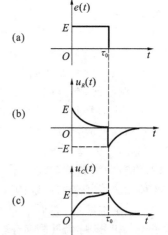

图 1-22　激励函数 $e(t)$ 与 RC 电路的零状态响应

1.4.2 卷积积分

1)单位冲激响应 $h(t)$

在单位冲激信号 $\delta(t)$ 的激励下,系统产生的响应 $r(t)$ 称为单位冲激响应 $h(t)$。

2)卷积积分定义

任意的激励函数 $e(t)\varepsilon(t)$,可以用若干个冲激函数之和来近似地代表,即

$$e(t) = \sum_{k=0}^{n} e(k\Delta t)\Delta t \cdot \delta(t - k\Delta t) \tag{1-26}$$

式中,$e(k\Delta t)\Delta t$ 为冲激强度(面积)。

设系统单位冲激响应为 $h(t)$,利用线性叠加原理可得系统的零状态响应 $r_{zs}(t)$ 为

$$r_{zs}(t) = \sum_{k=0}^{n} e(k\Delta t)\Delta t \cdot h(t - k\Delta t) \tag{1-27}$$

当 Δt 趋向于无穷小时,$k\Delta t$ 趋向于连续变量 τ,则求和式(1-27)就变成如下的积分式:

$$r_{zs}(t) = \int_{0^-}^{t} e(\tau)h(t - \tau)\mathrm{d}\tau \tag{1-28}$$

用变量代换法,式(1-28)也可写成

$$r_{zs}(t) = \int_{0^-}^{t} e(t - \tau)h(\tau)\mathrm{d}\tau \tag{1-29}$$

式(1-29)中,$h(t)$ 和 $e(t)$ 的积分就是卷积积分,通常用符号"$*$"或"$\otimes$"表示,则 $h(t)$ 和 $e(t)$ 的卷积积分可以写成

$$h(t) * e(t) = \int_{0^-}^{t} h(t - \tau)e(\tau)\mathrm{d}\tau$$

$$= \int_{0^-}^{t} h(\tau)e(t - \tau)\mathrm{d}\tau$$

由此得零状态响应 $r_{zs}(t)$ 是单位冲激响应为 $h(t)$ 和激励 $e(t)$ 的卷积积分,即

$$r_{zs}(t) = h(t) * e(t) \tag{1-30}$$

两个信号 $f_1(t)$ 和 $f_2(t)$ 的卷积积分定义的一般表达式为

$$f_1(t) * f_2(t) = \int_{-\infty}^{+\infty} f_1(\tau)f_2(t - \tau)\mathrm{d}\tau = \int_{-\infty}^{+\infty} f_1(t - \tau)f_2(\tau)\mathrm{d}\tau \tag{1-31}$$

在实际应用中,常用到的是有始无终信号。对于这类有始无终函数(设起点为0),其卷积积分上、下限的确定遵循以下两点:

(1)卷积积分下限为卷积两函数 $f_1(\tau)$、$f_2(t - \tau)$ 的左限的最大值。

(2)卷积积分上限为卷积两函数 $f_1(\tau)$、$f_2(t - \tau)$ 的右限的最小值。

根据本节中关于零状态响应的定义,用卷积积分求例1.3中电容电压 $u_C(t)$ 的过程如下:

$$u_C(t) = h(t) * e(t) = \int_{-\infty}^{+\infty} E[\varepsilon(\tau) - \varepsilon(\tau - \tau_0)]\alpha \mathrm{e}^{-a(t-\tau)}\varepsilon(t - \tau)\mathrm{d}\tau$$

$$= E\int_{-\infty}^{+\infty} \varepsilon(\tau)\alpha \mathrm{e}^{-a(t-\tau)}\varepsilon(t - \tau)\mathrm{d}\tau - E\int_{-\infty}^{+\infty} \varepsilon(\tau - \tau_0)\alpha \mathrm{e}^{-a(t-\tau)}\varepsilon(t - \tau)\mathrm{d}\tau$$

$$= E\int_{0^-}^{t} \alpha \mathrm{e}^{-a(t-\tau)}\mathrm{d}\tau - E\int_{\tau_0}^{t} \alpha \mathrm{e}^{-a(t-\tau)}\mathrm{d}\tau$$

$$= E(1 - \mathrm{e}^{-at})\varepsilon(t) - E[1 - \mathrm{e}^{-a(t-\tau_0)}]\varepsilon(t - \tau_0)$$

将上式中 $u_C(t)$ 的结果与例 1.3 中 $u_C(t)$ 的结果比较可知,其表达式完全一致,这就验证了输入信号 $e(t)$ 作用于系统时,其输出零状态响应 $r_{zs}(t)$ 等于输入信号 $e(t)$ 与系统单位冲激响应 $h(t)$ 的卷积。

【例 1.4】 已知某系统的单位冲激响应 $h(t)=e^{-2t}\varepsilon(t)$,其波形如图 1-23(a)所示,求此系统在激励函数 $\delta(t+1)$(其波形见图 1-23(b))作用下的零状态响应 $r_{zs}(t)$。

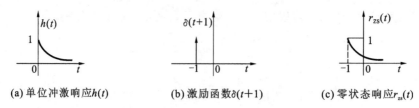

(a) 单位冲激响应$h(t)$　　　(b) 激励函数$\delta(t+1)$　　　(c) 零状态响应$r_{zs}(t)$

图 1-23　例 1.4 的激励与响应波形

解　根据式(1-30),有

$$r_{zs}(t)=e(t)*h(t)=\delta(t+1)*e^{-2t}\varepsilon(t)$$

$$=\int_{-1}^{t}\delta(\tau+1)e^{-2(t-\tau)}\varepsilon(t-\tau)d\tau=e^{-2(t+1)}\varepsilon(t+1)$$

由上式可知,激励函数 $\delta(t+1)$ 作用于系统时,产生的零状态响应是单位冲激响应 $h(t)$ 的延时 $h(t+1)$,其波形如图 1-23(c)所示。

3)卷积积分的图解过程

从例 1.4 的卷积积分过程可得到卷积积分的四个操作步骤:反褶、平移、相乘、求面积。具体过程如下。

(1)反褶:将函数 $e^{-2t}\varepsilon(t)$ 的波形沿 Y 轴对褶,并用变量 τ 代替 t 得到 $e^{2\tau}\varepsilon(-\tau)$,其波形如图 1-24(a)所示。

(2)平移:将 $e^{2\tau}\varepsilon(-\tau)$ 的波形沿 τ 轴向左平移 t,得到 $e^{-2(t-\tau)}\varepsilon(t-\tau)$,如图 1-24(b)所示。

(3)相乘:向右移动 $e^{-2(t-\tau)}\varepsilon(t-\tau)$,即改变 t 的数值,沿 τ 轴从负无穷大向正无穷大移动,与 $\delta(\tau+1)$ 相乘,如图 1-24(c)所示。

(4)求面积:$e^{-2(t-\tau)}\varepsilon(t-\tau)$ 与 $\delta(\tau+1)$ 在 $\tau=-1$ 处相会,这时相乘的值 $e^{-2(t-\tau)}\varepsilon(t-\tau)\delta(\tau+1)=e^{-2(t+1)}\varepsilon(t+1)\delta(\tau+1)$,求两函数重叠的面积,并标记于 t 时间坐标中。此时,在 $t=-1$ 处,$e^{-2(t+1)}\varepsilon(t+1)=1$。继续改变 t 的数值,对每次移动都要计算两函数重叠的面积,并标记在 t 时间坐标中。这样,t 的数值在 τ 时间坐标上向正无穷大移动,得到了卷积积分的结果,如图 1-24(d)所示。

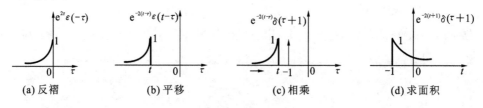

(a)反褶　　　　(b)平移　　　　(c)相乘　　　　(d)求面积

图 1-24　卷积积分的图解过程示意图

【例 1.5】 已知信号 $f_1(t)$ 和 $f_2(t)$,其波形如图 1-25 所示。试用图解法求信号 $f_1(t)$ 和 $f_2(t)$ 的卷积 $f(t)=f_1(t)*f_2(t)$。

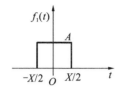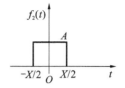

图 1-25　例 1.5 信号的波形图

解　根据卷积积分图解法,通过反褶、平移可以得到如图 1-26(a)所示的图形,通过相乘、求面积可以得到如图 1-26(b)所示的图形。

该图左半直线为

$$f(t) = f_1(t) * f_2(t) = \int_{-\infty}^{+\infty} f_1(\tau) f_2(t-\tau) \mathrm{d}\tau$$

$$= A^2 \int_{-X}^{t} \mathrm{d}\tau = A^2(t+X)$$

该图右半直线为

$$f(t) = f_1(t) * f_2(t) = \int_{-\infty}^{+\infty} f_1(\tau) f_2(t-\tau) \mathrm{d}\tau$$

$$= A^2 \int_{t}^{X} \mathrm{d}\tau$$

$$= A^2(-t+X)$$

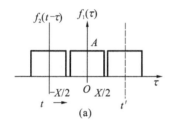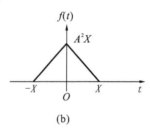

图 1-26　例 1.5 卷积积分求解过程图

对于函数的起始点不是 0 的有始有终函数,其卷积积分上、下限的确定方法如下。

(1)卷积积分下限:当 $f_2(t-\tau)$ 函数从左至右在 τ 时间轴上移动,第一次与 $f_1(\tau)$ 函数最左边相重合时,$f_2(t-\tau)$ 原纵轴所指的时间轴上位置就是积分下限,本例为 $-X$。

(2)卷积积分上限:当 $f_2(t-\tau)$ 函数从左至右在 τ 时间轴上移动,与 $f_1(\tau)$ 函数最右边相分离时,$f_2(t-\tau)$ 原纵轴所指的时间轴上位置就是积分上限,本例为 X。

4)卷积积分的性质

(1)卷积运算与代数中乘法运算类似的性质。

互换律：　　　　　　　　　$u(t) * v(t) = v(t) * u(t)$ 　　　　　　　　(1-32)

分配律：　　　　$u(t) * [v(t)+w(t)] = u(t) * v(t) + u(t) * w(t)$ 　　　　(1-33)

结合律：　　　　$u(t) * [v(t) * w(t)] = [u(t) * v(t)] * w(t)$ 　　　　　(1-34)

以上三个性质利用卷积积分的定义可以容易加以证明,在此省略。

(2)卷积的微分性质。

某一信号微分一次后与另一信号卷积积分,其结果与两个信号先卷积再微分的结果相同,即

$$\frac{\mathrm{d}}{\mathrm{d}t}[u(t)*v(t)]=u(t)*\frac{\mathrm{d}v(t)}{\mathrm{d}t}=\frac{\mathrm{d}u(t)}{\mathrm{d}t}*v(t) \tag{1-35}$$

式(1-35)可以用定义证明：

$$\begin{aligned}\frac{\mathrm{d}}{\mathrm{d}t}[u(t)*v(t)]&=\frac{\mathrm{d}}{\mathrm{d}t}\int_{-\infty}^{+\infty}u(\tau)v(t-\tau)\mathrm{d}\tau\\&=\int_{-\infty}^{+\infty}u(\tau)\frac{\mathrm{d}}{\mathrm{d}t}v(t-\tau)\mathrm{d}\tau\\&=u(t)*\frac{\mathrm{d}v(t)}{\mathrm{d}t}\end{aligned} \tag{1-36}$$

（3）卷积的积分性质。

某一信号积分一次后与另一信号卷积积分，其结果与两个信号先卷积再积分的结果相同，即

$$\int_{-\infty}^{t}[u(x)*v(x)]\mathrm{d}x=u(t)*\left[\int_{-\infty}^{t}v(x)\mathrm{d}x\right]=\left[\int_{-\infty}^{t}u(x)\mathrm{d}x\right]*v(t) \tag{1-37}$$

式(1-37)同样可以用卷积的定义直接证明：

$$\begin{aligned}u(t)*\left[\int_{-\infty}^{t}v(x)\mathrm{d}x\right]&=\int_{-\infty}^{+\infty}u(\tau)\left[\int_{-\infty}^{t}v(x-\tau)\mathrm{d}x\right]\mathrm{d}\tau\\&=\int_{-\infty}^{t}\left[\int_{-\infty}^{+\infty}u(\tau)v(x-\tau)\mathrm{d}\tau\right]\mathrm{d}x\\&=\int_{-\infty}^{t}[u(x)*v(x)]\mathrm{d}x\end{aligned}$$

（4）卷积的微分积分性质。

某一信号积分一次后与另一信号的微分做卷积运算，其结果与两个信号直接卷积的结果相同，即

$$u(t)*v(t)=\frac{\mathrm{d}u(t)}{\mathrm{d}t}*\left[\int_{-\infty}^{t}v(x)\mathrm{d}x\right]=\left[\int_{-\infty}^{t}u(x)\mathrm{d}x\right]*\frac{\mathrm{d}v(t)}{\mathrm{d}t} \tag{1-38}$$

此性质利用性质（2）和性质（3）即可加以证明，在此省略。

（5）函数延时后的卷积。

如果信号 $u(t)$ 与 $v(t)$ 的卷积积分为 $y(t)$，即

$$u(t)*v(t)=y(t)$$

则它们的时移信号 $u(t-t_1)$ 和 $v(t-t_2)$ 的卷积积分必为 $y(t-t_1-t_2)$，即

$$u(t-t_1)*v(t-t_2)=y(t-t_1-t_2) \tag{1-39}$$

证明 根据卷积的定义，有

$$u(t-t_1)*v(t-t_2)=\int_{-\infty}^{+\infty}u(\tau-t_1)v(t-t_2-\tau)\mathrm{d}\tau$$

令 $x=\tau-t_1$，有

$$u(t-t_1)*v(t-t_2)=\int_{-\infty}^{+\infty}u(x)v(t-t_1-t_2-x)\mathrm{d}x=y(t-t_1-t_2)$$

（6）冲激信号与任意信号的卷积积分。

设冲激信号 $\delta(t)$ 与另一信号 $u(t)$ 卷积，它们的卷积积分仍为信号 $u(t)$，即

$$\delta(t)*u(t)=u(t) \tag{1-40}$$

式(1-40)根据冲激函数的性质可以很容易加以证明,在此省略。

同样,如果冲激信号的延时 $\delta(t-t_0)$ 与信号 $u(t)$ 卷积,则它们的卷积积分为信号 $u(t)$ 本身延时 $u(t-t_0)$,即

$$\delta(t-t_0) * u(t) = u(t-t_0)$$

(7)相关函数与卷积的关系。

信号 $x(t)$ 的自相关函数 $R_{xx}(t)$、信号 $x(t)$ 与信号 $y(t)$ 的互相关函数 $R_{xy}(t)$,以及信号 $y(t)$ 与 $x(t)$ 的互相关函数 $R_{yx}(t)$ 的定义分别为

$$R_{xx}(t) = \int_{-\infty}^{+\infty} x(\tau)x(\tau-t)\mathrm{d}\tau = \int_{-\infty}^{+\infty} x(\tau+t)x(\tau)\mathrm{d}\tau = R_{xx}(-t)$$

$$R_{xy}(t) = \int_{-\infty}^{+\infty} x(\tau)y(\tau-t)\mathrm{d}\tau = \int_{-\infty}^{+\infty} x(\tau+t)y(\tau)\mathrm{d}\tau = R_{yx}(-t)$$

$$R_{yx}(t) = \int_{-\infty}^{+\infty} y(\tau)x(\tau-t)\mathrm{d}\tau = \int_{-\infty}^{+\infty} y(\tau+t)x(\tau)\mathrm{d}\tau = R_{xy}(-t)$$

根据卷积的定义,上述式子可以改写为

$$R_{xx}(t) = x(t) * x(-t) = \int_{-\infty}^{+\infty} x(\tau)x[-(t-\tau)]\mathrm{d}\tau \tag{1-41}$$

$$R_{xy}(t) = x(t) * y(-t) = \int_{-\infty}^{+\infty} x(\tau)y[-(t-\tau)]\mathrm{d}\tau \tag{1-42}$$

$$R_{yx}(t) = y(t) * x(-t) = \int_{-\infty}^{+\infty} y(\tau)x[-(t-\tau)]\mathrm{d}\tau \tag{1-43}$$

相关函数在分析随机信号时很有用,常用来求取随机信号的功率谱。

【例 1.6】　求矩形脉冲 $f_1(t) = \varepsilon(t-t_1) - \varepsilon(t-t_2)$, $t_2 > t_1$ 和指数函数 $f_2(t) = \mathrm{e}^{-t}\varepsilon(t)$ 的卷积,它们的波形分别如图 1-27(a)和(b)所示。

解　(1)根据卷积定义求解。

通过"反褶、平移、相乘、求和"四个步骤,得到图 1-27(c)、(d)所示波形。数学计算如下。

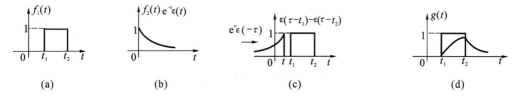

(a)　　　　　　　(b)　　　　　　　(c)　　　　　　　(d)

图 1-27　例 1.6 卷积原函数与图解法示意图

$$g(t) = f_1(t) * f_2(t) = \int_{-\infty}^{+\infty} f_1(\tau)f_2(t-\tau)\mathrm{d}\tau$$

$$= \int_{-\infty}^{+\infty} [\varepsilon(\tau-t_1) - \varepsilon(\tau-t_2)]\mathrm{e}^{-(t-\tau)}\varepsilon(t-\tau)\mathrm{d}\tau$$

$$= \int_{-\infty}^{+\infty} \varepsilon(\tau-t_1)\mathrm{e}^{-(t-\tau)}\varepsilon(t-\tau)\mathrm{d}\tau - \int_{-\infty}^{+\infty} \varepsilon(\tau-t_2)\mathrm{e}^{-(t-\tau)}\varepsilon(t-\tau)\mathrm{d}\tau$$

$$= \int_{t_1}^{t} \mathrm{e}^{-(t-\tau)}\mathrm{d}\tau - \int_{t_2}^{t} \mathrm{e}^{-(t-\tau)}\mathrm{d}\tau$$

$$= \mathrm{e}^{-(t-\tau)} \Big|_{t_1}^{t} \cdot \varepsilon(t-t_1) - \mathrm{e}^{-(t-\tau)} \Big|_{t_2}^{t} \cdot \varepsilon(t-t_2)$$

$$= [1 - \mathrm{e}^{-(t-t_1)}]\varepsilon(t-t_1) - [1 - \mathrm{e}^{-(t-t_2)}]\varepsilon(t-t_2)$$

（2）运用卷积的微分与积分性质求解。

$$g(t) = f_1(t) * f_2(t) = \frac{\mathrm{d}f_1(t)}{\mathrm{d}t} * \int_{-\infty}^{t} f_2(\tau)\mathrm{d}\tau$$

$$= [\delta(t-t_1) - \delta(t-t_2)] * (1 - e^{-t})\varepsilon(t)$$

$$= [1 - e^{-(t-t_1)}]\varepsilon(t-t_1) - [1 - e^{-(t-t_2)}]\varepsilon(t-t_2)$$

1.5　Matlab 仿真概述及连续时间系统时域分析

1.5.1　信号与系统 Matlab 仿真概述

　　"信号与系统"是一门以数学推导为核心的理论性很强的课程，其特点是概念抽象、数学运算量大、公式和推导相对较多。为了帮助学生理解与掌握课程的基本概念、基本原理和基本分析方法，特别对分析结果采用了直观的图形表示。本课程特引入基于 Matlab 软件平台仿真环境的信号与系统课程实验。该实验可以使学生完成数值计算、信号与系统可视化建模与仿真，以加深学生对信号与系统的基本概念、基本原理、基本方法及应用的理解和掌握。

　　Matlab 是英文 matrix laboratory 的缩写，是由美国 Mathworks 公司于 1984 年推出的一款功能强大的科学计算软件，现已成为国际公认的最优秀的工程应用开发软件之一。Matlab 具有丰富的函数工具箱资源，它用更直观简洁、符合人们思维习惯的代码替代了 C/C++等语言的冗长代码，使编程人员从烦琐的程序代码中解放出来，尤其是它具有强大的图形处理功能和符号运算功能。为了实现信号的可视化及对各种域的分析，Matlab 提供了强有力的工具。Matlab 已成为线性代数、自动控制理论、信号与系统、数字信号处理、图像处理、通信原理等课程的基本教学实验工具。

1. Matlab 语言基本知识

1）常用命令函数

（1）常用基本数学函数。

表 1-1 给出了常用的基本数学函数及其含义。

表 1-1　常用基本数学函数

符　　号	含　　义	符　　号	含　　义
sin()	正弦函数	sqrt()	平方根函数
cos()	余弦函数	max()	求数组的最大值函数
tan()	正切函数	min()	求数组的最小值函数
exp()	自然常数为底的指数函数	mean()	求数组的平均值函数
log()	自然常数为底的对数函数	sum()	求和函数
expm()	矩阵指数函数	eig()	求矩阵的特征值函数
abs()	幅值函数	angle()	求复数相角函数
real()	取复数实部函数	conj()	求复数共轭函数
imag()	取复数虚部函数	sinc()	辛格函数

（2）常用矩阵生成函数。

表 1-2 给出了常用矩阵生成函数及其功能。

表 1-2　常用矩阵生成函数

函　数　名	功　　能
zeros(m,n)	产生 $m\times n$ 的全 0 矩阵
ones(m,n)	产生 $m\times n$ 的全 1 矩阵
rand(m,n)	产生均匀分布的随机矩阵，元素取值范围为 0.0～1.0
randn(m,n)	产生正态分布的随机矩阵
magic(N)	产生 N 阶魔方矩阵（矩阵的行、列和对角线上元素的和相等）
eye(m,n)	产生 $m\times n$ 的单位矩阵

注意，当 zeros()、ones()、rand()、randn()和 eye()函数只有一个参数 n 时，它们均为 $n\times n$ 的方阵；当 eye(m,n)函数的 m 和 n 参数不相等时，则单位矩阵会出现全 0 行或列。

（3）常用矩阵运算函数。

表 1-3 给出了常用矩阵运算函数。

表 1-3　常用矩阵运算函数

函　数　名	功　　能
det($\boldsymbol{X}$)	计算方阵行列式
rank($\boldsymbol{X}$)	求矩阵的秩，得出的行列式不为零的最大方阵边长
inv($\boldsymbol{X}$)	求矩阵的逆阵，当方阵 $\boldsymbol{X}$ 的 det($\boldsymbol{X}$)不等于零时，逆阵 $\boldsymbol{X}^{-1}$ 才存在。$\boldsymbol{X}$ 与 $\boldsymbol{X}^{-1}$ 相乘为单位矩阵
[v,d]=eig($\boldsymbol{X}$)	计算矩阵的特征值和特征向量。如果方程 $Xv=vd$ 存在非零解，则 v 为特征向量，d 为特征值
diag($\boldsymbol{X}$)	产生 $\boldsymbol{X}$ 矩阵的对角阵

2）基本作图函数

基于 Matlab 实验的重要特点之一，是对分析结果的可视化。通过可视化图形，可直观地观看到信号或系统特性等表示结果。Matlab 提供了丰富的作图函数，这里仅给出基本作图函数，具体应用将在后续实验中介绍。

（1）基本绘图命令 plot。

plot 命令是 Matlab 中简单而且使用广泛的一个绘图命令，用来绘制二维曲线。

语法：　plot(x)　　　％绘制以 x 为纵坐标的二维曲线

　　　　plot(x,y)　　％绘制以 x 为横坐标、y 为纵坐标的二维曲线

说明：x 和 y 可以是向量或矩阵。

plot 命令还可以同时绘制多条曲线，用多个矩阵对为参数，Matlab 自动以不同的颜色绘制不同的曲线。每一对矩阵（x_i,y_i）均参考前面的解释方式，不同的矩阵对之间其维数可以不同。

说明：除上面介绍的常用的绘图命令 plot 外，还有 ezplot、stairs、stem 等命令。它们之间的区别是：绘制连续信号得到光滑的曲线时使用 plot 命令；显示连续信号中的不连续点时使

用 stairs 命令较好;绘制离散信号波形时使用 stem 命令;绘制以 Matlab 符号表达式表达的信号时使用 ezplot 命令。

(2)同时显示多种图形的方法。

a.指定图形窗口。

如果需要同时打开多个图形窗口,则可以使用 figure 语句。

语法: figure(n)　　　%产生新图形窗口

说明:如果该窗口不存在,则产生新图形窗口并设置为当前图形窗口,该窗口名为"FigureNo. n",而不关闭其他窗口。

b.同一窗口多个子图。

如果需要在同一个图形窗口中打开几幅独立的子图,可以在 plot 命令前加上 sub(subplot 命令)来将一个图形窗口划分为多个区域,每个区域一幅子图。

语法: subplot(m,n,k)　　　%使(m×n)幅子图中的第 k 幅成为当前图

说明:将图形窗口划分为 m×n 幅子图,k 为当前子图的编号,","可以省略。子图的序号编排原则是:左上方为第 1 幅,先向右后向下依次排列,子图彼此之间独立。

c.同一窗口多次叠绘。

为了在一个坐标系中增加新的图形对象,可以用"hold"命令来保留原图形对象。

语法: holdon　　　%使当前坐标系和图形保留

　　　　holdoff　　　%使当前坐标系和图形不保留

　　　　hold　　　%在以上两个命令中切换

说明:在设置了"holdon"后,如果画多个图形,则在生成新的图形时保留当前坐标系中已存在的图形,Matlab 会根据新图形的大小重新改变坐标系的比例。

(3)文字标注。

a.添加图名。

语法: title(s)　　　%书写图名

说明:s 为图名、字符串,可以是英文或中文。

b.添加坐标轴名。

语法: xlabel(s)　　　%横坐标轴名

　　　　ylabel(s)　　　%纵坐标轴名

c.添加图例。

语法: legend(s,pos)　　　%在指定位置建立图例

　　　　legendoff　　　%擦除当前图中的图例

说明:参数 s 是图例中的文字注释,如果为多个注释,则可以用's1'、's2'……的方式;参数 pos 是图例在图上位置的指定符,它的取值如表 1-4 所示。

表 1-4　pos 取值所对应的图例位置

pos 取值	0	1	2	3	4	−1
图例位置	自动取最佳位置	右上角(默认)	左上角	左下角	右下角	图右侧

说明:用 legend 命令在图形窗口中产生图例后,还可以用鼠标对其进行拖拉操作,将图例拖到满意的位置。

（4）添加文字注释。

语法：　text(xt,yt,s)　　　％在图形的(xt,yt)坐标处书写文字注释

2. Matlab 程序设计基础

1）Matlab 窗口及 M 文件

以 Matlab7. x 为例，其集成环境有桌面平台及 8 个组成部分：指令窗口、历史指令窗口、工作台及工具箱窗口、工作目录窗口、工作空间窗口、矩阵编辑器、程序编辑器和帮助浏览器。

（1）命令窗口。

点击桌面上的 Matlab 图标进入 Matlab 后，即可看到命令窗口（Command Window），它是主窗口，当显示"〉〉"时，表示系统处于准备接受命令的状态。

（2）图形窗口。

执行任一种绘图命令，都会自动产生图形窗口，绘图就在命令规定的图形窗口中进行。

（3）文本编辑窗口。

用 Matlab 计算有两种方式：一种是简单计算，可在命令窗口逐行输入命令执行；另一种是复杂仿真计算，把多行各种命令组成一个 M 文件，经过 Matlab 软件平台编译执行。

（4）M 文件。

采用 Matlab 语言及语法编写的源文件称为 M 文件，扩展名为. m。其文件名不能以数字开头，不能用 Matlab 语言中已使用的名称，也不能包含汉字，但可以使用下画线"_"表示。

（5）help 命令。

help 命令是查询函数相关信息的最基本方式，信息会直接显示在命令窗口中。

2）编程注意事项

（1）Matlab 使用双精度数据，所有系统命令都以小写形式表示。

（2）矩阵是 Matlab 进行数据运算的基本元素，矩阵中的下标从 1 开始而不是 0，标量是作为 1×1 的矩阵来处理的。

（3）语句或命令结尾的分号";"会屏蔽当前结果的显示。

（4）注释位于％之后，不被执行。

（5）使用上下箭头实现命令的滚动显示，可用于再编辑和再执行。

（6）变量名必须以字母开头，可以由字母、数字和下画线组成。

（7）要画出一条平滑的连续曲线，最少需要 200 个数据点。

（8）为了在图形中标出 ω、φ、π 等特殊符号，应采用 Matlab 提供的专门字母表示，如表 1-5 所示。

表 1-5　特殊符号的表示法

字　符　串	符　　号	字　符　串	符　　号	字　符　串	符　　号
\alpha	α	\theta	θ	\phi	φ
\beta	β	\lambda	λ	\Phi	φ
\gamma	γ	\tao	τ	\pi	π
\delta	δ	\int	∫	\infty	∞
\epsilon	ε	\omega	ω	\Omega	Ω

1.5.2 Matlab 语言在信号与系统中的应用

1. 信号波形的产生和运算函数

1)连续时间信号表示方法

根据 Matlab 的数值计算功能和符号运算功能,在 Matlab 中,信号有两种表示方法:一种采用向量来表示,另一种则采用符号运算的方法表示。在采用适当的 Matlab 语句表示出信号后,就可以利用 Matlab 中相应的绘图命令绘制出直观的信号波形了。下面分别介绍连续时间信号的表示及其波形绘制方法。

对于连续时间信号,因其自变量的取值是连续的,所以从严格意义上讲,Matlab 并不能处理连续信号。在实际中,使用连续信号在等时间间隔点上的样值来近似表示,当采样时间间隔足够小时,这些离散的样值就能较好地近似出连续信号。

(1)连续时间向量表示法。

对于连续时间信号 $f(t)$,可以用两个行向量 f 和 t 来表示,其中向量 t 是使用形如 $t = t_1:p:t_2$ 的命令定义的时间范围向量,其中,t_1 为信号起始时间,t_2 为终止时间,p 为时间间隔。向量 f 为连续信号 $f(t)$ 在向量 t 所定义的时间点上的样值。例如,对于连续信号 $f(t) = \mathrm{Sa}(t)$ $= \dfrac{\sin(t)}{t}$,可以将它表示成行向量形式,同时可使用绘图命令 plot() 函数绘制其波形。其程序如下:

```
t1=-10:0.5:10;        %定义 t 取值范围:-10~10,间隔为 0.5,t1 是 41 维行向量
f1=sin(t1)./t1;       %定义信号表达式,求出样值,并生成行向量 f1(维数同 t1)
figure(1);            %打开图形窗口 1
plot(t1,f1);          %以 t1 为横坐标、f1 为纵坐标绘制 f1 的波形
t2=-10:0.1:10;        %定义 t 的取值范围:-10~10,间隔为 0.1,t2 是 201 维行向量
f2=sin(t2)./t2;       %定义信号表达式,求出样值,并生成行向量 f2(维数同 t2)
figure(2);            %打开图形窗口 2
plot(t2,f2);          %以 t2 为横坐标、f2 为纵坐标绘制 f2 的波形
```

上述程序的运行结果分别如图 1-28(a)和(b)所示。

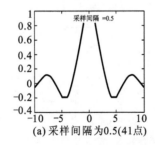
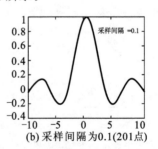

(a)采样间隔为0.5(41点) (b)采样间隔为0.1(201点)

图 1-28 信号 $f(t) = \mathrm{Sa}(t)$ 波形图

说明:①图 1-28(a)是在采样间隔为 $p=0.5$ 时绘制的波形,而图 1-28(b)是在采样间隔 $p=0.1$ 时绘制的波形,对照两图,可以看出图 1-28(b)所示的曲线要比图 1-28(a)所示的曲线光滑得多。

②在上面的 $f = \sin(t)./t$ 语句中,必须用点除符号,以表示是两个函数对应点上的值相除。

(2)连续信号符号运算表示法。

如果一个信号或函数可以用符号表达式来表示,就可以用符号函数专用绘图命令 ezplot() 等来绘出信号的波形。例如,对于连续信号 $f(t) = \mathrm{Sa}(t) = \dfrac{\sin(t)}{t}$,也可以用符号表达式来表示它,同时用 ezplot() 命令绘出其波形。其 Matlab 程序如下:

```
symst;                    %符号变量说明
f=sin(t)/t;               %定义函数表达式
ezplot(f,[-10,10]);       %绘制波形,并且设置坐标轴显示范围
```

上述程序的运行结果如图 1-29 所示。

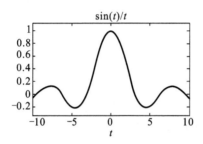

图 1-29　用符号运算表达式绘制的信号 $f(t) = \mathbf{Sa}(t)$ 波形图

2)常见的波形产生和运算函数

表 1-6 给出了 Matlab 常用的波形产生和运算函数。

表 1-6　常用的波形产生和运算函数

符　号	含　义
sawtooth()	产生周期锯齿波或三角波
square()	产生周期方波
pulstran()	脉冲串
heaviside()	阶跃信号
dirac()	冲击信号
sinc()	辛格函数
fliplr()	信号翻转
simple()	化简符号
cumsum()	信号累加
sum()	信号求和
diff()	信号微分
int()	信号积分
conv()	信号卷积

2. 连续系统时域分析的函数

对于连续的 LTI 系统,若系统输入为 $f(t)$、输出为 $y(t)$,则输入与输出之间满足如下的线性常系数微分方程:$\sum_{i=0}^{n} a_i y^{(i)}(t) = \sum_{j=0}^{m} b_j f^{(j)}(t)$。当系统输入为单位冲激信号 $\delta(t)$ 时,产生的零状态响应称为系统的单位冲激响应,用 $h(t)$ 表示。当输入为单位阶跃信号 $\varepsilon(t)$ 时,系统产生的零状态响应则称为系统的单位阶跃响应,记为 $g(t)$,如图 1-30 所示。

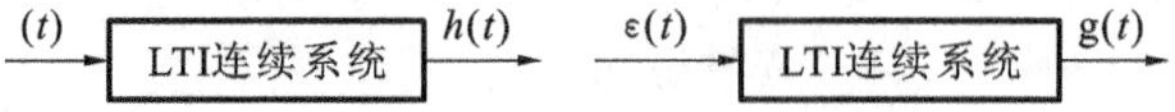

图 1-30 连续时间系统分析

系统的单位冲激响应 $h(t)$ 包含了系统的固有特性,它是由系统本身的结构及参数所决定的,与系统的输入无关。我们只要知道了系统的冲激响应,即可求得系统在不同激励下产生的响应。因此,求解系统的冲激响应 $h(t)$ 对我们进行连续系统的分析具有非常重要的意义。

在 Matlab 中有专门用于求解连续系统的冲激响应和阶跃响应,并有绘制其时域波形的函数 impulse() 和 step()。如果系统输入为 $f(t)$,冲激响应为 $h(t)$,系统的零状态响应为 $y(t)$,则有 $y(t) = h(t) * f(t)$。

若已知系统的输入信号及初始状态,则可以用微分方程的经典时域求解法求出系统的响应。但是对于高阶系统,手工计算这一问题的过程非常困难和烦琐。

在 Matlab 中,应用 lsim() 函数很容易就能对上述微分方程所描述的系统响应进行仿真,求出系统在任意激励信号作用下的响应。lsim() 函数不仅能够求出连续系统在指定的任意时间范围内系统响应的数值解,而且能绘制出系统响应的时域波形图。

以上各函数的调用格式如下。

1)impulse() 函数

impulse() 函数将绘制出由向量 a 和 b 所表示的连续系统在指定时间范围内的单位冲激响应 $h(t)$ 的时域波形图,并能求出指定时间范围内冲激响应的数值解。

impulse(b,a) 　　　　　　%以默认方式绘制出由向量 a 和 b 所定义的连续系统的冲激响应的时域波形。

impulse(b,a,t0) 　　　　　　%绘制出由向量 a 和 b 所定义的连续系统在 0~t0 时间范围内冲激响应的时域波形。

impulse(b,a,t1:p:t2) 　　　　　　%绘制出由向量 a 和 b 所定义的连续系统在 t1~t2 时间范围内,并且以时间间隔 p 均匀采样的冲激响应的时域波形。

y=impulse(b,a,t1:p:t2) 　　　　　　%只求出由向量 a 和 b 所定义的连续系统在 t1~t2 时间范围内,并且以时间间隔 p 均匀采样的冲激响应的数值解,但不绘出其相应波形。

2)step() 函数

step() 函数将绘制出由向量 a 和 b 所表示的连续系统的阶跃响应在指定的时间范围内的波形图,并且求出数值解。与 impulse() 函数一样,step() 也有如下四种调用格式:

step(b,a)

step(b,a,t0)

step(b,a,t1:p:t2)

y＝step(b,a,t1:p:t2)

上述调用格式的功能与 impulse() 函数完全相同,不同的只是所绘制(求解)的是系统的阶跃响应 $g(t)$,而不是冲激响应 $h(t)$。

3)lsim() 函数

根据系统有无初始状态,lsim() 函数有如下两种调用格式。

(1)系统无初始状态时,调用 lsim() 函数可求出系统的零状态响应,其格式如下:

lsim(b,a,x,t)   %绘制出由向量 a 和 b 所定义的连续系统在输入为 x 和 t 所定义的信号时,系统零状态响应的时域仿真波形,且时间范围与输入信号相同。其中 x 和 t 表示输入信号的行向量,t 为输入信号时间范围的向量,x 则是输入信号对应于向量 t 所定义的时间点上的采样值。

y＝lsim(b,a,x,t)   %与前面的 impulse() 和 step() 函数类似,该调用格式并不绘制出系统的零状态响应曲线,而只是求出与向量 t 定义的时间范围相一致的系统零状态响应的数值解。

(2)系统有初始状态时,调用 lsim() 函数可求出系统的全响应,格式如下:

lsim(A,B,C,D,e,t,X0)   %绘制出由系数矩阵 A、B、C、D 所定义的连续时间系统在输入为 e 和 t 所定义的信号时,系统输出函数的全响应的时域仿真波形。t 表示输入信号时间范围的向量,e 则是输入信号 e(t) 对应于向量 t 所定义的时间点上的采样值,X0 表示系统状态变量 X＝[x1,x2,…,xn]′ 在 t＝0 时刻的初值。

[Y,X]＝lsim(A,B,C,D,e,t,X0)   %不绘制出全响应波形,而只是求出与向量 t 定义的时间范围相一致的系统输出向量 Y 的全响应以及状态变量 X 的数值解。显然,lsim() 函数对系统响应进行仿真的效果取决于向量 t 的时间间隔的密集程度,t 的采样时间间隔越小,则响应曲线越光滑,仿真效果也越好。

说明:

①当系统有初始状态时,若使用 lsim() 函数求系统的全响应,就要使用系统的状态空间描述法,即首先要根据系统给定的方式,写出描述系统的状态方程和输出方程。假如系统原来给定的是微分方程或系统函数,则可用相变量法或对角线变量法等写出系统的状态方程和输出方程。

②利用 lsim() 函数不仅可以分析单输入/单输出系统,还可以分析复杂的多输入/多输出系统。

3.信号波形产生及连续系统时域分析实例

【例1.7】 画出周期为 $T＝1$,占空比 duty＝1/2 的方波。

解 程序如下:

```
%Ss101.m
T＝1;
t＝－10:0.001:10          ;%定义时间范围向量 t
duty＝50;
x＝square(t,duty)          ;%方波函数
```

```
plot(t,x)
axis([-10,10,-1.5,1.5])
line([-10,10],[0,0])
```

运行结果如图 1-31 所示。

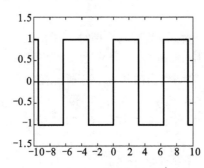

图 1-31 例 1.7 的求解结果示意图

【例 1.8】 画出 $f(t)=\text{Sa}(t)=\dfrac{\sin t}{t}$ 函数波形。

解 $f(t)=\text{Sa}(t)=\dfrac{\sin t}{t}=\dfrac{\sin(\pi\,\dfrac{t}{\pi})}{\pi\,\dfrac{t}{\pi}}=\dfrac{\sin(\pi t')}{\pi t'}=\text{sinc}(t')$

程序如下：

```
Ss102.m
t=-10*pi:0.01*pi:10*pi;      %定义时间范围向量 t
f=sinc(t/pi);               %计算 Sa(t) 函数
plot(t,f);                  %绘制 Sa(t) 的波形
```

运行结果如图 1-32 所示。

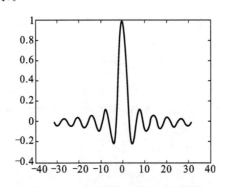

图 1-32 例 1.8 的求解结果示意图

【例 1.9】 画出相加信号 $f(t)=\cos(\pi t)+\cos(2\pi t)$ 的波形。

程序如下：

```
Ss1.03.m
t=-2:0.01:2;
f=cos(pi*t)+cos(2*pi*t);
```

plot(t,f);

运行结果如图 1-33 所示。

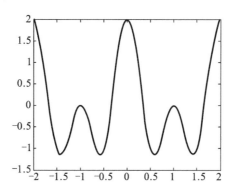

图 1-33　例 1.9 的求解结果示意图

【例 1.10】　画出相乘信号 $f(t)=\cos(\pi t)\cdot\cos(2\pi t)$ 的波形。

解　程序如下：

Ss104.m

t＝-2:0.01:2;

f＝cos(pi*t).*cos(2*pi*t);　　%注意是"点乘"

plot(t,f);

运行结果如图 1-34 所示。

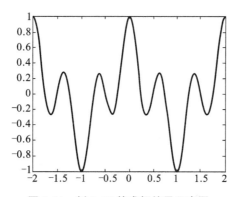

图 1-34　例 1.10 的求解结果示意图

【例 1.11】　实现卷积 $y(t)=f_1(t)*f_2(t)$，其中：$f_1(t)=2e^{-t}\varepsilon(t)$，$f_2(t)=2\varepsilon(t)-2\varepsilon(t-1)$。

解　程序如下：

Ss105.m

p＝0.01;　　　　　　　　　　　%采样时间间隔

nf1＝0:p:3;　　　　　　　　　　%f1(t)对应的时间向量

f1＝2*exp(-nf1).*(nf1>=0);　　%序列 f1(n)的值

nf2＝0:p:3;　　　　　　　　　　%f2(t)对应的时间向量

f2＝(nf2>=0)-(nf2>=2);　　　　%序列 f2(n)的值

[y,k]＝sconv(f1,f2,nf1,nf2,p);　　%计算 y(t)＝f1(t)*f2(t)

```
subplot(3,1,1),stairs(nf1,f1);          %绘制 f1(t)的波形
title('f1(t)');axis([0 3 0 2.1]);
subplot(3,1,2),stairs(nf2,f2);          %绘制 f2(t)的波形
title('f2(t)');axis([0 3 0 2.1]);
subplot(3,1,3),plot(k,y);               %绘制 y(t)=f1(t)*f2(t)的波形
title('y(t)=f1(t)*f2(t)');axis([0 3 0 2.1]);
```

子程序 sconv.m

```
%此函数用于计算连续信号的卷积 y(t)=f(t)*h(t)
function   [y,k]=sconv(f1,f2,nf1,nf2,p)
%y:卷积积分 y(t)对应的非零样值向量
%k:y(t)对应的时间向量
%f1:f1(t)对应的非零样值向量
%nf1:f1(t)对应的时间向量
%f2:f2(t)对应的非零样值向量
%nf2:f2(t)对应的时间向量
%p:取样时间间隔
y=conv(f1,f2);                          %计算序列 f1(n)与 f2(n)的卷积和 y(n)
y=y*p;                                  %y(n)变成 y(t)
left=nf1(1)+nf2(1)                      %计算序列 y(n)非零样值的起点位置
right=length(nf1)+length(nf2)-2         %计算序列 y(n)非零样值的终点位置
k=p*(left:right);                       %确定卷积和 y(n)非零样值的时间向量
```

运行结果如图 1-35 所示。

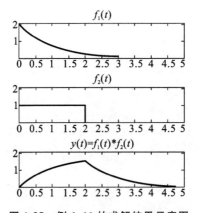

图 1-35 例 1.11 的求解结果示意图

【**例 1.12**】 设方程 $r''(t)+3r'(t)+2r(t)=(2e^{-t}-1)\varepsilon(t)$，$e(t)=(2e^{-t}-1)\varepsilon(t)$，试求零状态响应 $y_{zs}(t)$。

解 程序如下：

ss206.m

```
yzs=dsolve('D2y+5*Dy+6*y=2*exp(-t)-1','y(0)=0,Dy(0)=0')
```

ezplot(yzs,[08]);

运行结果:yzs＝2/3 * exp(－3 * t)－3/2 * exp(－2 * t)－1/6 * (exp(t)－6) * exp(－t)

即
$$y_{zs}(t)=\left[\frac{2}{3}e^{-3t}-3/2e^{-2t}-\frac{1}{6}(e^t-6)e^{-t}\right]\varepsilon(t)$$

波形如图 1-36 所示。

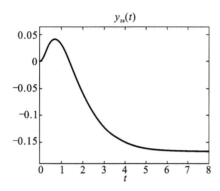

图 1-36　例 1.12 的求解结果示意图

【例 1.13】　已知 LTI 系统的微分方程为 $\dfrac{d^2 r(t)}{dt^2}+6\dfrac{dr(t)}{dt}+8r(t)=2e(t)$,求系统的单位冲激响应。

解　程序如下:

```
Ss107.m
a＝[168];              %微分方程左侧系数
b＝[2 * exp(1)];       %微分方程右侧系数
impulse(b,a);
```

运行结果如图 1-37 所示。

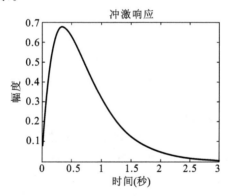

图 1-37　例 1.13 的求解结果示意图

1.5.3　连续时间系统时域分析实验

(1)绘制余弦信号 $f_1(t)=\cos(10\pi t)$ 和 $f_2(t)=\cos(1000\pi t)$ 的波形图。

(2)绘制相乘信号 $f(t)=\cos(10\pi t)\cdot\cos(1000\pi t)$ 的波形图。

(3)已知某线性时不变系统的微分方程为 $r''(t)+4r'(t)+3r(t)=(e^{-t}-1)\varepsilon(t)$,求该系统

的单位冲激响应 $h(t)$。

(4)设激励 $e(t) = (e^{-t} - 1)\varepsilon(t)$,求题(3)中系统的零状态响应 $y_{zs}(t)$。

(5)计算线性卷积 $y(t) = (e^{-t} - 1)\varepsilon(t) * h(t)$,其中 $h(t)$ 为题(3)中的单位冲激响应,验证 $y_{zs}(t)$ 是否等于 $y(t)$。

小　　结

在现代科学技术日益发展的条件下,携带信息的信号和传输系统日益复杂,如何在有限的带宽内传递更多的信息,如何保证信息传递的安全可靠,这些问题的研究,进一步促进了现代信号与系统理论研究的发展。而"信号"的基本分析方法、"系统"的基本分析方法是现代信号与系统分析方法的基础。

本章主要讨论了信号与系统的概念,综述了信号与系统的分析方法,较详细地介绍了系统的零状态响应和卷积积分,并运用 Matlab 仿真技术对连续时间系统的时域问题进行了分析,主要内容有以下几点。

一、信号的概念

(一)信号的种类

1.确定信号

确定信号是能够用确定的时间函数值来表示的信号,给定一个时间 t,就对应一个确定的函数值。确定信号是本课程研究的重点。

2.随机信号

随机信号不是一个确定的时间信号,其函数值是一个随机数,在传输系统中表现为干扰、噪声等。

(二)确定信号

1.确定信号分类

(1)按时间连续性分为以下几类。

①连续时间信号是对一切时间 $t(-\infty < t < +\infty$,除个别间断点外)都有确定函数值的信号。

②离散时间信号是在一切离散时间点上有确定的函数值,而在其他时间点上无定义的信号。

(2)按函数值重复性分为以下几类。

①周期信号是在一定时间内按照某一规律重复变化的信号。

②非周期信号是在时间上不具有周而复始变化性质的信号。

结论:在复合信号中,分量频率的比为无理数,则该复合信号称为概周期信号。概周期信号就是非周期信号,$T = +\infty$。

(3)按能量特点分为以下几类。

①能量信号是总能量有限(作用在 $1\ \Omega$ 电阻上的能量 $W = \int_{-\infty}^{+\infty} f^2(t)\mathrm{d}t$),平均功率为零的信号,如单脉冲非周期信号等。

②功率信号是平均功率有限(作用在 $1\ \Omega$ 电阻上的功率 $P = \dfrac{1}{T}\int_{-\frac{T}{2}}^{\frac{T}{2}} f^2(t)\mathrm{d}t$),总能量无限

的信号,如交流电、周期信号等。

2.确定信号的频谱

信号分析及描述信号实质的方法有以下三种。

- 数学方法(三角函数表示法)。
- 波形图分解方法(图形分解与合成)。
- 信号的频谱表示法。

信号的频谱:将信号余弦分量的幅度(相位)表示成频率的函数。

信号占有频带:信号通过系统后,使输出波形基本上与输入波形保持一样(不失真,或在允许失真的范围内),此时信号所含的频率分量范围称为占有频带。

结论:

(1)非正弦波含有许多正弦分量(或余弦分量)。

(2)各频率分量的幅度随着谐波频率升高而逐渐下降,能量主要集中在低频分量上。

(3)$f(t)$是脉冲信号时,其高频分量主要影响脉冲的跳变沿,而低频分量主要影响脉冲的顶部,$f(t)$变化越剧烈,所含频率分量越丰富。

(4)从谐波中取出的谐波项数越多,叠加后的波形越接近原来波形。此法虽直观,但很麻烦。

3.确定信号的基本特性

(1)时间特性(T,τ)。其中,T表示信号周期;τ表示信号持续时间(脉宽)。

(2)频率特性(主要指信号的频谱和信号所占有的频带)。

(三)激励信号

作用于系统的信号称为激励信号,用数学的术语来描述称为激励函数。主要介绍两种性质特别的激励函数和普通激励函数及其表示方法。

1.奇异函数

奇异函数是指间断点上的导数用一般方法不好确定的函数。

(1)单位阶跃函数$\varepsilon(t)$为

$$\varepsilon(t)=\begin{cases}1 & (t\geqslant0)\\ 0 & (t<0)\end{cases}$$

(2)单位冲激函数(δ函数)$\delta(t)$为

$$\delta(t)=\begin{cases}\int_{-\infty}^{+\infty}\delta(t)\mathrm{d}t=1 & (t=0)\\ \delta(t)=0 & (t\neq0)\end{cases}$$

(3)单位阶跃函数$\varepsilon(t)$与$\delta(t)$的关系为

$$\frac{\mathrm{d}\varepsilon(t)}{\mathrm{d}t}=\delta(t),\quad \int_{-\infty}^{t}\delta(\tau)\mathrm{d}\tau=\varepsilon(t)$$

2.单位冲激函数$\delta(t)$的主要性质

(1)采样性质

$$\int_{-\infty}^{+\infty}\delta(\tau)f(\tau+t_1)\mathrm{d}\tau=f(t_1),\quad \int_{-\infty}^{+\infty}\delta(\tau-t_1)f(\tau)\mathrm{d}\tau=f(t_1)$$

(2)与普通函数相乘

$$\delta(t-t_1)f(t)=f(t_1)\delta(t-t_1), \quad \delta(t)f(t)=f(0)\delta(t)$$

(3)$\delta(t)$与$\varepsilon(t)$的关系

$$\frac{\mathrm{d}\varepsilon(t)}{\mathrm{d}t}=\delta(t), \quad \int_{-\infty}^{t}\delta(\tau)\mathrm{d}\tau=\varepsilon(t)$$

(4)$\delta(t)$为偶函数

$$\delta(-t)=\delta(t)$$

(5)尺度变换

$$\delta(at)=\frac{1}{|a|}\delta(t)$$

(6)冲激偶 $\delta'(t)$ 定义式

$$\int_{-\infty}^{+\infty}\delta'(t)\varphi(t)\mathrm{d}t=\delta(t)\varphi(t)\Big|_{-\infty}^{+\infty}-\int_{-\infty}^{+\infty}\delta(t)\varphi'(t)\mathrm{d}t=-\varphi'(0)$$

(7)冲激偶与普通函数相乘

$$f(t)\delta'(t)=f(0)\delta'(t)-f'(0)\delta(t)$$

3.普通激励函数 $e(t)$

从叠加积分可看出:将普通激励函数分解成系列阶跃和系列脉冲,当趋向于无穷小时,这些系列就变成了奇异函数。

二、系统的概念

(一)系统定义与分类

系统是由若干元件、部件以特定方式连接,为了完成某一特定功能而组成的有机整体。譬如,通信系统、广播电视系统、计算机系统等。一般激励用函数 $e(t)$ 表示,系统用函数 $h(t)$ 表示,响应用函数 $r(t)$ 表示。

1.因果系统

响应是由过去或现在的激励产生的系统,为因果系统。因果系统是物理可实现系统。

2.可逆系统

不同的激励对应有不同的响应,响应与激励是单值对应的系统。由原系统的逆系统可以组成恒等系统。

3.线性系统

同时具有齐次性(比例性)和叠加性(可加性)的系统,为线性系统。

$$\begin{cases} ke(t)\rightarrow kr(t) \\ a_1e_1(t)+a_2e_2(t)\rightarrow a_1r_1(t)+a_2r_2(t) \end{cases}$$

4.非时变系统

响应的形状不随激励施加的时间不同而改变的系统,为非时变系统。

$$e(t-t_0)\rightarrow r(t-t_0) \quad (时间平移性)$$

5.线性非时变系统

同时具有齐次性、叠加性和时间平移性的系统,为线性非时变系统(linear time invariant system,LTIS)。

6.稳定系统

在有界信号激励下,系统的响应必须是有界的,则该系统是稳定的,即有界的输入产生有界的输出(BIBO),此系统称为稳定系统。

(二)信息传输系统实例

1.通信网络系统

通信网络系统是现代人用得最多的系统之一,它是由手机终端、基站、传输信道及交换中心等部分组成的。现在信号传输的方式有很多,可以通过各种信道,如有线、无线、光纤、微波、卫星等各种途径,并由它们组成通信网络传输系统。

2.广播电视系统

广播电视系统是一个将图像和声音同时传给用户的一个较为复杂的系统。

3.互联网系统

互联网系统是由亿万台计算机按照一定的协议互联而成的,具有信息存储、信息传输、数据处理、网络银行等功能,可完成网络购物、各种票据的预订和购买、居家生活费用的交款等工作。

4.集成芯片系统

大规模集成芯片就是一个系统。如 CPU、存储器、FPGA、专用集成电路 ASIC 等,它们分别在信息传输系统中完成不同的功能。

三、信号与系统分析方法概述

(一)线性非时变系统的分析方法

1.一般分析方法与课程安排概况

1) 描述系统特性的方法

(1)描述系统特性的数学模型:在连续时间系统中用微分方程描述系统特性,具体采用连续时间系统的输入/输出方程和状态方程来描述。而在离散时间系统中用差分方程描述系统特性,具体采用离散时间系统的输入/输出方程和状态方程来描述。

(2)描述系统特性的系统模拟:在连续时间系统和离散时间系统中都可以用模拟框图和信号流图来进行系统模拟。

2) LTIS 的分析方法

首先通过对系统特性进行描述或模拟,然后对系统进行分析。在时域分析中包含有连续时间函数 $f(t)$ 和离散时间函数 $f(k)$ 两种类型。在连续时间系统中有频域分析($FT \to F(j\omega)$)和复频域分析($LT \to F(s)$);在离散时间系统中有 z 域分析($ZT \to F(z)$),此内容将在后面进行详细研究。

2.LTIS 分析中的应用技术基础

1)系统的全响应

线性连续时间系统可以归结为建立和求解线性微分方程。关于电路网络,可根据电路基本理论中的基尔霍夫定律,令响应 $r=r(t)$,激励 $e=e(t)$。由 KCL、KVL 列出微分方程,求解微分方程,得

$$系统全响应=零输入响应+零状态响应, \quad r(t)=r_{zi}(t)+r_{zs}(t)$$

零输入响应 $r_{zi}(t)$:系统在无输入激励的情况下,仅由初始条件产生的响应。

零状态响应 $r_{zs}(t)$：系统在初始状态为零的情况下，仅由外加激励源产生的响应。

2）叠加积分法

将激励信号分解成由很多简单的时间函数表示的单元信号，用每个简单的单元信号分别激励系统，并求出各自的响应，然后利用线性系统的叠加原理将各单元信号的响应进行叠加，从而得到总的零状态响应。

分解激励函数的方法通常有两种：分解成一系列阶梯函数或一系列脉冲函数。分解成一系列脉冲函数，即很多个幅度不同脉宽为 Δt 的脉冲波，先求各个脉冲激励的响应，然后求整个激励的响应。求和时，当 Δt 趋向于无穷小时，求和的过程变成求积分，称为卷积积分。

（二）卷积积分

1.单位冲激函数的响应 $h(t)$

在 $\delta(t)$ 激励下，系统产生的响应 $r(t)$ 称为单位冲激函数响应 $h(t)$。

2.卷积积分定义

一般表达式为

$$f_1(t) * f_2(t) = \int_{-\infty}^{+\infty} f_1(\tau) f_2(t-\tau) \mathrm{d}\tau = \int_{-\infty}^{+\infty} f_1(t-\tau) f_2(\tau) \mathrm{d}\tau$$

由此得零状态响应定义： $\quad r_{zs}(t) = h(t) * e(t)$

3.卷积积分的图解过程

由卷积积分过程可得到卷积积分的四个操作步骤：反褶、平移、相乘、求面积。

（1）反褶：将其中一个函数以 Y 轴反褶，在 τ 时间坐标中得到 Y 轴对称的函数。

（2）平移：将 Y 轴对称的函数在 τ 轴上左移 t，得到 t 单元的平移函数。

（3）相乘：向右移动平移函数，即改变 t 的数值，在 τ 轴上从负无穷大向正无穷大移动，与另一个函数相乘。

（4）求面积：求两函数重叠的面积，计于 t 时间坐标中。继续改变 t 的数值，对每次移动都要求两函数重叠的面积，并计于 t 时间坐标中。这样，t 的数值在 τ 时间坐标上向正无穷大移动，得到卷积积分的结果。

4.卷积积分的性质

（1）卷积运算与代数中的乘法运算类似的性质。

互换律： $\qquad u(t) * v(t) = v(t) * u(t)$

分配律： $\qquad u(t) * [v(t) + w(t)] = u(t) * v(t) + u(t) * w(t)$

结合律： $\qquad u(t) * [v(t) * w(t)] = [u(t) * v(t)] * w(t)$

（2）函数相卷积后的微分为

$$\frac{\mathrm{d}}{\mathrm{d}t}[u(t) * v(t)] = u(t) * \frac{\mathrm{d}v(t)}{\mathrm{d}t} = \frac{\mathrm{d}u(t)}{\mathrm{d}t} * v(t)$$

（3）函数相卷积后的积分为

$$\int_{-\infty}^{t} [u(x) * v(x)] \mathrm{d}x = u(t) * \left[\int_{-\infty}^{t} v(x) \mathrm{d}x\right] = \left[\int_{-\infty}^{t} u(x) \mathrm{d}x\right] * v(t)$$

将性质（2）和性质（3）相结合，得

$$u(t) * v(t) = \frac{\mathrm{d}u(t)}{\mathrm{d}t} * \left[\int_{-\infty}^{t} v(x) \mathrm{d}x\right] = \left[\int_{-\infty}^{t} u(x) \mathrm{d}x\right] * \frac{\mathrm{d}v(t)}{\mathrm{d}t}$$

（4）函数延时后的卷积。

如果

$$f_1(t) * f_2(t) = f(t)$$

则

$$f_1(t-t_1) * f_2(t-t_2) = f(t-t_1-t_2)$$

这是卷积的延时性质。

（5）相关与卷积。

相关运算：

$$R_{xx}(t) = \int_{-\infty}^{+\infty} x(\tau)x(\tau-t)\mathrm{d}\tau = \int_{-\infty}^{+\infty} x(\tau)x(\tau+x)\mathrm{d}\tau = R_{xx}(-t)$$

$$R_{xy}(t) = \int_{-\infty}^{+\infty} x(\tau)y(\tau-t)\mathrm{d}\tau = \int_{-\infty}^{+\infty} x(\tau+t)y(\tau)\mathrm{d}\tau = R_{yx}(-t)$$

$$R_{yx}(t) = \int_{-\infty}^{+\infty} y(\tau)x(\tau-t)\mathrm{d}\tau = \int_{-\infty}^{+\infty} x(\tau)y(\tau+t)\mathrm{d}\tau = R_{xy}(-t)$$

由卷积定义得

$$R_{xx}(t) = x(t) * x(-t) = \int_{-\infty}^{+\infty} x(\tau)x[-(t-\tau)]\mathrm{d}\tau$$

$$R_{xy}(t) = x(t) * y(-t) = \int_{-\infty}^{+\infty} x(\tau)y[-(t-\tau)]\mathrm{d}\tau$$

$$R_{yx}(t) = x(-t) * y(t) = \int_{-\infty}^{+\infty} x(\tau)y(\tau-t)\mathrm{d}\tau$$

相关函数在讨论随机信号时很有用，常用于求取随机信号功率谱。

习 题

1.1 粗略绘出下列各函数的波形图。

（1）$f(t) = 2 - e^{-2t}(t \geq 0)$，当 $t < 0$ 时，$f(t) = 0$；

（2）$f(t) = 3e^{-|t|}(-\infty < t < +\infty)$；

（3）$f(t) = 3e^{-t} - e^{-2t}(t > 0)$，当 $t \leq 0$ 时，$f(t) = 0$；

（4）$f(t) = \cos[\pi(t-1)](t \geq -1)$，当 $t < -1$ 时，$f(t) = 0$；

（5）$f(t) = \sin[\frac{\pi}{2}(t+1)](t \geq 1)$，当 $t < 1$ 时，$f(t) = 0$；

（6）$f(k) = 2^{-2k}(k \geq 0)$，当 $k < 0$ 时，$f(k) = 0$；

（7）$f(k) = 3 - 2^{-k}(k \geq 0)$，当 $k < 0$ 时，$f(k) = 0$；

（8）$f(k) = \sin\frac{k\pi}{4}(k \geq 0)$，当 $k < 0$ 时，$f(k) = 0$；

（9）$f(k) = 2k(k \geq -2)$，当 $k < -2$ 时，$f(k) = 0$；

（10）$f(k) = 2^k(-\infty < k \leq -2)$，当 $k > -2$ 时，$f(k) = 0$。

1.2 说明下列各信号是否是周期信号，若是周期信号，试求其周期。

（1）$x(t) = 2\cos\left(3t + \frac{\pi}{4}\right)$；

（2）$x(t) = e^{j+(\pi t+1)}$；

(3) $x(t) = \sin^2\left(t - \dfrac{\pi}{6}\right)$；

(4) $x(t) = \cos(2\pi t)\ (t \geqslant 0)$，当 $t < 0$ 时，$x(t) = 0$；

(5) $x(k) = \cos\left(\dfrac{8\pi k}{7} + 2\right)$；

(6) $x(k) = e^{j + \left(\frac{k}{8} + \pi\right)}$；

(7) $x(k) = \cos\left(\dfrac{k}{4}\right)\cos\left(\dfrac{\pi k}{4}\right)$；

(8) $x(k) = 2\cos\left(\dfrac{\pi k}{4}\right) + \sin\left(\dfrac{\pi k}{8}\right) - 2\cos\left(\dfrac{\pi k}{2} + \dfrac{\pi}{6}\right)$；

(9) $x(k) = \cos\left(\dfrac{\pi k^2}{8}\right)$；

(10) $x(t) = \displaystyle\sum_{n=-\infty}^{+\infty} e^{-(t-3n)^2}$。

1.3　说明下列信号中哪些是周期信号，哪些是非周期信号，哪些是能量信号，哪些是功率信号。试计算它们的能量或平均功率。

(1) $f(t) = \begin{cases} 3\sin(6\pi t) & (t \geqslant 0) \\ 0 & (t < 0) \end{cases}$；

(2) $f(t) = \begin{cases} 9e^{-3t} & (t \geqslant 0) \\ 0 & (t < 0) \end{cases}$；

(3) $f(t) = 5\cos(3\pi t) + 10\cos(5\pi t)\ (-\infty < t < +\infty)$；

(4) $f(t) = 10^{-5|t|}\sin(\pi t)\ (-\infty < t < +\infty)$；

(5) $f(t) = \sin(3\pi t) + 3\sin(5\pi^2 t)\ (-\infty < t < +\infty)$。

1.4　(1) 证明周期的离散时间信号 $x(k) = e^{jm\left(\frac{2\pi}{N}\right)k}$ 的基本周期为 $N_0 = N/\gcd(m, N)$，式中，$\gcd(m, N)$ 是 m 和 N 的最大公约数。

(2) 设各谐波分量的周期指数信号集为 $\Phi_n(k) = e^{jm\left(\frac{2\pi}{7}\right)k}$，对所有的整数值 m，求这些信号的基本周期及基频。

(3) 设各谐波分量的周期指数信号集为 $\Phi_n(k) = e^{jm\left(\frac{2\pi}{8}\right)k}$，对所有的整数值 m，求这些信号的基本周期及基频。

1.5　设对连续时间复指数信号 $x(t) = e^{j\omega_0 t}$ 进行等间隔采样所得的离散时间信号为 $x(k) = x(nT) = e^{j\omega_0 nT}$。

(1) 证明：当且仅当 T/T_0 为有理数时，$x(k)$ 才是周期的，$T_0 = \dfrac{2\pi}{\omega_0}$。

(2) 若 $x(k)$ 是周期的，即 $T/T_0 = p/q$，式中，p 和 q 是整数。求 $x(k)$ 的基频和基本周期，并将基频表示成 $\omega_0 T$ 的分式。

(3) 若 T/T_0 为有理数，试确定需要多少个 $x(t)$ 的周期，使获得的采样正好构成 $x(k)$ 的一个周期。

1.6　(1) 设 $x(t)$ 和 $y(t)$ 分别是基本周期为 T_1 和 T_2 的周期信号，在什么条件下，其和式 $x(t) + y(t)$ 是周期的，其基本周期是多少？

(2)设 $x(k)$ 和 $y(k)$ 分别是基本周期为 N_1 和 N_2 的周期离散时间信号,在什么条件下,其和式 $x(k)+y(k)$ 是周期的,其基本周期是多少?

(3)若信号 $x(t)=\cos(\dfrac{2\pi t}{3})+2\sin(\dfrac{16\pi t}{3})$,$y(t)=\sin(\pi t)$,试求 $z(t)=x(t)y(t)$ 的基本周期 T_0。若将 $z(t)$ 写成各谐波分量的复指数信号的线性组合,求各分量复系数 c_k。

1.7　若系统的输入和输出分别为 $x(t)$、$y(t)$(或 $x(k)$、$y(k)$),试说明下列各系统是否为:(a)即时的,(b)非时变的,(c)线性的,(d)因果的,(e)稳定的。

(1)$y(t)=x(t-1)-x(1-t)$;

(2)$\displaystyle\int_{-\infty}^{8t} x(\pi)\mathrm{d}\pi$;

(3)$y(t)=\begin{cases}0 & (t<0) \\ x(t)+x(t-10) & (t\geqslant 0)\end{cases}$;

(4)$y(t)=\begin{cases}0 & (x(t)<0) \\ x(t)+x(t-10) & (x(t)\geqslant 0)\end{cases}$;

(5)$y(k)=x(k)x(k-1)$;

(6)$y(k)=x(k)$;

(7)$y(k)=x(k-3)-2x(k-11)$;

(8)$y(k)=kx(k)$;

(9)$y(k)=\begin{cases}x(k) & (k\geqslant 1) \\ 0 & (k=0) \\ x(k+1) & (k\leqslant -1)\end{cases}$;

(10)$y(k)=\begin{cases}x(k) & (k>1) \\ 0 & (k=0) \\ x(k+1) & (k\leqslant 1)\end{cases}$。

1.8　试求解下列各题中函数的周期关系。

(1)在一个非时变系统中,若输入为 $x(t)$,输出为 $y(t)$,试证明:若 $x(t)$ 是周期为 T 的函数,则 $y(t)$ 也是周期为 T 的函数。推而广之,在离散时间情况下类似的结果也成立。

(2)设一系统的输入/输出关系为 $y(k)=x^2(k)$,试找出一个周期输入信号 $x(k)$,使系统输出 $y(k)$ 的基本周期小于 $x(k)$ 的基本周期;再找出另一个周期输入 $x(k)$,使得 $x(k)$ 与 $y(k)$ 的基本周期相同。

(3)试举出一个线性时变系统的例子(连续时间的或离散时间的),当给此系统输入周期信号时,其对应的输出是非周期信号。

1.9　已知某线性非时变系统具有非零的初始状态,当激励为 $e(t)$ 时系统的全响应为 $r_1(t)=2\mathrm{e}^{-t},t>0$;在相同的初始状态下,当激励为 $2e(t)$ 时系统的全响应为 $r_2(t)=\mathrm{e}^{-t}+\cos(\pi t),t>0$。求在相同的初始状态下,当激励为 $4e(t)$ 时系统的全响应 $r_4(t)$。

1.10　某线性非时变系统有两个初始状态 $x_1(0)$、$x_2(0)$,其激励为 $e(t)$,输出响应为 $r(t)$,已知:

(1)当 $e(t)=0,x_1(0)=3,x_2(0)=2$ 时,$r(t)=\mathrm{e}^{-t}(5t+3)$　$(t>0)$;

(2)当 $e(t)=0, x_1(0)=1, x_2(0)=5$ 时,$r(t)=\mathrm{e}^{-t}(6t+3)$ （$t>0$）；

(3)当 $e(t)=\begin{cases}2 & (t>0) \\ 0 & (t<0)\end{cases}$,$x_1(0)=1, x_2(0)=1$ 时,$r(t)=\mathrm{e}^{-t}(t+1)$ （$t>0$）。

求 $e(t)=\begin{cases}4 & (t>0) \\ 0 & (t<0)\end{cases}$ 时的零状态响应。

1.11 利用冲激函数的抽样性质,计算下列算式。

(1) $\displaystyle\int_{-\infty}^{+\infty}\delta\left(t-\frac{\pi}{4}\right)\sin t\,\mathrm{d}t$;

(2) $\displaystyle\int_{-\infty}^{+\infty}f(t_0-t)\delta(t-t_0)\,\mathrm{d}t$;

(3) $\displaystyle\int_{-\infty}^{+\infty}[\delta(t)+\delta'(t)]\,\mathrm{d}t$;

(4) $\displaystyle\int_{-\infty}^{+\infty}[(t^2+2)+\delta(t+6)]\,\mathrm{d}t$;

(5) $\sin t\,\delta(t)$;

(6) $\cos t\,\delta(t)$。

1.12 已知某线性系统的单位阶跃响应为 $r_s(t)=(2\mathrm{e}^{-2t}-1)\varepsilon(t)$,试利用卷积的性质求下列波形（见图 1-38）信号激励下的零状态响应。

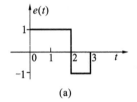
(a)

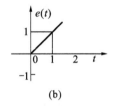
(b)

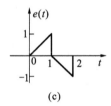
(c)

图 1-38

1.13 如图 1-39 所示,$h(t)$ 为三角形脉冲,而 $x(t)$ 为脉冲序列,即

$$x(t)=\sum_{k=-\infty}^{+\infty}\delta(t-kT)$$

求:当 T 为以下值时的 $y(t)=x(t)*h(t)$,并绘出波形。

(1)$T=4$;(2)$T=2$;(3)$T=3/2$;(4)$T=1$。

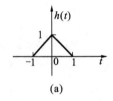
(a)

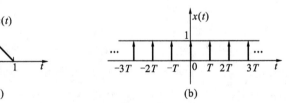
(b)

图 1-39

1.14 计算下列各组函数的卷积 $g(t)=f_1(t)*f_2(t)$。

(1)$f_1(t)=\sin(nt)[\varepsilon(t)-\varepsilon(t-1)]$,$f_2(t)=\delta(t-1)+\delta(t+2)$;

(2)$f_1(t)=\delta(t)+2\displaystyle\sum_{n=1}^{+\infty}\delta(t-nT)$,$f_2(t)=\sin\left(\frac{\pi}{T}t\right)\varepsilon(t)$;

(3)$f_1(t)=\displaystyle\sum_{n=0}^{+\infty}\delta(t-nT)$,$f_2(t)=\sin\left(\frac{\pi}{T}t\right)\varepsilon(t)$。

1.15 用卷积的微分积分性质,求下列函数的卷积 $g(t)=f_1(t)*f_2(t)$。

(1)$f_1(t)=\varepsilon(t)-\varepsilon(t-2)$,$f_2(t)\varepsilon(t-1)-\varepsilon(t-2)$;

(2)$f_1(t)=\mathrm{e}^{-t}\varepsilon(t)$,$f_2(t)\varepsilon(t-1)$;

(3)$f_1(t)=\cos(2\pi t)\big[\varepsilon(t)-\varepsilon(t-1)\big]$,$f_2(t)=\varepsilon(t)$。

1.16　如图 1-40 所示的电路,已知 $e_1(t)=t\varepsilon(t)$,$e_2(t)=\varepsilon(t)-\varepsilon(t-1)$,求零状态响应 $r(t)$。

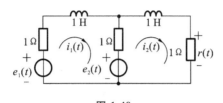

图 1-40

1.17　在图 1-41(a)所示的系统中,已知 $e(t)=\displaystyle\sum_{k=-\infty}^{+\infty}\delta(t-kT)$,$k=0,\pm 1,\pm 2,\cdots$,其波形如图 1-41(b)所示,求系统的零状态响应 $r(t)$。

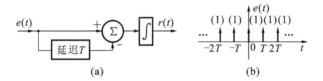

(a)　　　　　　　　(b)

图 1-41

1.18　若实常数 $\alpha>0$,试根据冲激函数的性质证明:

$$\int_{-\infty}^{+\infty}\delta(\alpha t-t_0)f(t)\mathrm{d}t=\frac{1}{\alpha}f\left(\frac{t_0}{\alpha}\right)$$

第2章 连续时间信号的频谱

2.1 引言

第1章讨论了连续时间信号与系统的时域分析方法。根据电路理论的基础、简单信号,如直流信号、正弦交流信号等,作用于线性系统的响应求取方法一般比较简单。然而,实际工程中,通信系统所传输的信号是波形复杂且多种多样的,想要求取这样复杂信号的响应非常困难。为了解决这个问题,我们再次应用第1章的思想,把复杂信号分解为有限个或无限个基本信号的线性叠加。例如,已学过的卷积积分实际上就是把输入信号当成无限个加权冲激信号的叠加来处理的。

无论采取何种方式对信号进行分解、逼近或变换,最终的目的是要寻求一种简便方法,不仅能够方便地求取系统响应,而且可使求取的结果具有实际的物理意义,并用于解释或设计实际系统。第1章介绍了用时域分析方法解决一些问题,而且对于某些复杂问题,时域分析法使用起来也十分不便,如系统响应的求解,卷积及卷积和的计算。

本章将以正弦函数或指数函数为基本信号,将复杂信号表示成一系列不同频率的正弦信号或指数函数信号之和。连续信号的频域分析就是将时间变量变换为频率变量的分析方法,这种方法以傅里叶(Fourier)变换理论为工具,将时间域映射到频率域,揭示了信号内在的频率特性以及信号时间特性与频率特性之间的密切关系。

2.2 连续周期信号的频谱分析

对于连续时间信号,若其波形每隔特定的时间 T 按照相同的变换规律重复变化,则此信号称为周期信号。本节主要讨论连续周期信号的频谱分析。

2.2.1 三角傅里叶级数

1. 三角傅里叶级数定义

已知周期信号 $f(t)$ 的周期为 T,角频率为 $\omega_0 = \dfrac{2\pi}{T}$,若能够满足下列狄利克雷(Dirichlet)条件:

(1)在一个周期 T 内满足绝对可积,即

$$\int_{t_0}^{t_0+T} | f(t) | \, \mathrm{d}t < +\infty$$

(2)在一个周期内只有有限个极大值和极小值;

(3)在一个周期内只有有限个不连续点。

则该周期信号可展开为如下三角傅里叶级数：

$$f(t) = \frac{a_0}{2} + \sum_{n=1}^{+\infty}\left[a_n\cos(n\omega_0 t) + b_n\sin(n\omega_0 t)\right] \tag{2-1}$$

其系数为

$$\left.\begin{array}{l} a_0 = \dfrac{2}{T}\displaystyle\int_{t_0}^{t_0+T} f(t)\,\mathrm{d}t \\[3mm] a_n = \dfrac{2}{T}\displaystyle\int_{t_0}^{t_0+T} f(t)\cos(n\omega_0 t)\,\mathrm{d}t \\[3mm] b_n = \dfrac{2}{T}\displaystyle\int_{t_0}^{t_0+T} f(t)\sin(n\omega_0 t)\,\mathrm{d}t \end{array}\right\} \tag{2-2}$$

式(2-2)中，三角傅里叶级数的系数有各自的含义：

(1) a_0 是直流分量的傅里叶系数。

(2) a_n $(n=1,2,\cdots)$ 是余弦分量的傅里叶系数，且可证明为 $n\omega_0$ 的偶函数。

(3) b_n $(n=1,2,\cdots)$ 是正弦分量的傅里叶系数，且可证明为 $n\omega_0$ 的奇函数。

式(2-1)中，ω_0 称为基本角频率，也称为基波角频率；$n\omega_0$ 则称为信号的第 n 次谐波角频率。一般把频率为 ω_0 的分量称为基波分量，而将其他分量（频率为 $n\omega_0$ 的分量）称为谐波分量。

2. 三角傅里叶级数的余弦形式

将式(2-1)中同频率的信号合并，有

$$a_n\cos(n\omega_0 t) + b_n\sin(n\omega_0 t) = A_n\cos(n\omega_0 t + \varphi_n) \tag{2-3}$$

于是三角形式的傅里叶级数又可写成纯余弦形式的，即

$$f(t) = A_0 + \sum_{n=1}^{+\infty} A_n\cos(n\omega_0 t + \varphi_n) \tag{2-4}$$

且傅里叶级数各系数之间满足以下关系：

$$\left.\begin{array}{l} A_0 = a_0/2 \\[2mm] A_n = \sqrt{a_n^2 + b_n^2} \\[2mm] a_n = A_n\cos\varphi_n \\[2mm] b_n = -A_n\sin\varphi_n \\[2mm] \varphi_n = -\arctan\dfrac{b_n}{a_n} \end{array}\right\} \tag{2-5}$$

由此可知，任何一个满足狄利克雷条件的周期信号都可以分解为一个直流分量与许多谐波分量之和。这些谐波的频率是基本频率的整数倍，各谐波分量的幅度与相位由式(2-5)给出。

3. 周期信号的频谱

1) 周期信号的频谱概念

为了将信号中各频率分量的大小和相位能够更准确而直观地表达出来，将各次谐波分量大小或相位按频率的高低排列成谱线得到的图称为频谱。它从频域的角度反映了该信号所携带的信息。一般频谱可分为两类。

（1）幅度谱：将信号的各次谐波的振幅按频率的高低排列的谱线，幅度谱反映了各次谐波的振幅随频率变化而变化的关系，如图 2-1(a)所示。

（2）相位谱：将信号的各次谐波的相位按频率的高低排列的谱线，相位谱反映了各次谐波的相位随频率变化而变化的关系，如图 2-1(b)所示。

频谱图中的每一根垂直于横轴的线称为谱线，所在位置为 n 倍角频率，每个谱线的高度为该频率谐波的振幅或相位。连接各谱线顶点的曲线称为包络线。

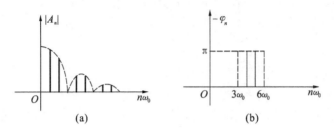

(a)   (b)

图 2-1　周期信号的幅度谱和相位谱

2）周期信号的频谱特点

不同信号的频谱具有不同的特征，而连续时间的周期信号的频谱具有离散性、谐波性、收敛性三大特点。

（1）离散性：频谱由频率离散的谱线组成，而不是连续的波形。

（2）谐波性：谱线出现在基波的整数倍频率上，即出现在 $n\omega_0$ 位置上。

（3）收敛性：对于幅度谱来说，随着谐波频率的增加，各次谐波的振幅下降。当谐波次数趋于无穷大时，谐波分量的振幅趋近于零。

【例 2.1】　用三角傅里叶级数展开如图 2-2 所示的周期矩形信号 $f(t)$，周期为 T，并绘出频谱。

解　由于 $f(t)$ 为周期信号，故在一个完整周期内的信号可以表示为

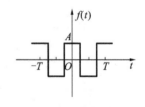

图 2-2　例 2.1 的周期矩形信号 $f(t)$

$$f(t) = \begin{cases} A & \left(-\dfrac{T}{4} \leqslant t \leqslant \dfrac{T}{4}\right) \\ -A & \left(|t| > \dfrac{T}{4}\right) \end{cases}$$

求傅里叶级数的系数，得

$$a_0 = \frac{2}{T}\int_{-T/4}^{3T/4} f(t)\mathrm{d}t = 0$$

$$a_n = \frac{2}{T}\int_{-T/4}^{3T/4} f(t)\cos(n\omega_0 t)\mathrm{d}t$$

$$= \frac{2A}{T}\left[\int_{-T/4}^{T/4}\cos\left(n\frac{2\pi}{T}t\right)\mathrm{d}t - \int_{T/4}^{3T/4}\cos\left(n\frac{2\pi}{T}t\right)\mathrm{d}t\right]$$

$$= \frac{4A}{n\pi}\sin\frac{n\pi}{2}$$

$$b_n = \frac{2}{T}\int_{-T/4}^{3T/4} f(t)\sin(n\omega_0 t)\mathrm{d}t = 0$$

因此,傅里叶级数为

$$f(t) = \frac{4A}{\pi}\left[\cos(\omega_0 t) - \frac{1}{3}\cos(3\omega_0 t) + \frac{1}{5}\cos(5\omega_0 t) - \cdots + (-1)^{\frac{n-1}{2}}\cdot\frac{1}{n}\cos(n\omega_0 t)\right]$$

计算出幅度

$$A_n = \sqrt{a_n^2 + b_n^2} = a_n = \frac{4A}{n\pi}\sin\left(\frac{n\pi}{2}\right)$$

所以

$$A_0 = 0, A_1 = \frac{4A}{\pi}, A_2 = 0, A_3 = -\frac{4A}{3\pi}, A_4 = 0, A_5 = \frac{4A}{5\pi}, \cdots$$

其幅度谱和相位谱如图 2-3 所示。

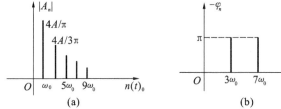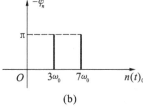

图 2-3　例 2.1 周期矩形信号的频谱

3）周期信号的频谱分析

设周期矩形脉冲信号 $f(t)$ 如图 2-4 所示,周期为 T,振幅为 A,脉冲宽度为 τ,则一个周期内的信号可表示为

$$f(t) = \begin{cases} A & \left(-\dfrac{\tau}{2} \leqslant t \leqslant \dfrac{\tau}{2}\right) \\ 0 & \left(|t| > \dfrac{\tau}{2}\right) \end{cases}$$

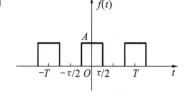

图 2-4　周期矩形脉冲信号

首先求出三角傅里叶级数的系数:

$$a_0 = \frac{2}{T}\int_{-T/2}^{T/2} f(t)\mathrm{d}t = \frac{2A\tau}{T}$$

$$\begin{aligned} a_n &= \frac{2}{T}\int_{-T/2}^{T/2} f(t)\cos(n\omega_0 t)\mathrm{d}t \\ &= \frac{2A}{T}\int_{-\tau/2}^{\tau/2} \cos\left(n\frac{2\pi}{T}t\right)\mathrm{d}t \\ &= \frac{2A}{n\pi}\sin\frac{n\pi\tau}{T} \\ &= \frac{2A\tau}{T}\mathrm{Sa}(n\omega_0\tau/2) \end{aligned}$$

$$b_n = \frac{2}{T}\int_{-T/2}^{T/2} f(t)\sin(n\omega_0 t)\mathrm{d}t = 0$$

则三角傅里叶级数为

$$f(t) = \frac{A\tau}{T} + \frac{2A\tau}{T}\sum_{n=1}^{+\infty}\mathrm{Sa}(\frac{n\omega_0\tau}{2})\cos(n\omega_0 t)$$

且有

$$A_0 = a_0 = \frac{2A\tau}{T}$$

$$A_n = \sqrt{a_n^2 + b_n^2} = a_n = \frac{2A\tau}{T}\mathrm{Sa}(n\omega_0\tau/2)$$

式中，$\mathrm{Sa}(x)$ 为采样函数，有

$$\mathrm{Sa}(x) = \frac{\sin x}{x}$$

接下来根据所求出的 A_0、A_n 绘制出该周期矩形脉冲函数的三角傅里叶级数的振幅谱和相位谱，如图 2-5 所示。

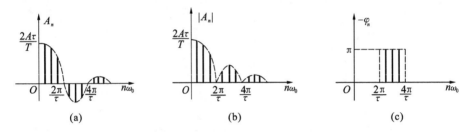

(a)　　　　　　　　(b)　　　　　　　　(c)

图 2-5　周期矩形脉冲信号的频谱图

由周期矩形脉冲函数的频谱图可以得出如下结论。

(1)周期矩形脉冲信号的频谱是离散谱，谱线间隔为 $\omega_0 = \frac{2\pi}{T}$，周期 T 越大，谱线间隔越小，即谱线越密集。

(2)直流分量、基波及谐波分量的幅度大小与脉冲幅度 A、脉冲宽度 τ 成正比，与周期 T 成反比。各谱线幅度按 $\mathrm{Sa}(\frac{n\omega_0\tau}{2})$ 包络线的规律而变化，如图 2-6 所示。

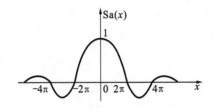

图 2-6　抽样函数 $\mathrm{Sa}(x)$ 图形

(3)信号的主要信息部分(幅度)集中在低频分量中，而频率较高的分量较小，可以根据近似程度加以忽略，即信号的能量主要集中在低频部分。因此，把频谱第一个过零点的频率定义为信号频带宽度，表示为

$$B_\omega = \frac{2\pi}{\tau}$$

频带宽度即为 $\omega = 0 \sim 2\pi/\tau$ 的频率范围，简称带宽。由此可见，频带宽度只与脉宽 τ 有关，

它反映了信号的时间特性与频率特性之间的重要关系,因此,带宽在通信系统中有着重要意义。

4.三角傅里叶级数的意义和应用

从三角傅里叶级数的表示形式可以看出:任意一个代表信号的周期函数,只要满足狄利克雷条件,那么

(1)可以分解为一个直流分量、一系列不同频率和幅度的正弦分量和余弦分量之和。

(2)或者可以分解为直流分量、基波分量和一系列谐波分量之和。

在许多实际的工程中,将一个连续时间信号展开为三角傅里叶级数的形式,有着重要的应用。例如,为消除实测信号中的高频干扰,首先把信号表示为三角傅里叶级数的形式,然后把 n 值大的正弦分量,即高频干扰的正弦分量滤除掉,即将它们的系数处理为零,从而把有用的信号提取出来。

又如,在发送信号时,为了减少数据的传输量,需要对数据进行压缩,这种情况下可先将信号展开为三角傅里叶级数,然后只发送那些振幅较大的正弦分量,而较小振幅的正弦分量包含的信息量较少,对信号没有实质性贡献,所以忽略,不用发送,从而提高信号传输的速度。

由此可见,三角傅里叶级数的表示对连续时间的周期信号有着重要应用。

2.2.2　指数傅里叶级数

1.指数傅里叶级数概述

根据欧拉(Eular)公式:

$$\cos\theta = \frac{e^{j\theta}+e^{-j\theta}}{2}, \quad \sin\theta = \frac{e^{j\theta}-e^{-j\theta}}{2j} \tag{2-6}$$

可得

$$\cos(n\omega_0 t) = \frac{e^{jn\omega_0 t}+e^{-jn\omega_0 t}}{2}, \quad \sin(n\omega_0 t) = \frac{e^{jn\omega_0 t}-e^{-jn\omega_0 t}}{2j} \tag{2-7}$$

将其代入三角傅里叶级数,有

$$f(t) = \frac{a_0}{2}+\sum_{n=1}^{+\infty}\left[a_n(\frac{e^{jn\omega_0 t}+e^{-jn\omega_0 t}}{2})+b_n(\frac{e^{jn\omega_0 t}-e^{-jn\omega_0 t}}{2j})\right]$$

$$= \frac{a_0}{2}+\sum_{n=1}^{+\infty}\left[\left(\frac{a_n-jb_n}{2}\right)e^{jn\omega_0 t}+\left(\frac{a_n+jb_n}{2}\right)e^{-jn\omega_0 t}\right] \tag{2-8}$$

令 $F_0=\frac{a_0}{2}$,$F_n=\frac{a_n-jb_n}{2}$,$\dot{F}_n=\frac{a_n+jb_n}{2}$,则

$$f(t) = F_0+\sum_{n=1}^{+\infty}(F_n e^{jn\omega_0 t}+\dot{F}_n e^{-jn\omega_0 t}) \tag{2-9}$$

由于 $a_n=a_{-n}$,$b_n=-b_{-n}$,因此

$$\dot{F}_n = \frac{a_n+jb_n}{2}=\frac{a_{-n}-jb_{-n}}{2}=F_{-n} \tag{2-10}$$

则

$$f(t) = F_0+\sum_{n=1}^{+\infty}(F_n e^{jn\omega_0 t}+\dot{F}_n e^{-jn\omega_0 t}) = \sum_{n=-\infty}^{+\infty}F_n e^{jn\omega_0 t} \tag{2-11}$$

式中:

$$F_n = \frac{1}{T} \int_{t_0}^{t_0+T} f(t) e^{-jn\omega_0 t} dt \qquad (2-12)$$

即

$$F_n = |F_n| e^{j\theta_n} \qquad (2-13)$$

式(2-11)就是指数形式的傅里叶级数,它表明连续周期信号可以分解为一系列指数信号之和。因此,三角傅里叶级数和指数傅里叶级数实质上是同一信号的两种不同表现形式,它们之间的关系由欧拉公式所决定。

一般情况下,式(2-12)中 F_n 是关于变量 $n\omega_0$ 的复函数,因此 F_n 又称指数傅里叶级数的复系数。可以证明当 $f(t)$ 是实周期信号时,复系数 F_n 的模 $|F_n|$ 为 $n\omega_0$ 的偶函数,辐角 θ_n 为 $n\omega_0$ 的奇函数。

指数型傅里叶级数中出现负频率分量,这只是一种数学表达形式,不具有物理意义。实际上,正负频率分量总是以共轭成对的形式出现的。一对共轭的正负频率分量之和构成三角傅里叶级数中一个实际的谐波分量。

2. 指数傅里叶级数与三角傅里叶级数的关系

可以推导出,指数形式傅里叶级数的系数与三角形式傅里叶级数的系数之间具有以下关系:

$$\left. \begin{array}{l} |F_n| = \dfrac{1}{2} A_n = \dfrac{1}{2} \sqrt{a_n^2 + b_n^2} \\[2mm] |\theta_n| = \varphi_n = \arctan\left(\dfrac{-b_n}{a_n}\right) \\[2mm] F_0 = a_0/2 \end{array} \right\} \qquad (2-14)$$

由此可见,指数傅里叶级数与三角傅里叶级数只是表示形式不同,其实质相同,即将信号表示为直流分量和各频率的谐波分量之和。所不同的是,对于三角傅里叶级数,$n=1,3,5,\cdots$;而对于指数傅里叶级数,$n=\pm1,\pm3,\pm5,\cdots$ 且振幅 F_n 是频率或 n 的偶函数,相位 φ_n 是频率或 n 的奇函数,即

$$F_n = F_{-n}, \qquad \varphi_{-n} = -\varphi_n \qquad (2-15)$$

3. 指数傅里叶级数的频谱

由指数傅里叶级数的形式可知,连续周期信号可表示成直流分量和一系列虚指数信号之和;在指数形式的傅里叶级数中,由每对相同 n 值的正负倍基波频率合成一个余弦信号(谐波分量),所以其频谱图的谱线在频率轴的负半轴也存在,即为双边频谱。但这并不意味着负频率真实存在,$-n\omega_0$ 只是把第 n 次谐波正弦分量分解成两个虚指数后出现的数学形式。因此,可以只画正频率轴的单边频谱。

【例 2.2】 用指数傅里叶级数展开例 2.1 的信号 $f(t)$,周期为 T,并绘出频谱。

解 由于 $f(t)$ 为周期信号,故一个周期内的信号可以表示为

$$f(t) = \begin{cases} A & \left(-\dfrac{T}{4} \leqslant t \leqslant \dfrac{T}{4}\right) \\[3mm] -A & \left(|t| > \dfrac{T}{4}\right) \end{cases}$$

由三角傅里叶级数的系数和指数傅里叶级数的系数关系,得

$$F_0 = \frac{a_0}{2} = 0$$

$$|F_n| = \frac{1}{2}A_n = \frac{1}{2}\sqrt{a_n{}^2 + b_n{}^2}\frac{1}{2}a_n = \frac{2A}{n\pi}\sin\left(\frac{n\pi}{2}\right)$$

所以

$$f(t) = \sum_{n=-\infty}^{+\infty} F_n \mathrm{e}^{\mathrm{j}n\omega_0 t} = \sum_{n=-\infty}^{+\infty}\left[\frac{2A}{n\pi}\sin\left(\frac{n\pi}{2}\right)\right]\mathrm{e}^{\mathrm{j}n\omega_0 t}$$

$$= \sum_{n=-\infty}^{+\infty}(-1)^{\frac{n-1}{2}}\frac{2A}{n\pi}\mathrm{e}^{\mathrm{j}n\omega_0 t} \quad (n\text{ 为奇数})$$

从系数关系可以看出,F_n 在幅度上比三角振幅谱减小了一半,存在负频率,但和正频率的振幅谱呈偶对称。而 φ_n 是频率或 n 的奇函数,在负频率上和正频率部分关于原点对称。由此,可以根据例 2.1 的频谱图来绘制,结果如图 2-7 所示。

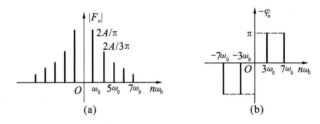

图 2-7　周期矩形波的指数傅里叶级数频谱

2.2.3　函数的奇、偶性及其与谐波含量的关系

求解傅里叶级数系数需要计算定积分。当周期信号的时域波形具有某种对称特性时,可以大大简化傅里叶级数系数的计算,为系数的求取带来方便。

1. 偶函数

如果周期信号 $f(t)$ 满足

$$f(t) = f(-t) \tag{2-16}$$

则其为偶函数,其信号波形关于纵轴左右对称,图 2-8 所示的是两个关于纵轴对称信号的实例。

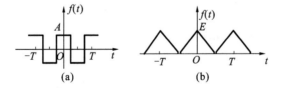

图 2-8　偶函数信号波形实例

由于偶函数在对称区间上的积分等于在一半区间上积分的 2 倍,而奇函数在对称区间上的积分等于零。因此傅里叶级数系数的计算可以化简为

$$a_0 = \frac{2}{T}\int_{-\frac{T}{2}}^{\frac{T}{2}} f(t)\mathrm{d}t = \frac{4}{T}\int_0^{\frac{T}{2}} f(t)\mathrm{d}t$$

$$a_n = \frac{2}{T}\int_{-\frac{T}{2}}^{\frac{T}{2}} f(t)\cos(n\omega_0 t)\mathrm{d}t = \frac{4}{T}\int_0^{\frac{T}{2}} f(t)\cos(n\omega_0 t)\mathrm{d}t \qquad (2\text{-}17)$$

$$b_n = \frac{2}{T}\int_{-\frac{T}{2}}^{\frac{T}{2}} f(t)\sin(n\omega_0 t)\mathrm{d}t = 0$$

因此,关于纵轴对称的周期信号,其傅里叶级数展开式中只含有直流项与余弦项。对于复指数形式傅里叶级数分解而言,复振幅 F_n 是实数,其初相位 φ_n 为 $\pm\pi$。

2. 奇函数

如果周期信号 $f(t)$ 满足

$$f(t) = -f(-t) \qquad (2\text{-}18)$$

则其为奇函数,其信号波形关于原点对称,图 2-9 所示的是关于原点对称信号的实例。

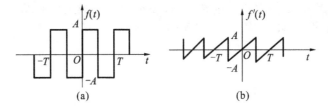

图 2-9　奇函数信号波形实例

由于偶函数在对称区间上的积分等于在一半区间上积分的 2 倍,而奇函数在对称区间上的积分等于零。因此

$$a_0 = 0$$

$$a_n = \frac{2}{T}\int_{-\frac{T}{2}}^{\frac{T}{2}} f(t)\cos(n\omega_0 t)\mathrm{d}t = 0 \qquad (2\text{-}19)$$

$$b_n = \frac{2}{T}\int_{-\frac{T}{2}}^{\frac{T}{2}} f(t)\sin(n\omega_0 t)\mathrm{d}t = \frac{4}{T}\int_0^{\frac{T}{2}} f(t)\sin(n\omega_0 t)\mathrm{d}t$$

因此,关于原点对称的周期信号,其傅里叶级数展开式中只含有正弦项,不含余弦项和直流项。对于复指数形式傅里叶级数分解而言,复振幅 F_n 是虚数,其初相位 φ_n 为 $\pm\dfrac{\pi}{2}$。

3. 偶谐函数

偶谐信号又称为半波重叠周期信号。如果周期信号 $f(t)$ 满足

$$f\left(t \pm \frac{T}{2}\right) = f(t) \qquad (2\text{-}20)$$

则周期信号 $f(t)$ 的波形平移半个周期后与原波形完全重合,如图 2-10 所示,是两个偶谐信号的实例。

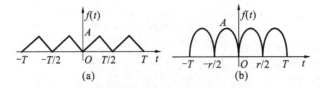

图 2-10　偶谐函数信号波形实例

从图 2-10 可得,基波与所有谐波的角频率均为 ω_0 的偶数倍。因此,其傅里叶级数展开式中只有直流分量和偶次谐波分量,无奇次谐波分量。其傅里叶级数系数的计算可以化简为

$$a_n = \begin{cases} \dfrac{4}{T}\displaystyle\int_0^{\frac{T}{2}} f(t)\cos(n\omega_0 t)\mathrm{d}t & (n=2,4,6) \\ \\ 0 & (n=1,3,5) \end{cases}$$

$$b_n = \begin{cases} \dfrac{4}{T}\displaystyle\int_0^{\frac{T}{2}} f(t)\sin n\omega_0 t\,\mathrm{d}t & (n=2,4,6) \\ \\ 0 & (n=1,3,5) \end{cases} \tag{2-21}$$

4. 奇谐函数

奇谐信号又称为半波镜像信号。如果周期信号 $f(t)$ 满足

$$f\left(t \pm \frac{T}{2}\right) = -f(t) \tag{2-22}$$

则周期信号 $f(t)$ 的波形平移半个周期后与原波形上下镜像对称,如图 2-11 所示,是两个奇谐信号的实例。

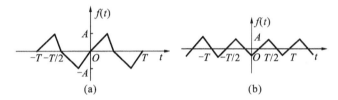

(a)　　　　　　　　　　(b)

图 2-11　奇谐函数信号波形实例

半波镜像周期信号的傅里叶级数展开式中只含有正弦与余弦的奇次谐波分量,而无直流分量与偶次谐波分量,即有

$$a_n = \begin{cases} \dfrac{4}{T}\displaystyle\int_0^{\frac{T}{2}} f(t)\cos(n\omega_0 t)\mathrm{d}t & (n=1,3,5,\cdots) \\ \\ 0 & (n=0,2,4,\cdots) \end{cases}$$

$$b_n = \begin{cases} \dfrac{4}{T}\displaystyle\int_0^{\frac{T}{2}} f(t)\sin(n\omega_0 t)\mathrm{d}t & (n=1,3,5,\cdots) \\ \\ 0 & (n=0,2,4,\cdots) \end{cases} \tag{2-23}$$

5. 对称性小结

四种对称特性对应的傅里叶级数系数简化计算公式如表 2-1 所示。

表 2-1　对称特性下傅里叶系数的简化

对　称　性	性　　质	a_0	$a_n(n\neq0)$	b_n
$f(t)=f(-t)$	只有余弦分量	$\dfrac{4}{T}\displaystyle\int_0^{\frac{T}{2}} f(t)\mathrm{d}t$	$\dfrac{4}{T}\displaystyle\int_0^{\frac{T}{2}} f(t)\cos(n\omega_0 t)\mathrm{d}t$	0
$f(t)=-f(-t)$	只有正弦分量	0	0	$\dfrac{4}{T}\displaystyle\int_0^{\frac{T}{2}} f(t)\sin(n\omega_0 t)\mathrm{d}t$

对 称 性	性 质	a_0	$a_n(n\neq0)$	b_n
$f(t\pm\dfrac{T}{2})=f(t)$	只有偶次谐波	$\dfrac{4}{T}\displaystyle\int_0^{\frac{T}{2}}f(t)\mathrm{d}t$	$\dfrac{4}{T}\displaystyle\int_0^{\frac{T}{2}}f(t)\cos(n\omega_0 t)\mathrm{d}t$	$\dfrac{4}{T}\displaystyle\int_0^{\frac{T}{2}}f(t)\sin(n\omega_0 t)\mathrm{d}t$
$f(t\pm\dfrac{T}{2})=-f(t)$	只有奇次谐波	0	$\dfrac{4}{T}\displaystyle\int_0^{\frac{T}{2}}f(t)\cos(n\omega_0 t)\mathrm{d}t$	$\dfrac{4}{T}\displaystyle\int_0^{\frac{T}{2}}f(t)\sin(n\omega_0 t)\mathrm{d}t$

需要注意的是,一个函数的奇偶对称性不仅与函数的波形有关,而且与时间坐标原点的选择有关。例如,图 2-12 所示的三种信号的波形相同,但时间坐标原点的选择不同。在不同的观察参考点下,其所包含的频率并没有改变,信号在时间上的位置移动引起了信号各谐波初始相位的变化。而信号在纵轴的平移,可以理解为是叠加上直流分量的结果。

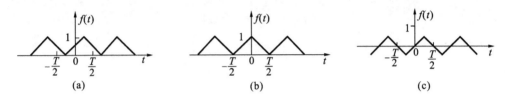

图 2-12 时间坐标原点对函数对称性的影响

【例 2.3】 试计算图 2-13 所示的周期矩形波的傅里叶级数展开式。

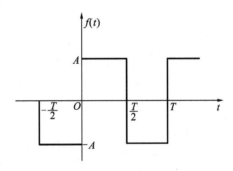

图 2-13 例 2.3 的周期矩形波

解 该信号满足狄利克雷条件,存在傅里叶级数。该波形具有原点对称特性和半波镜像特性,因此其傅里叶级数展开式只含有正弦奇次谐波分量。

该信号在半个周期 $\left[0,\dfrac{T}{2}\right]$ 内可表示为

$$f(t)=A \quad (0\leqslant t\leqslant\dfrac{T}{2})$$

傅里叶级数的系数计算如下:

$$a_0=\frac{2}{T}\int_0^T f(t)\mathrm{d}t=0$$

$$a_n=\frac{2}{T}\int_{-\frac{T}{2}}^{\frac{T}{2}}f(t)\cos(n\omega_1 t)\mathrm{d}t=0$$

$$b_n = \frac{4}{T} \int_0^{\frac{T}{2}} A\sin(n\omega_1 t)\mathrm{d}t = \begin{cases} \dfrac{4A}{n\pi} & (n=1,3,5,\cdots) \\[2mm] 0 & (n=2,4,6,\cdots) \end{cases}$$

因此,周期三角信号的傅里叶级数展开式为

$$f(t) = \frac{4A}{\pi}\Big[\sin(\omega_1 t) + \frac{1}{3}\sin(3\omega_1 t) + \frac{1}{5}\sin(5\omega_1 t) + \cdots\Big]$$

连续周期信号表示为三角傅里叶级数时,需要无限多项才能完全逼近原函数。然而,在实际工程应用中,一般采用有限项级数来代替无限项级数。如图 2-14 所示,对 N 取不同值时,有限项的三角傅里叶级数的信号时域图也有区别。研究表明,在用有限项傅里叶级数逼近原函数时,所选三角级数项数 N 越多,即 N 越大,就越逼近原函数。

对比图 2-14 所示的四种情况,可以得出以下规律。

(1)时域内的连续周期信号由直流分量、基波分量以及不同幅值和相位的各次谐波分量叠加而成。在用有限项傅里叶级数逼近原信号时,所包含的谐波分量越多,即 N 越大,叠加出的波形越接近原始信号。

(2)频率较低的谐波,其幅度较大,它们叠加成了波形的主体。

(3)频率较高的谐波,其幅度较小,它们主要影响叠加波形的细节。

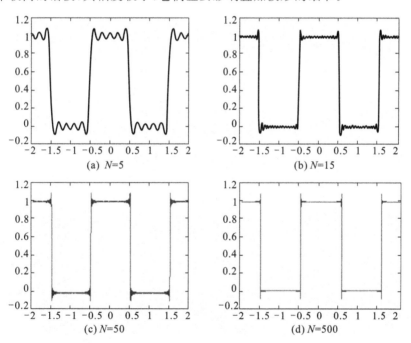

图 2-14　有限项三角傅里叶级数的信号时域图

2.3　非周期信号的频谱分析

2.2 节讨论了连续周期信号的频谱,并得到了幅度和相位的离散谱。然而,在实际生活中,除了周期信号外,还广泛存在着非周期信号。这些非周期信号能否分解为指数级数形式的表达式,应该如何分解? 本节将就这些问题进行讨论。

前面讨论了周期脉冲信号,当周期 T 增大时,谱线变得密集。当周期 T 增加到无穷大时,周期信号转化为非周期信号,而谱线的间隔趋近于 0,也就是变成连续的频谱。这是非周期信号频谱的特点。由此,可以从周期信号的傅里叶表达式推导出非周期信号的傅里叶表达式。

2.3.1　从傅里叶级数到傅里叶变换

由第 2.2 节的内容可知,周期信号 $f_T(t)$ 可以表示成指数形式的傅里叶级数,即为

$$f_T(t) = \sum_{n=-\infty}^{+\infty} F_n e^{jn\Omega t} \tag{2-24}$$

式中:

$$F_n = \frac{1}{T} \int_{t_0}^{t_0+T} f(t) e^{-jn\Omega t} \, dt \tag{2-25}$$

代入得

$$f_T(t) = \sum_{n=-\infty}^{+\infty} \frac{1}{T} \Big[\int_{-\frac{T}{2}}^{\frac{T}{2}} f(t) e^{-jn\Omega t} \, dt \Big] e^{jn\Omega t} \tag{2-26}$$

当 T 趋于无穷大时,周期信号可看成非周期信号,也就是说,当 $T \to +\infty$ 时,有

$$\lim_{T \to +\infty} f_T(t) = f(t)$$

这时,非周期信号的频率可以这样分析。当 $T \to +\infty$ 时,有

$$\Omega \to d\omega, \quad n\Omega \to \omega$$

$$T = \frac{2\pi}{\Omega} \to \frac{2\pi}{\omega}, \quad \frac{2}{T} \to \frac{d\omega}{\pi}$$

在这种极限情况下,可以将求和运算转化为积分运算,即

$$f(t) = \frac{1}{2\pi} \int_{-\infty}^{+\infty} \Big[\int_{-\infty}^{+\infty} f(t) e^{-j\omega t} \, dt \Big] e^{j\omega t} \, d\omega \tag{2-27}$$

令 $F(j\omega) = \int_{-\infty}^{+\infty} f(t) e^{-j\omega t} \, dt$,代入式(2-27)得

$$f(t) = \frac{1}{2\pi} \int_{-\infty}^{+\infty} F(j\omega) e^{j\omega t} \, d\omega \tag{2-28}$$

式(2-28)就是非周期信号 $f(t)$ 的傅里叶积分表达式,它与周期信号的傅里叶级数表达式相当。

2.3.2　傅里叶变换

根据上述推导,对于连续非周期信号 $f(t)$,$f(t)$ 和 $F(j\omega)$ 之间有以下关系:

$$F(j\omega) = \int_{-\infty}^{+\infty} f(t) e^{-j\omega t} \, dt \tag{2-29a}$$

$$f(t) = \frac{1}{2\pi} \int_{-\infty}^{+\infty} F(j\omega) e^{j\omega t} \, d\omega \tag{2-29b}$$

式(2-29a)称为傅里叶正变换(简称傅里叶变换),式(2-29b)称为傅里叶反变换,也常简写成

$$F(j\omega) = \mathscr{F}\{f(t)\}$$
$$f(t) = \mathscr{F}^{-1}\{F(j\omega)\}$$

(2-30)

或者写成二者的变换关系

$$f(t) \leftrightarrow F(j\omega)$$

(2-31)

由第 2.2 节的讨论可知,连续周期信号的指数形式傅里叶级数可表示为 $f_T(t) = \sum_{n=-\infty}^{+\infty} F_n e^{jn\omega_0 t}$,表明连续周期信号可以分解为无限多个频率为 $n\omega_0$、复振幅为 F_n 的指数分量 $e^{jn\omega_0 t}$ 的离散和。

而连续非周期信号的傅里叶积分可表示为 $f(t) = \dfrac{1}{2\pi}\displaystyle\int_{-\infty}^{+\infty} F(j\omega)e^{j\omega t}\,d\omega$,表明连续非周期信号可以分解为无限多个频率为 ω、振幅为 $F(j\omega)$ 的指数分量 $\dfrac{F(j\omega)}{2\pi}d\omega$ 的连续和(积分)。于是,连续周期信号的分解就推广到连续非周期信号。

2.3.3　傅里叶变换存在的条件

在第 2.2 节中,我们知道连续周期信号必须满足狄利克雷条件,才能表示为傅里叶级数。与周期信号的傅里叶级数一样,要使非周期信号存在傅里叶变换,也必须满足狄利克雷条件。

(1) $f(t)$ 满足绝对可积,即

$$\int_{-\infty}^{+\infty} |f(t)|\,dt < +\infty$$

(2) 在任何有限区间内,$f(t)$ 只有有限个极大值和极小值。

(3) 在任何有限区间内,$f(t)$ 不连续点的个数有限,而且在不连续点处,$f(t)$ 的取值是有限的。

满足上述条件的 $f(t)$,其傅里叶积分将在所有连续点收敛于 $f(t)$,而在 $f(t)$ 的各个不连续点将收敛于 $f(t)$ 的左极限和右极限的平均值。

若 $f(t)$ 在点 t_1 上连续,则

$$\frac{1}{2\pi}\int_{-\infty}^{+\infty} F(j\omega)e^{j\omega t_1}\,d\omega = f(t_1)$$

若 $f(t)$ 在点 t_1 上不连续,则

$$\frac{1}{2\pi}\int_{-\infty}^{+\infty} F(j\omega)e^{j\omega t_1}\,d\omega = \frac{1}{2}\left[f(t_1^-) + f(t_1^+)\right]$$

2.3.4　傅里叶变换频谱函数

在傅里叶变换式中,$F(j\omega)$ 是单位频带的复振幅,有密度的含义,因此把 $F(j\omega)$ 称为频谱密度函数,简称为频谱函数或频谱密度,在与周期信号频谱不发生混淆的情况下,也可以简称为频谱,有时候也写成 $F(\omega)$。

由第 2.2 节讨论可知,连续的周期信号具有离散、非周期的频谱;从本节傅里叶变换可知,连续的非周期信号具有连续、非周期的频谱。以后我们会知道,离散的非周期信号具有连续、周期性的频谱;离散的周期信号具有离散、周期性的频谱,如表 2-2 所示。

表 2-2　时域信号与频谱的对应特征

时域信号特征	频域信号特征
连续、周期性	离散、非周期性
连续、非周期性	连续、非周期性
离散、非周期性	连续、周期性
离散、周期性	离散、周期性

一般情况下，$F(j\omega)$ 是一个复函数，因此可以用极坐标方法表示为

$$F(j\omega) = |F(j\omega)| e^{j\theta(\omega)} \tag{2-32}$$

式中：$|F(j\omega)|$ 是 $F(j\omega)$ 的模，代表信号中各频率分量幅度的大小，称为非周期信号的幅度频谱，简称幅度谱；$\theta(\omega)$ 是 $F(j\omega)$ 的辐角，它表示信号中各频率分量之间的相位关系。

习惯上把 $|F(j\omega)| \omega$ 和 $\theta(\omega)\omega$ 的曲线也分别称为幅度频谱和相位频谱。

可以证明

$$\begin{aligned} |F(j\omega)| &= |F(-j\omega)| \\ \theta(\omega) &= -\theta(-\omega) \end{aligned} \tag{2-33}$$

故可以得出两个结论。

(1) 信号的幅度频谱是 ω 的偶函数，其频谱曲线具有关于纵轴的对称性。

(2) 信号的相位频谱是 ω 的奇函数，其相位频谱曲线具有关于原点的对称性。

连续非周期信号的频谱密度与相对应的连续周期信号的傅里叶变换复系数之间的关系为

$$\left. \begin{aligned} F(j\omega) &= \lim_{T \to +\infty} TF_n|_{n\Omega = \omega} \\ F_n &= \frac{F(j\omega)}{T} \bigg|_{\omega = n\Omega} \end{aligned} \right\} \tag{2-34}$$

式 (2-34) 表达了非周期信号与周期信号的转换关系，因此可以较方便地从周期信号求取相应的非周期信号，或者相反。在形状上与相应的周期信号的频谱包络线相同。

【例 2.4】　试求如图 2-15 所示的非周期矩形脉冲信号 $f(t)$ 的频谱函数 $F(j\omega)$。

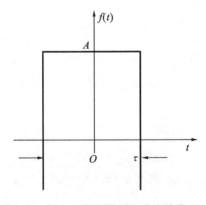

图 2-15　例 2.4 非周期矩形脉冲信号 $f(t)$

解　非周期矩形脉冲信号 $f(t)$ 可以表示为

$$f(t) = \begin{cases} A & (|t| \leqslant \dfrac{\tau}{2}) \\[2mm] 0 & (|t| > \dfrac{\tau}{2}) \end{cases}$$

由傅里叶正变换式可得

$$F(j\omega) = \int_{-\infty}^{+\infty} f(t)\mathrm{e}^{-j\omega t}\,\mathrm{d}t = \int_{-\frac{\tau}{2}}^{\frac{\tau}{2}} A\,\mathrm{e}^{-j\omega t}\,\mathrm{d}t$$

$$= \frac{-A}{j\omega}\mathrm{e}^{-j\omega t}\bigg|_{-\tau/2}^{\tau/2} = \frac{-A}{j\omega}(\mathrm{e}^{-j\omega\frac{\tau}{2}} - \mathrm{e}^{j\omega\frac{\tau}{2}})$$

$$= \frac{2A}{\omega}\sin\left(\frac{\omega\tau}{2}\right) = A\tau\,\frac{\sin\dfrac{\omega\tau}{2}}{\dfrac{\omega\tau}{2}} = A\tau\,\mathrm{Sa}\left(\frac{\omega\tau}{2}\right)$$

其频谱如图 2-16 所示。

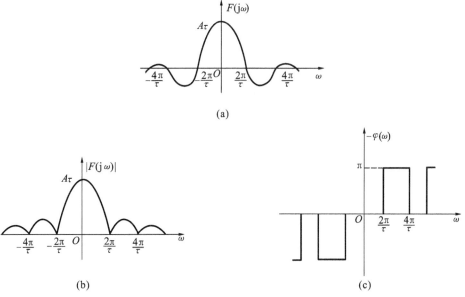

图 2-16　例 2.4 非周期矩形脉冲信号频谱

将图 2-16 所示频谱与图 2-5 所示周期矩形脉冲频谱进行对比,可以得出以下结论。

(1)对于频谱的包络形状而言,周期矩形脉冲频谱和非周期矩形脉冲频谱的包络形状完全相同。它们都具有采样函数 $\mathrm{Sa}(x)$ 的形式。在第 2.2 节分析周期信号的频谱时,已知周期信号的脉冲宽度 τ 不变而周期 T 变化,频谱的包络形状不变,也就是各频率分量振幅的比例关系不改变。实际上,非周期矩形脉冲频谱就是周期矩形脉冲频谱当 $T \to \infty$ 时的特例。

(2)由于单个脉冲信号与周期性脉冲信号的频谱存在着式(2-34)的关系,因此,单个脉冲信号的频谱中仍然保留着周期信号频谱的某些特点。单个脉冲信号的频谱也具有收敛性,信号大部分能量集中在低频段。由图 2-16 可知,$F(j\omega)$ 的频带宽度($B_{\mathrm{w}} = 2\pi/\tau$)和周期性矩形脉冲相同。由于频带宽度 B_{w} 与脉冲宽度 τ 成反比。所以,脉冲宽度 τ 减小,频谱通过零点的频率随之提高,频谱收敛速度减慢。

2.4 常用非周期信号的频谱

复杂信号一般可以分解为许多常见信号。如果与第 2.5 节讨论的傅里叶变换性质相结合,几乎可以分析实际工程中的所有信号的频谱。有的信号不满足绝对可积的条件,引入广义函数的概念以后,许多不满足绝对可积条件的功率信号和某些非功率、非能量信号也存在傅里叶变换,而且具有非常明确的物理意义,这样就可以把周期信号和非周期信号的分析方法统一起来,使傅里叶变换应用更为广泛。下面介绍几种常见的非周期信号的频谱。

2.4.1 单边指数信号的频谱

单边指数信号的表达式为

$$f(t) = Ae^{-at}\varepsilon(t) \quad (a > 0)$$

信号的频谱函数为

$$F(j\omega) = \int_{-\infty}^{+\infty} f(t)e^{-j\omega t}dt = \int_{-\infty}^{+\infty} Ae^{-at}\varepsilon(t)e^{-j\omega t}dt$$

$$= A\int_{0}^{+\infty} e^{-at}e^{-j\omega t}dt = \frac{Ae^{-(a+j\omega)}}{-(a+j\omega)}\bigg|_{0}^{+\infty} = \frac{A}{a+j\omega}$$

单边指数信号只有当 $a > 0$ 时,傅里叶变换才存在,即

$$Ae^{-at}\varepsilon(t) \leftrightarrow \frac{A}{a+j\omega} \tag{2-35}$$

其幅度频谱和相位频谱分别为

$$|F(j\omega)| = \frac{A}{\sqrt{a^2+\omega^2}}$$

$$\varphi(\omega) = -\arctan\left(\frac{\omega}{a}\right)$$

图 2-17 所示的是单边指数信号及其频谱。

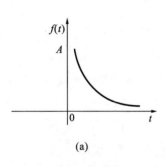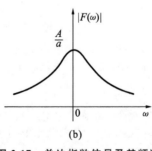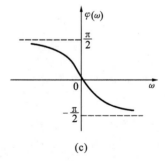

图 2-17 单边指数信号及其频谱

2.4.2 双边指数信号的频谱

双边指数信号的表达式为

$$f(t) = Ae^{-a|t|} \quad (a > 0)$$

由于 $f(t)$ 为实偶函数,则其傅里叶变换为

$$F(j\omega) = \int_{-\infty}^{+\infty} f(t)\cos(\omega t)dt = 2A\int_{0}^{+\infty} e^{-at}\cos(\omega t)dt$$

$$= 2Ae^{-at}\frac{[\omega\sin(\omega t) - a\cos(\omega t)]}{a^2+\omega^2}\Big|_{0}^{+\infty} = \frac{2Aa}{a^2+\omega^2}$$

即

$$Ae^{-a|t|} \leftrightarrow \frac{2Aa}{a^2+\omega^2} \tag{2-36}$$

其幅度频谱和相位频谱分别为

$$|F(j\omega)| = \frac{2Aa}{a^2+\omega^2}$$

$$\varphi(\omega) = 0$$

其频谱如图 2-18 所示。

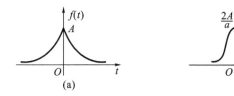

图 2-18 双边指数信号及其频谱

2.4.3 单位冲激信号的频谱函数

单位冲激函数 $\delta(t)$ 可表示为

$$f(t) = \delta(t) = \begin{cases} \int_{-\infty}^{+\infty} \delta(t)dt = 1 & (t=0) \\ 0 & (t \neq 0) \end{cases}$$

如图 2-19 所示,对其进行傅里叶变换可得到

$$\mathscr{F}\{\delta(t)\} = \int_{-\infty}^{+\infty} \delta(t)e^{-j\omega t}dt = 1$$

即

$$\delta(t) \leftrightarrow 1 \tag{2-37}$$

单个脉冲信号当其脉冲宽度 $\tau \to 0$ 时,即为单位冲激信号,它的频谱函数 $F(j\omega)$ 在整个频率 $(-\infty, +\infty)$ 范围内均匀分布,说明单位冲激信号在整个频率范围具有均匀的频谱,频带宽度无穷大,这样的频谱称为白色频谱或均匀频谱。

通过单位冲激函数的傅里叶变换,还可以推导出直流信号的频谱函数。

由于

$$\int_{-\infty}^{+\infty} \delta(t)e^{-j\omega t}dt = 1$$

即

$$\delta(t) = \mathscr{F}^{-1}\{1\} = \frac{1}{2\pi}\int_{-\infty}^{+\infty} e^{j\omega t}\,d\omega$$

则

$$\int_{-\infty}^{+\infty} e^{j\omega t}\,d\omega = 2\pi\delta(t)$$

互换上式中的 t 和 ω，利用 $\delta(t)$ 是偶函数的特性，可得

$$\int_{-\infty}^{+\infty} e^{-j\omega t}\,dt = 2\pi\delta(\omega)$$

由此可得单位直流信号的傅里叶变换为

$$1 \leftrightarrow 2\pi\delta(\omega) \tag{2-38}$$

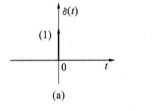 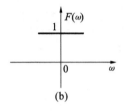

(a)　　　　　　　　　　　(b)

图 2-19　单位冲激信号与其频谱函数

2.4.4　单位阶跃函数的频谱函数

单位阶跃信号的频谱函数为

$$F(j\omega) = \mathscr{F}\{\varepsilon(t)\} = \int_{-\infty}^{+\infty} \varepsilon(t)e^{-j\omega t}\,dt = \int_{0}^{+\infty} e^{-j\omega t}\,dt$$

由于 $\varepsilon(t)$ 不满足狄利克雷条件，为了求取频谱函数，可采用取极限的方法先求出单边指数函数的频谱函数，即

$$e^{-at}\varepsilon(t) \leftrightarrow \frac{1}{a+j\omega}$$

当 $a=0$ 时，可以进行如下推导。

因为

$$\lim_{a=0} e^{-at}\varepsilon(t) = \varepsilon(t)$$

所以

$$\lim_{a=0}\left[\frac{a}{a^2+\omega^2} - \frac{j\omega}{a^2+\omega^2}\right] = A_\delta\delta(\omega) - j\frac{1}{\omega}$$

冲激强度 A_δ 为

$$A_\delta = \lim_{a=0}\int_{-\infty}^{+\infty}\frac{a}{a^2+\omega^2}\,d\omega = \lim_{a=0}\int_{-\infty}^{+\infty}\frac{d(\frac{\omega}{a})}{1+(\frac{\omega}{a})^2}$$

$$= \lim_{a=0}\arctan\left(\frac{\omega}{a}\right)\bigg|_{-\infty}^{+\infty} = \frac{\pi}{2} + \frac{\pi}{2} = \pi$$

可得单位阶跃信号的傅里叶变换为

$$\varepsilon(t) \leftrightarrow \pi\delta(\omega) - j\frac{1}{\omega} \tag{2-39}$$

单位阶跃信号及其频谱如图 2-20 所示。

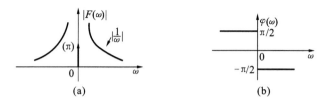

图 2-20　阶跃信号的频谱

2.4.5　指数函数 $e^{j\omega_c t}$ 的频谱函数

指数信号的时域表达式为

$$f(t) = e^{j\omega_c t} \quad (-\infty < t < +\infty)$$

则其傅里叶变换为

$$
\begin{aligned}
\mathscr{F}\{f(t)\} &= \int_{-\infty}^{+\infty} e^{j\omega_c t} e^{-j\omega t} \, dt \\
&= \int_{-\infty}^{+\infty} e^{-j(\omega-\omega_c)t} \, dt \\
&= 2\pi\delta(\omega - \omega_c)
\end{aligned}
$$

同理可得指数信号 $e^{-j\omega_c t}$ $(-\infty < t < +\infty)$ 的傅里叶变换为

$$\mathscr{F}\{e^{-j\omega_c t}\} = \int_{-\infty}^{+\infty} e^{-j(\omega+\omega_c)t} dt = 2\pi\delta(\omega + \omega_c)$$

因此指数函数的傅里叶变换为

$$e^{j\omega_c t} \leftrightarrow 2\pi\delta(\omega - \omega_c) \tag{2-40a}$$

$$e^{-j\omega_c t} \leftrightarrow 2\pi\delta(\omega + \omega_c) \tag{2-40b}$$

指数信号的频谱如图 2-21 所示。

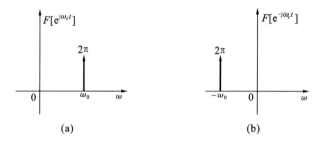

图 2-21　指数信号的频谱

利用指数函数的傅里叶变换,结合欧拉公式,可以推得

$$\cos(\omega_c t) \leftrightarrow \pi[\delta(\omega + \omega_c) + \delta(\omega - \omega_c)] \tag{2-41a}$$

$$\sin(\omega_c t) \leftrightarrow j\pi[\delta(\omega + \omega_c) - \delta(\omega - \omega_c)] \tag{2-41b}$$

2.4.6　冲击偶函数的傅里叶变换

冲激偶函数是冲激函数的导数,表示为 $\delta'(t)$,即

$$\delta'(t) = \frac{\mathrm{d}^2}{\mathrm{d}t^2}\varepsilon(t)$$

由傅里叶反变换公式,得

$$\delta(t) = \frac{1}{2\pi}\int_{-\infty}^{+\infty} F(\omega)\mathrm{e}^{\mathrm{j}\omega t}\mathrm{d}\omega = \frac{1}{2\pi}\int_{-\infty}^{+\infty} 1 \times \mathrm{e}^{\mathrm{j}\omega t}\mathrm{d}\omega$$

因为

$$\int_{-\infty}^{+\infty} \mathrm{e}^{\pm\mathrm{j}xy}\mathrm{d}x = 2\pi\delta(y)$$

对上式两边求微分,得

$$\delta'(t) = \frac{1}{2\pi}\int_{-\infty}^{+\infty} \mathrm{j}\omega\mathrm{e}^{\mathrm{j}\omega t}\mathrm{d}\omega$$

所以

$$\mathscr{F}[\delta'(t)] = \mathrm{j}\omega$$

即

$$\delta'(t) \leftrightarrow \mathrm{j}\omega \tag{2-42}$$

同理可得

$$\delta^{(n)}(t) \leftrightarrow (\mathrm{j}\omega)^n \tag{2-43}$$

【例 2.5】　三角形脉冲信号的时域表达式为

$$x(t) = \begin{cases} A\left(1 - \dfrac{|t|}{\tau}\right) & (|t| \leqslant \tau) \\ 0 & (|t| > \tau) \end{cases}$$

求三角形脉冲信号的傅里叶变换。

解　$x(t)$ 为实偶函数,其傅里叶变换为

$$\mathscr{F}\{x(t)\} = 2\int_0^{+\infty} x(t)\cos(\omega t)\mathrm{d}t$$

$$= 2A\int_0^{\tau}\left(1 - \frac{t}{\tau}\right)\cos(\omega t)\mathrm{d}t$$

$$= A\tau\mathrm{Sa}^2\left(\frac{\omega\tau}{2}\right)$$

其频谱如图 2-22 所示。

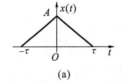
(a)

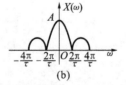
(b)

图 2-22　例 2.5 三角形脉冲及其频谱

表 2-3 列举了部分常用函数及其频谱函数。

表 2-3　常用非周期函数的频谱

名　　称	时间函数 $f(t)$	频谱函数 $F(j\omega)$
单边指数信号	$Ae^{-at}\varepsilon(t)$	$\dfrac{A}{a+j\omega}$
指数脉冲	$te^{-at}\varepsilon(t)$	$\dfrac{1}{(a+j\omega)^2}$
双边指数信号	$Ae^{-a\lvert t\rvert}$	$\dfrac{2Aa}{a^2+\omega^2}$
单位冲激信号	$\delta(t)$	1
单位直流信号	1	$2\pi\delta(\omega)$
单位阶跃信号	$\varepsilon(t)$	$\pi\delta(\omega)-j\dfrac{1}{\omega}$
指数函数	$e^{j\omega_c t}$	$2\pi\delta(\omega-\omega_c)$
	$e^{-j\omega_c t}$	$2\pi\delta(\omega+\omega_c)$
单位余弦信号	$\cos(\omega_c t)$	$\pi[\delta(\omega+\omega_c)+\delta(\omega-\omega_c)]$
单位正弦信号	$\sin(\omega_c t)$	$j\pi[\delta(\omega+\omega_c)-\delta(\omega-\omega_c)]$
冲激偶函数	$\delta'(t)$	$j\omega$
	$\delta^{(n)}(t)$	$(j\omega)^n$

2.5　傅里叶变换的性质

　　傅里叶变换建立了连续非周期信号时域和频域的对应关系,可以理解为任一信号有时域和频域两种描述方法。因此,信号在一个域中所具有的特性,通过傅里叶变换会在另一个域中体现出来。通过讨论傅里叶变换的性质,可以进一步理解时域和频域之间的内在联系,当在某一个域中分析比较复杂时,利用傅里叶变换的性质可以转换到另一个域中进行分析计算。此外,根据定义来求取傅里叶正、反变换,不可避免地会遇到繁杂的积分或不满足绝对可积而可能出现广义函数的麻烦。因此,研究傅里叶变换的性质具有以下意义:①简化复杂的运算;②建立信号在时域与频域的对应关系和转换规律。本节将系统地讨论傅里叶变换的性质及其应用,从而用简便的方法求取傅里叶正、反变换。

2.5.1　线性特性

　　对于信号 $f_1(t)$ 和 $f_2(t)$,如果任意的常数 a_1 和 a_2 满足

$$f_1(t)\leftrightarrow F_1(j\omega),\quad f_2(t)\leftrightarrow F_2(j\omega)$$

则有

$$a_1 f_1(t)+a_2 f_2(t)\leftrightarrow a_1 F_1(j\omega)+a_2 F_2(j\omega) \tag{2-44}$$

　　证明　因为

$$f(t)=a_1 f_1(t)+a_2 f_2(t)$$

所以

$$F(\mathrm{j}\omega) = \mathscr{F}\{f(t)\} = \int_{-\infty}^{+\infty} f(t)\mathrm{e}^{-\mathrm{j}\omega t}\,\mathrm{d}t$$

$$= \int_{-\infty}^{+\infty} a_1 f_1(t)\mathrm{e}^{-\mathrm{j}\omega t}\,\mathrm{d}t + \int_{-\infty}^{+\infty} a_2 f_2(t)\mathrm{e}^{-\mathrm{j}\omega t}\,\mathrm{d}t$$

$$= a_1 F_1(\mathrm{j}\omega) + a_2 F_2(\mathrm{j}\omega)$$

线性特性可以推广到多个信号的情况，有两重含义。

(1)齐次性：当信号乘以 a 时，则其频谱函数 $F(\mathrm{j}\omega)$ 将乘同一常数 a。

(2)叠加性：多个信号和的频谱函数等于各个信号频谱函数的和。

2.5.2 时移特性

对于信号 $f_1(t)$，若

$$f_1(t) \leftrightarrow F_1(\mathrm{j}\omega)$$

则

$$f_1(t-t_0) \leftrightarrow F_1(\mathrm{j}\omega)\mathrm{e}^{-\mathrm{j}\omega t_0} \tag{2-45}$$

证明 由傅里叶变换的定义，可得

$$\mathscr{F}\{f_1(t-t_0)\} = \int_{-\infty}^{+\infty} f_1(t-t_0)\mathrm{e}^{-\mathrm{j}\omega t}\,\mathrm{d}t$$

令 $\tau = t - t_0$，则 $\mathrm{d}t = \mathrm{d}\tau$，上式可以写为

$$\mathscr{F}\{f_1(t-t_0)\} = \int_{-\infty}^{+\infty} f_1(\tau)\mathrm{e}^{-\mathrm{j}\omega\tau}\mathrm{e}^{-\mathrm{j}\omega t_0}\,\mathrm{d}\tau$$

$$= \mathrm{e}^{-\mathrm{j}\omega t_0} \int_{-\infty}^{+\infty} f_1(\tau)\mathrm{e}^{-\mathrm{j}\omega\tau}\,\mathrm{d}\tau$$

$$= \mathrm{e}^{-\mathrm{j}\omega t_0} F_1(\mathrm{j}\omega)$$

时移特性表明，信号在时域平移后，频谱波形不变，因而信号的频谱成分不变(幅度频谱未变)，但各成分的相位发生改变。也可以用公式进行定量分析：函数 $f(t-t_0)$ 与函数 $f(t)$ 具有相同的波形，但延时了一段时间，用指数函数可表示为

$$F(\mathrm{j}\omega) = |F(\mathrm{j}\omega)|\mathrm{e}^{\mathrm{j}\varphi(\omega)}, \quad F_1(\mathrm{j}\omega) = |F_1(\mathrm{j}\omega)|\mathrm{e}^{\mathrm{j}\varphi_1(\omega)}$$

可得

$$|F(\mathrm{j}\omega)| = |F_1(\mathrm{j}\omega)|, \quad \varphi(\omega) = \varphi_1(\omega) + \omega t_0$$

也就是说，信号在时域的波形移动了 t_0，则在频域中所有信号的频谱分量都将有一个与频率呈线性关系的滞后相移 ωt_0，反过来也正确。

【例 2.6】 试求图 2-23 所示的两个延时矩形脉冲信号 $x_1(t)$ 与 $x_2(t)$ 的各自对应的频谱函数 $X_1(\mathrm{j}\omega)$ 与 $X_2(\mathrm{j}\omega)$。

解 无延时且宽度为 τ 的矩形脉冲信号对应的频谱函数为

$$X(\mathrm{j}\omega) = A\tau\mathrm{Sa}\left(\frac{\omega\tau}{2}\right)$$

因为

$$x_1(t) = x(t-T), \quad x_2(t) = x(t+T)$$

由频谱函数的时频特性，可得

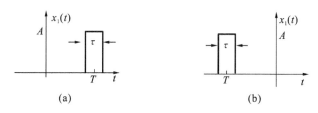

图 2-23　例 2.6 矩形脉冲信号 $x_1(t)$ 与 $x_2(t)$

$$X_1(\mathrm{j}\omega)=X(\mathrm{j}\omega)\mathrm{e}^{-\mathrm{j}\omega T}=A\tau\mathrm{Sa}\left(\frac{\omega\tau}{2}\right)\mathrm{e}^{-\mathrm{j}\omega T}$$

$$X_2(\mathrm{j}\omega)=X(\mathrm{j}\omega)\mathrm{e}^{\mathrm{j}\omega T}=A\tau\mathrm{Sa}\left(\frac{\omega\tau}{2}\right)\mathrm{e}^{\mathrm{j}\omega T}$$

信号 $x(t)$ 在时域中沿时间轴右移(延时)t_0,等效于在频域中频谱乘以因子 $\mathrm{e}^{-\mathrm{j}\omega t_0}$,其幅度频谱不变,各频率分量的相位落后 ωt_0 弧度;同理,若信号沿时间轴左移(提前)t_0,则频谱乘以因子 $\mathrm{e}^{\mathrm{j}\omega t_0}$,各频率分量的相位提前 ωt_0 弧度。

2.5.3　频移特性

对于信号 $f_1(t)$,若

$$f_1(t)\leftrightarrow F_1(\mathrm{j}\omega)$$

则

$$f_1(t)\mathrm{e}^{\mathrm{j}\omega_c t}\leftrightarrow F_1(\mathrm{j}\omega-\mathrm{j}\omega_c) \tag{2-46}$$

证明

$$\mathscr{F}\{f(t)\}=\int_{-\infty}^{+\infty}f(t)\mathrm{e}^{-\mathrm{j}\omega t}\mathrm{d}t=F(\mathrm{j}\omega)$$

由傅里叶变换的定义,可得

$$\mathscr{F}\{f(t)\mathrm{e}^{\mathrm{j}\omega_0 t}\}=\int_{-\infty}^{+\infty}f(t)\mathrm{e}^{-\mathrm{j}\omega t}\mathrm{d}t\cdot\mathrm{e}^{(\mathrm{j}\omega_0 t)}$$

$$=\int_{-\infty}^{+\infty}f(t)\mathrm{e}^{-\mathrm{j}(\omega-\omega_0)t}\mathrm{d}t=F\{\mathrm{j}(\omega-\omega_0)\}$$

频移特性说明,信号在时域的相移,对应频谱函数在频域的频移。在时域 $f_1(t)$ 乘 $\mathrm{e}^{\mathrm{j}\omega_c t}$($\omega_c$ 为常数),对应在频域中使每条谱线平移 ω_c。

【例 2.7】　求如图 2-24 所示的高频脉冲信号的频谱函数。

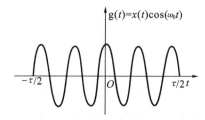

图 2-24　例 2.7 高频脉冲信号

解　高频脉冲为

$$g(t)=x(t)\cos(\omega_0 t)$$

式中：$x(t)$为矩形脉冲；$p(t)=\cos(\omega_0 t)$为高频余弦波。

矩形脉冲 $x(t)$ 的频谱为

$$X(\mathrm{j}\omega)=A\tau\mathrm{Sa}(\omega\tau/2)$$

利用欧拉公式，根据傅里叶变换的频移特性，可知高频脉冲 $g(t)$ 的频谱函数为

$$G(\mathrm{j}\omega)=A\tau\mathrm{Sa}[(\omega-\omega_0)\tau/2]/2+A\tau\mathrm{Sa}[(\omega+\omega_0)\tau/2]/2$$

过程如下：

$$\begin{aligned}
G(\mathrm{j}\omega) &= \mathscr{F}\left\{x(t)\frac{1}{2}(\mathrm{e}^{\mathrm{j}\omega_0 t}+\mathrm{e}^{-\mathrm{j}\omega_0 t})\right\}\\
&=\frac{1}{2}X(\mathrm{j}\omega-\mathrm{j}\omega_0)+\frac{1}{2}X(\mathrm{j}\omega+\mathrm{j}\omega_0)\\
&=\frac{A\tau}{2}\mathrm{Sa}\left[(\mathrm{j}\omega-\mathrm{j}\omega_0)\frac{\tau}{2}\right]+\frac{A\tau}{2}\mathrm{Sa}\left[(\mathrm{j}\omega+\mathrm{j}\omega_0)\frac{\tau}{2}\right]
\end{aligned}$$

所以高频脉冲的频谱 $G(\mathrm{j}\omega)$ 如图 2-25 所示。

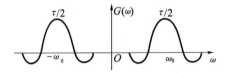

图 2-25 例 2.7 高频脉冲的频谱

频谱沿频率轴右移或左移称为频谱搬移技术，在通信系统中，用于实现调幅、变频及同步解调过程。

2.5.4 尺度变换特性

对于信号 $f_1(t)$，若

$$f_1(t)\leftrightarrow F_1(\mathrm{j}\omega)$$

则

$$f_1(at)\leftrightarrow\frac{1}{|a|}F_1\left(\frac{\mathrm{j}\omega}{a}\right) \tag{2-47}$$

证明 由傅里叶变换的定义，可得

$$\mathscr{F}\{f(at)\}=\int_{-\infty}^{+\infty}f(at)\mathrm{e}^{-\mathrm{j}\omega t}\mathrm{d}t$$

(1)当 $a>0$ 时，令 $\tau=at$，则

$$\mathscr{F}\{f(at)\}=\frac{1}{a}\int_{-\infty}^{+\infty}f(\tau)\mathrm{e}^{-\mathrm{j}(\frac{\omega}{a})\tau}\mathrm{d}\tau=\frac{1}{a}F\left(\frac{\mathrm{j}\omega}{a}\right)$$

(2)当 $a<0$ 时，令 $\tau=-|a|t$，则

$$\mathscr{F}\{f(at)\}=-\frac{1}{|a|}\int_{+\infty}^{-\infty}f(\tau)\mathrm{e}^{-\mathrm{j}(\frac{\omega}{a})\tau}\mathrm{d}\tau=\frac{1}{|a|}F\left(\frac{\mathrm{j}\omega}{a}\right)$$

尺度变换特性体现了信号的时域与频域之间压缩与扩展的关系。进一步推广式(2-47)，可得

$$\mathscr{F}\{f(at-b)\}=\frac{1}{|a|}F\left(\frac{\mathrm{j}\omega}{a}\right)\mathrm{e}^{-\mathrm{j}\omega b/a} \tag{2-48}$$

【例 2.8】 已知 $x(t)$ 为一矩形脉冲,如图 2-26 所示,求 $x(t/2)$ 的频谱函数。

图 2-26　例 2.8 矩形脉冲 $x(t)$ 及其频谱

解　矩形脉冲的频谱函数为

$$X(\mathrm{j}\omega)=A\tau\mathrm{Sa}(\omega\tau/2)$$

由尺度变换得

$$\mathscr{F}\{x(t/2)\}=2X(\mathrm{j}2\omega)=2A\tau\mathrm{Sa}(\omega\tau)$$

其对应的频谱如图 2-27 所示。

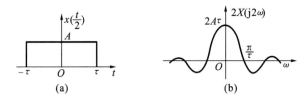

图 2-27　例 2.8 矩形脉冲 $x(t/2)$ 及其频谱

由尺度变换特性可知,信号在时域中压缩($a>1$)等效于在频域中扩展;反之,信号在时域中扩展等效于在频域中压缩。如信号的波形压缩到原值的 $1/a$,说明信号随时间变化而变化加快 a 倍,所以它所包含的频谱展宽 a 倍,根据能量守恒原理,各频率分量的大小必然减小到原值的 $1/a$。图 2-28 给出了矩形脉冲尺度变换的三种情况。

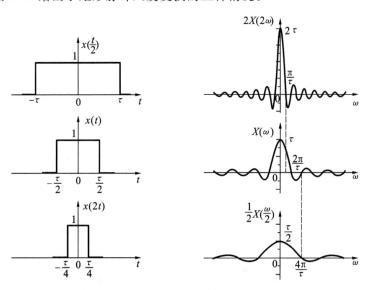

图 2-28　矩形脉冲的尺度变换

当信号的波形沿时间轴压缩(变窄)时,意味着信号的变化加快,相应频域中高频分量的比

67

重增加,信号带宽增加。由于时域中信号变窄,能量会减小。根据能量守恒原理,各频率分量的大小必然减小。尺度变换特性同时也说明:若要压缩信号持续时间,提高通信速率,则不得不以展宽频带作代价。所以在无线电通信中,通信速率提高与占用带宽变窄是一对矛盾。

在通信技术中,传输信号的速度越快越好,这就要求脉冲宽度越来越窄($a \gg 1$),这时,被传输信号的带宽扩展得很宽。为了使通信的速度高,占有带宽尽可能窄,脉宽和频带宽度应为一尽可能小的常数,要使二者均可用较小的数值,高斯(Gauss)脉冲在这方面比矩形脉冲有着明显的优越性。

2.5.5 奇偶特性

由于时间函数 $f(t)$ 一般都是时间 t 的实函数,因此,实时间函数的奇偶对称性对频谱函数也有影响。

由欧拉公式得

$$F(j\omega) = \int_{-\infty}^{+\infty} f(t) e^{-j\omega t} dt$$
$$= \int_{-\infty}^{+\infty} f(t)\cos(\omega t) dt - j \int_{-\infty}^{+\infty} f(t)\sin(\omega t) dt$$

上式可写成

$$F(j\omega) = R(\omega) + jI(\omega) \tag{2-49}$$

式中:

$$R(\omega) = \int_{-\infty}^{+\infty} f(t)\cos(\omega t) dt \tag{2-50a}$$

$$I(\omega) = -\int_{-\infty}^{+\infty} f(t)\sin(\omega t) dt \tag{2-50b}$$

分别是 $F(j\omega)$ 的实部和虚部。

若对信号 $f(t)$ 做奇偶分解,即

$$f(t) = f_e(t) + f_o(t)$$

式中,$f_e(t) = f_e(-t)$ 为信号 $f(t)$ 的偶部;$f_o(t) = -f_o(-t)$ 为信号 $f(t)$ 的奇部。将上式代入式(2-50a)可得

$$R(\omega) = \int_{-\infty}^{+\infty} [f_e(t) + f_o(t)]\cos(\omega t) dt$$
$$= \int_{-\infty}^{+\infty} f_e(t)\cos(\omega t) dt + \int_{-\infty}^{+\infty} f_o(t)\cos(\omega t) dt$$

根据奇函数和偶函数的性质,得

$$R(\omega) = 2\int_0^{+\infty} f_e(t)\cos(\omega t) dt \tag{2-51a}$$

同理,对于 $F(j\omega)$ 的虚部,有

$$I(\omega) = -\int_{-\infty}^{+\infty} [f_e(t) + f_o(t)]\sin(\omega t) dt$$

即

$$I(\omega) = -2\int_0^{+\infty} f_o(t)\sin(\omega t) dt \tag{2-51b}$$

由以上推导可以得出结论:$R(\omega)$是关于 ω 的实偶函数,$R(\omega)$由 $f(t)$ 的偶部 $f_e(t)$ 的傅里叶变换得到,在对称区间内积分为一半区间积分的 2 倍;$I(\omega)$是关于 ω 的实奇函数,$I(\omega)$由 $f(t)$ 的奇部 $f_o(t)$ 的傅里叶变换得到,在对称区间内积分为零。

如果用指数函数 $F(j\omega)=|F(j\omega)|\,e^{-j\varphi(\omega)}$ 表示,可以证明

$$|F(j\omega)|=|F(-j\omega)| \tag{2-52}$$

$$\varphi(\omega)=-\varphi(-\omega) \tag{2-53}$$

故可以得出结论:信号的幅度频谱 $|F(j\omega)|$ 是 ω 的偶函数,其频谱具有关于纵轴的对称性。信号的相位频谱 $\varphi(\omega)$ 是 ω 的奇函数,其相位谱具有关于原点的对称性。

综上所述,我们得到傅里叶频谱的奇偶特性。

(1)实部频谱函数 $R(\omega)=\displaystyle\int_{-\infty}^{+\infty}f(t)\cos(\omega t)dt$ 是 ω 的偶函数,对应原信号偶部的傅里叶变换;若 $f(t)$ 为奇函数,则 $R(\omega)=0$。

(2)虚部频谱函数 $I(\omega)=\displaystyle\int_{-\infty}^{+\infty}f(t)\sin(\omega t)dt$ 是 ω 的奇函数,对应原信号奇部的傅里叶变换;若 $f(t)$ 为偶函数,则 $I(\omega)=0$。

(3)幅度频谱 $|F(j\omega)|=\sqrt{R^2(\omega)+I^2(\omega)}$ 是 ω 的偶函数,关于纵轴对称。

(4)相位频谱 $\varphi(\omega)=\arctan\dfrac{I(\omega)}{R(\omega)}$ 是 ω 的奇函数,关于原点对称。

2.5.6　对称特性

对于信号 $f(t)$,若

$$f(t)\leftrightarrow F(j\omega)$$

则

$$F(jt)\leftrightarrow 2\pi\,f(-\omega) \tag{2-54}$$

证明　由傅里叶反变换式得

$$f(t)=\frac{1}{2\pi}\int_{-\infty}^{+\infty}F(j\omega)e^{j\omega t}d\omega$$

反转后,有

$$f(-t)=\frac{1}{2\pi}\int_{-\infty}^{+\infty}F(j\omega)e^{-j\omega t}d\omega$$

t 与 ω 互换,可得

$$f(-\omega)=\frac{1}{2\pi}\int_{-\infty}^{+\infty}F(jt)e^{-j\omega t}dt$$

右边积分就是时间函数的傅里叶变换,即

$$F(jt)\leftrightarrow 2\pi\,f(-\omega)$$

该特性说明傅里叶正反变换的对称性。

【**例 2.9**】　求采样函数 $Sa(\omega_0 t)$ 的面积。

解　采样函数的频谱为矩形脉冲函数,即

$$\mathscr{F}\{Sa(\omega_0 t)\}=(\pi/\omega_0)G_{2\omega_0}(j\omega)$$

采样函数 $\text{Sa}(\omega_0 t)$ 的面积为

$$\int_{-\infty}^{+\infty} \text{sinc}(\omega_0 t)\,\mathrm{d}t = \int_{-\infty}^{+\infty} \text{sinc}(\omega_0 t)\mathrm{e}^{-\mathrm{j}\omega t}\,\mathrm{d}t \mid_{\omega=0}$$
$$= (\pi/\omega_0)G_{2\omega_0}(0) = \pi/\omega_0$$

当 $f(t)$ 为偶函数时,若 $f(t)$ 的频谱为 $F(\mathrm{j}\omega)$,那么与 $F(\mathrm{j}\omega)$ 形状相同的时间函数 $F(t)$,其频谱必为 $f(t)$ 的形式,即与 $f(t)$ 形状相同。若 $f(t)$ 不是偶函数,由上式可以看出,时域和频域仍具有对称性。例如,直流信号的频谱为频域的冲激函数,而冲激函数的频谱必然为常数。矩形脉冲信号的频谱为频域的取样函数,而 Sa 形脉冲的频谱必然为矩形函数。

2.5.7 微分特性

1. 时域微分特性

对于信号 $f(t)$,若

$$f(t) \leftrightarrow F(\mathrm{j}\omega)$$

则

$$\frac{\mathrm{d}f(t)}{\mathrm{d}t} \leftrightarrow \mathrm{j}\omega F(\mathrm{j}\omega) \tag{2-55}$$

证明 由傅里叶反变换可得

$$f(t) = \frac{1}{2\pi}\int_{-\infty}^{+\infty} F(\mathrm{j}\omega)\mathrm{e}^{\mathrm{j}\omega t}\,\mathrm{d}\omega$$

两边对 t 微分并交换微分和积分次序,可得

$$\frac{\mathrm{d}f(t)}{\mathrm{d}t} = \frac{1}{2\pi}\int_{-\infty}^{+\infty} [\mathrm{j}\omega F(\mathrm{j}\omega)]\mathrm{e}^{\mathrm{j}\omega t}\,\mathrm{d}\omega$$

即

$$\mathscr{F}\left\{\frac{\mathrm{d}f(t)}{\mathrm{d}t}\right\} = \mathrm{j}\omega F(\mathrm{j}\omega)$$

将上式进一步推广有

$$\frac{\mathrm{d}^n f(t)}{\mathrm{d}t^n} \leftrightarrow (\mathrm{j}\omega)^n F(\mathrm{j}\omega) \tag{2-56}$$

【例 2.10】 试利用微分特性求矩形脉冲信号 $x(t)$ 的频谱函数,如图 2-29 所示。

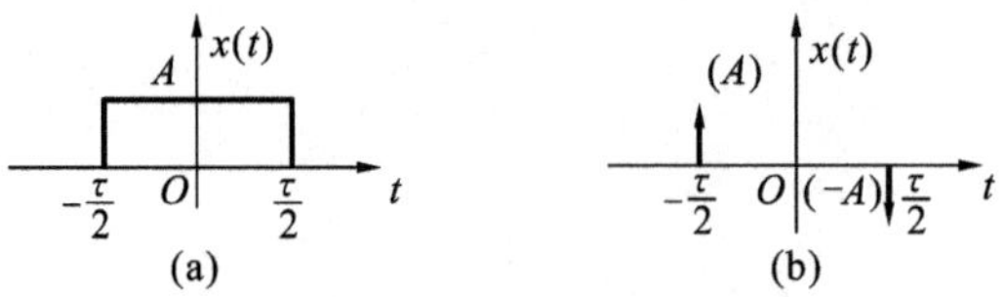

图 2-29 例 2.10 矩形脉冲信号 $x(t)$

解 矩形脉冲信号为

$$x(t) = A\left[\varepsilon\left(t+\frac{\tau}{2}\right) - \varepsilon\left(t-\frac{\tau}{2}\right)\right]$$

对其求导,得

$$\frac{\mathrm{d}x}{\mathrm{d}t}=A\delta\left(t+\frac{\tau}{2}\right)-A\delta\left(t-\frac{\tau}{2}\right)$$

对上式两边取傅里叶变换,根据时移特性得

$$\mathscr{F}\left\{\frac{\mathrm{d}x}{\mathrm{d}t}\right\}=\mathscr{F}\left\{A\delta\left(t+\frac{\tau}{2}\right)\right\}-\mathscr{F}\left\{A\delta\left(t-\frac{\tau}{2}\right)\right\}$$

$$=A\cdot 2\mathrm{j}\sin\left(\frac{\omega\tau}{2}\right)$$

上式利用时域微分特性,得

$$\mathscr{F}\left\{\frac{\mathrm{d}x}{\mathrm{d}t}\right\}=(\mathrm{j}\omega)X(\mathrm{j}\omega)=A\cdot 2\mathrm{j}\sin(\frac{\omega\tau}{2})$$

可得

$$X(\mathrm{j}\omega)=\frac{2A}{\omega}\sin(\omega\frac{\tau}{2})=A\tau\mathrm{Sa}(\frac{\omega\tau}{2})$$

2. 频域微分特性

对于信号 $f(t)$,若

$$\mathscr{F}\{f(t)\}=F(\mathrm{j}\omega)$$

则

$$tf(t)\leftrightarrow\mathrm{j}\,\frac{\mathrm{d}F(\mathrm{j}\omega)}{\mathrm{d}\omega} \tag{2-57}$$

证明　由傅里叶变换的定义,可得

$$F(\mathrm{j}\omega)=\int_{-\infty}^{+\infty}f(t)\mathrm{e}^{-\mathrm{j}\omega t}\mathrm{d}t$$

对上式两边 ω 求导,得

$$\frac{\mathrm{d}F(\mathrm{j}\omega)}{\mathrm{d}\omega}=\int_{-\infty}^{+\infty}f(t)\,\frac{\mathrm{d}}{\mathrm{d}\omega}[\mathrm{e}^{-\mathrm{j}\omega t}]\mathrm{d}t=\int_{-\infty}^{+\infty}[(-\mathrm{j}t)f(t)]\mathrm{e}^{-\mathrm{j}\omega t}\mathrm{d}t$$

$$\mathrm{j}\,\frac{\mathrm{d}F(\mathrm{j}\omega)}{\mathrm{d}\omega}=\int_{-\infty}^{+\infty}[tf(t)]\mathrm{e}^{-\mathrm{j}\omega t}\mathrm{d}t$$

进一步推广,可得

$$t^n f(t)\leftrightarrow\mathrm{j}^n\cdot\frac{\mathrm{d}F^n(\mathrm{j}\omega)}{\mathrm{d}\omega^n} \tag{2-58}$$

【**例 2.11**】　求 $t\varepsilon(t)$ 的傅里叶变换。

解　对于单位阶跃信号 $\varepsilon(t)$,有

$$\mathscr{F}\{\varepsilon(t)\}=\pi\delta(\omega)+\frac{1}{\mathrm{j}\omega}$$

利用频域微分特性,得

$$\mathscr{F}\{t\varepsilon(t)\}=\mathrm{j}\,\frac{\mathrm{d}}{\mathrm{d}\omega}\Big[\pi\delta(\omega)+\frac{1}{\mathrm{j}\omega}\Big]=\mathrm{j}\pi\delta'(\omega)-\frac{1}{\omega^2}$$

2.5.8　积分特性

1. 时域积分特性

对于信号 $f(t)$,若

$$f(t) \leftrightarrow F(j\omega)$$

则

$$\int_{-\infty}^{+\infty} f(\tau)d\tau \leftrightarrow \left[\pi\delta(\omega) + \frac{1}{j\omega}\right]F(j\omega) \qquad (2\text{-}59a)$$

或者

$$\int_{-\infty}^{+\infty} f(\tau)d\tau \leftrightarrow \pi F(0)\delta(\omega) + \frac{1}{j\omega}F(j\omega) \qquad (2\text{-}59b)$$

证明

$$\mathscr{F}\left\{\int_{-\infty}^{t} f(\tau)d\tau\right\} = \int_{-\infty}^{+\infty}\left[\int_{-\infty}^{t} f(\tau)d\tau\right]e^{-j\omega t}dt$$

$$= \int_{-\infty}^{+\infty}\left[\int_{-\infty}^{+\infty} f(\tau)\varepsilon(t-\tau)d\tau\right]e^{-j\omega t}dt$$

交换积分次序并根据延时特性,上式可以写为

$$\int_{-\infty}^{+\infty} f(\tau)\left[\int_{-\infty}^{+\infty}\varepsilon(t-\tau)e^{-j\omega t}dt\right]d\tau$$

$$= \int_{-\infty}^{+\infty} f(\tau)\left[\pi\delta(\omega) + \frac{1}{j\omega}\right]e^{-j\omega\tau}d\tau$$

$$= \left[\pi\delta(\omega) + \frac{1}{j\omega}\right]F(j\omega)$$

所以

$$\int_{-\infty}^{+\infty} f(\tau)d\tau \leftrightarrow \left[\pi\delta(\omega) + \frac{1}{j\omega}\right]F(j\omega)$$

【例 2.12】 求图 2-30(a)所示信号 $x(t)$ 的频谱。

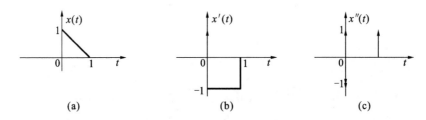

图 2-30 例 2.12 信号 $x(t)$ 波形

解 由图 2-30(a),得

$$x(t) = (1-t)\left[\varepsilon(t) - \varepsilon(t-1)\right]$$

则 $x(t)$ 的导数 $x'(t)$(波形见图 2-29(b))和 $x''(t)$(波形见图 2-30(c))分别为

$$x'(t) = \delta(t) + \varepsilon(t-1) - \varepsilon(t)$$

$$x''(t) = \delta'(t) + \delta(t-1) - \delta(t)$$

$x''(t)$ 的傅里叶变换为

$$X''(j\omega) = \mathscr{F}\left\{x''(t)\right\} = j\omega - 1 + e^{-j\omega}$$

根据时域积分特性,有

$$X(j\omega) = X'(j\omega)/j\omega = X''(j\omega)/(j\omega)^2$$

所以，$x(t)$ 的频谱为

$$X(j\omega) = (j\omega - 1 + e^{-j\omega})/(j\omega)^2 = (1 - j\omega - e^{-j\omega})/\omega^2$$

2. 频域积分特性

对于信号 $f(t)$，若

$$f(t) \leftrightarrow F(j\omega)$$

则

$$-\frac{1}{jt}f(t) + \pi f(0)\delta(t) \leftrightarrow \int_{-\infty}^{\omega} F(j\Omega)\,d\Omega \tag{2-60}$$

证明　由于

$$\int_{-\infty}^{\omega} F(j\Omega)\,d\Omega = \int_{-\infty}^{+\infty} F(j\Omega)\varepsilon(\omega - \Omega)\,d\Omega = F(j\omega) * E(j\omega)$$

根据频域卷积特性，可得

$$\mathscr{F}^{-1}[F(j\omega) * E(j\omega)] = 2pf(t)\mathscr{F}^{-1}[E(j\omega)]$$

而

$$E(j\omega) = \mathscr{F}[\varepsilon(T)] = 1/j\omega + \pi\delta(\omega)$$

根据对称性，可得

$$\mathscr{F}\{1/jt + \pi\delta(t)\} = 2\pi E(-j\omega) = 2\pi - 2\pi E(j\omega)$$

则

$$E(j\omega) = 1 - \mathscr{F}[1/jt + \pi\delta(t)]/2\pi$$

左右两边取傅里叶反变换，得

$$\mathscr{F}^{-1}[E(j\omega)] = [\pi\delta(t) - 1/jt]/2\pi$$

则

$$\mathscr{F}^{-1}\left[\int_{-\infty}^{\omega} F(j\Omega)\,d\Omega\right] = 2\pi f(t)\,\mathscr{F}^{-1}[E(j\omega)]$$
$$= 2\pi f(t)[\pi\delta(t) - 1/jt]/2\pi$$
$$= -\frac{1}{jt}f(t) + \pi f(0)\delta(t)$$

2.5.9　卷积特性

1. 时域卷积特性

若

$$f_1(t) \leftrightarrow F_1(j\omega), \quad f_2(t) \leftrightarrow F_2(j\omega)$$

则

$$f_1(t) * f_2(t) \leftrightarrow F_1(j\omega)\,F_2(j\omega) \tag{2-61}$$

证明

$$\mathscr{F}\{f_1(t) * f_2(t)\} = \int_{-\infty}^{+\infty} f_1(t) * f_2(t)e^{-j\omega t}\,dt$$

$$= \int_{-\infty}^{+\infty} \left[\int_{-\infty}^{+\infty} f_1(\tau) f_2(t-\tau) \mathrm{d}\tau \right] \mathrm{e}^{-\mathrm{j}\omega t} \, \mathrm{d}t$$

$$= \int_{-\infty}^{+\infty} f_1(\tau) \mathrm{e}^{-\mathrm{j}\omega\tau} \left[\int_{-\infty}^{+\infty} f_2(t-\tau) \mathrm{e}^{-\mathrm{j}\omega(t-\tau)} \mathrm{d}(t-\tau) \right] \mathrm{d}\tau$$

$$= \int_{-\infty}^{+\infty} f_1(\tau) \mathrm{e}^{-\mathrm{j}\omega\tau} \, \mathrm{d}\tau \cdot F_2(\mathrm{j}\omega) = F_1(\mathrm{j}\omega) \cdot F_2(\mathrm{j}\omega)$$

时域卷积特性表明,两个信号在时域中的卷积的傅里叶变换等于这两个信号傅里叶变换的乘积。

【例 2.13】 求图 2-31 所示三角脉冲的频谱。

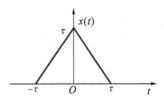

图 2-31　例 2.13 三角脉冲信号

解　因为两个矩形脉冲信号的卷积结果为三角脉冲,如图 2-32 所示。

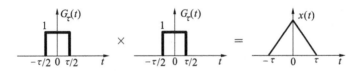

图 2-32　例 2.13 信号的卷积

即

$$x(t) = G_\tau(t) * G_\tau(t)$$

而

$$\mathscr{F}\{G_\tau(t)\} = \tau \mathrm{Sa}(\omega\tau/2)$$

由时域卷积定理得,其频谱函数等于两个矩形脉冲信号频谱的乘积,即

$$\mathscr{F}[G_\tau(t) * G_\tau(t)] = \tau^2 \mathrm{Sa}^2(\omega\tau/2)$$

频谱图如图 2-33 所示。

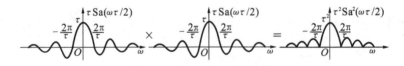

图 2-33　例 2.13 信号的频谱

2. 频域卷积特性

若

$$f_1(t) \leftrightarrow F_1(\mathrm{j}\omega), \quad f_2(t) \leftrightarrow F_2(\mathrm{j}\omega)$$

则

$$f_1(t) f_2(t) \leftrightarrow \frac{1}{2\pi} F_1(\mathrm{j}\omega) * F_2(\mathrm{j}\omega) \tag{2-62}$$

证明

$$\mathscr{F}\left[f_1(t)f_2(t)\right]=\int_{-\infty}^{+\infty}\left[f_1(t)f_2(t)\right]\mathrm{e}^{-\mathrm{j}\omega t}\mathrm{d}t$$

$$=\int_{-\infty}^{+\infty}f_2(t)\mathrm{e}^{-\mathrm{j}\omega t}\left[\frac{1}{2\pi}\int_{-\infty}^{+\infty}F_1(\Omega)\mathrm{e}^{\mathrm{j}\Omega t}\mathrm{d}\Omega\right]\mathrm{d}t$$

$$=\frac{1}{2\pi}\int_{-\infty}^{+\infty}F_1(\mathrm{j}\Omega)\mathrm{d}\Omega\cdot\left[\int_{-\infty}^{+\infty}f_2(t)\mathrm{e}^{-\mathrm{j}(\omega-\Omega)t}\right]\mathrm{d}t$$

$$=\frac{1}{2\pi}\int_{-\infty}^{+\infty}\left\{F_1(\mathrm{j}\Omega)F_2\left[\mathrm{j}(\omega-\Omega)\right]\right\}\mathrm{d}\Omega$$

$$=\frac{1}{2\pi}\left[F_1(\mathrm{j}\omega)*F_2(\mathrm{j}\omega)\right]$$

频域卷积特性表明,两个信号在时域中的乘积的傅里叶变换,等于这两个信号傅里叶变换卷积的$\frac{1}{2\pi}$。

【例 2.14】　求 $f(t)=\begin{cases}\frac{1}{2}\left[1+\cos(\pi t)\right]&(-1<t<1)\\0&(t<-1,t>1)\end{cases}$ 的傅里叶变换。

解　将 $f(t)$ 分解成简单的波形之乘积,进行叠加,利用有关性质求解。

$$f(t)=f_1(t)f_2(t)$$

式中:

$$f_1(t)=\frac{1}{2}\left[1+\cos(\pi t)\right]$$

$$f_2(t)=\varepsilon(t+1)-\varepsilon(t-1)$$

则 $f_1(t)$ 和 $f_2(t)$ 的傅里叶变换分别为

$$\mathscr{F}\{f_1(t)\}=F_1(\mathrm{j}\omega)$$

$$=\frac{1}{2}2\pi\delta(\omega)+\frac{\pi}{2}\delta(\omega+\pi)+\frac{\pi}{2}\delta(\omega-\pi)$$

$$\mathscr{F}\{f_2(t)\}=F_2(\mathrm{j}\omega)=2\mathrm{Sa}(\omega)$$

根据频域卷积特性,$f(t)$ 的傅里叶变换 $F(\mathrm{j}\omega)$ 为

$$f(t)=f_1(t)\cdot f_2(t)\leftrightarrow\frac{1}{2\pi}F_1(\mathrm{j}\omega)*F_2(\mathrm{j}\omega)$$

$$F(\mathrm{j}\omega)=\frac{1}{2\pi}F_1(\mathrm{j}\omega)*F_2(\mathrm{j}\omega)$$

$$=\mathrm{Sa}(\omega)+\frac{1}{2}\mathrm{Sa}(\omega+\pi)+\frac{1}{2}\mathrm{Sa}(\omega-\pi)$$

卷积特性说明了两个函数在时域(或频域)中的卷积积分,对应于频域(或时域)中二者的傅里叶变换(或反变换)应具有的关系。这在信号和系统分析中占有重要的地位。

表 2-4 列举了傅里叶变换的常见性质。

表 2-4　傅里叶变换的常见性质

性　质	时　域　信　号	频　域　信　号
线 性 特 性	$a_1 f_1(t) + a_2 f_2(t)$	$a_1 F_1(j\omega) + a_2 F_2(j\omega)$
时移特性	$f_1(t - t_0)$	$F_1(j\omega) e^{-j\omega t_0}$
频域特性	$f_1(t) e^{j\omega_c t}$	$F_1(j\omega - j\omega_c)$
尺度变换	$f_1(at)$	$\dfrac{1}{|a|} F_1\left(\dfrac{j\omega}{a}\right)$
奇偶特性	$f_1(t)$ 为实偶函数	$F_1(j\omega)$ 为实偶函数
	$f_1(t)$ 为实奇函数	$F_1(j\omega)$ 为实奇函数
对称特性	$F(jt)$	$2\pi \cdot f(-\omega)$
时域微分	$\dfrac{\mathrm{d}f(t)}{\mathrm{d}t}$	$j\omega F(j\omega)$
	$\dfrac{\mathrm{d}^n f(t)}{\mathrm{d}t^n}$	$(j\omega)^n F(j\omega)$
频域微分	$tf(t)$	$j\,\dfrac{\mathrm{d}F(j\omega)}{\mathrm{d}\omega}$
	$t^n f(t)$	$j^n \cdot \dfrac{\mathrm{d}F^n(j\omega)}{\mathrm{d}\omega^n}$
时域积分	$\displaystyle\int_{-\infty}^{+\infty} f(\tau)\,\mathrm{d}\tau$	$\pi F(0)\delta(\omega) + \dfrac{1}{j\omega} F(j\omega)$
频域积分	$-\dfrac{1}{jt} f(t) + \pi f(0)\delta(t)$	$\displaystyle\int_{-\infty}^{\omega} F(j\Omega)\,\mathrm{d}\Omega$
时域卷积	$f_1(t) * f_2(t)$	$F_1(j\omega) \cdot F_2(j\omega)$
频域卷积	$f_1(t) \cdot f_2(t)$	$\dfrac{1}{2\pi} F_1(j\omega) * F_2(j\omega)$

2.6　信号的功率谱与能量谱

　　信号的频谱反映了信号的幅度和相位随频率变化而变化的分布情况,是频域中描述信号特征的重要概念。除此以外,还可以用功率谱密度或能量谱密度来描述信号。

　　能量谱或功率谱描述了能量信号的频谱或功率信号的频谱在频域中随着频率变化而变化的情况。它们在研究信号的能量(或功率)的分布和决定信号的频带宽度等方面有着重要作用。

2.6.1　功率谱

1. 周期信号的平均功率

　　所谓功率信号是指信号的能量为无限大,但平均功率为有限值的信号,周期性信号是常见的功率信号,对于功率信号,一般分析其平均功率。

　　设信号 $f(t)$ 为周期信号,周期为 T,信号的指数形式傅里叶级数为

$$f(t) = \sum_{n=-\infty}^{+\infty} F_n e^{jn\omega_0 t} \tag{2-63}$$

式中:

$$F_n = \frac{1}{T} \int_{-\frac{T}{2}}^{\frac{T}{2}} f(t) e^{-jn\omega_0 t} dt \quad (\omega_0 = \frac{2\pi}{T}) \tag{2-64}$$

它在 1 Ω 电阻上消耗的平均功率可以用下列方法表示。

(1)时域的平均功率为

$$P = \frac{1}{T} \int_{-T/2}^{T/2} f^2(t) \cdot 1 \cdot dt = \frac{1}{T} \int_{-T/2}^{T/2} f^2(t) dt \tag{2-65}$$

(2)频域的平均功率为

$$P = \sum_{n=1}^{+\infty} |F_n|^2 \tag{2-66}$$

证明

$$P = \frac{1}{T} \int_{-\frac{T}{2}}^{\frac{T}{2}} f^2(t) dt$$

$$= \frac{1}{T} \int_{-\frac{T}{2}}^{\frac{T}{2}} f(t) \left[\sum_{n=-\infty}^{+\infty} F_n e^{jn\omega_0 t} \right] dt$$

将上式中的求和与积分次序交换,得

$$P = \sum_{n=-\infty}^{+\infty} F_n \left[\frac{1}{T} \int_{-\frac{T}{2}}^{\frac{T}{2}} f(t) e^{jn\omega_0 t} dt \right]$$

而

$$F_{-n} = \frac{1}{T} \int_{-\frac{T}{2}}^{\frac{T}{2}} f(t) e^{jn\omega_0 t} dt, \quad F_n F_{-n} = |F_n|^2$$

所以

$$P = \sum_{n=-\infty}^{+\infty} F_n F_{-n} = \sum_{n=0}^{+\infty} |F_n|^2 = \sum_{n=0}^{+\infty} \left(\frac{A_n}{2} \right)^2$$

$$= \frac{1}{T} \int_{-\frac{T}{2}}^{\frac{T}{2}} f^2(t) dt$$

式(2-66)是频域中确定周期信号平均功率的公式,即周期信号的平均功率等于该信号在完备正交函数集中各分量功率之和,称为帕什瓦尔守恒定理(Parseval's Theorem)。周期信号的帕什瓦尔守恒定理也可理解为周期信号的平均功率等于各次谐波平均功率之和。

2. 周期信号的功率谱

我们已经知道,周期信号的频谱具有离散性,以三角傅里叶级数系数 A_n 为幅度,绘出的频谱是单边谱;以指数傅里叶级数系数 $|F_n| = \frac{1}{2} A_n$ 为幅度,绘制的频谱是双边谱;而以 $|F_n|^2 = \left(\frac{A_n}{2} \right)^2$ 为幅度绘出的频谱称为功率谱。

所谓周期信号的功率谱,就是将各次谐波的平均功率依次画成频谱。信号功率谱的形状与其振幅谱平方的形状相同,与相位无关。从周期信号的功率谱可以知道,周期信号的功率随频率变化而变化的分布情况,即从功率的角度表明信号的时间特性与频率特性二者的关系。

例如,在第 2.2 节介绍了图 2-34(a)所示的周期性矩形脉冲信号的三角傅里叶级数和指数

傅里叶级数表示,其振幅可分别表示为

$$A_n = \sqrt{a_n^2 + b_n^2} = a_n = \frac{2A\tau}{T}\text{Sa}(n\omega_0\tau/2)$$

$$F_n = \frac{1}{2}A_n = \frac{A\tau}{T}\text{Sa}(n\omega_0\tau/2)$$

则其平均功率为

$$P = \sum_{n=1}^{+\infty} \mid F_n \mid^2 = \sum_{n=1}^{+\infty} (\frac{A_n}{2})^2$$

$$= (\frac{A\tau}{T})^2 \sum_{n=1}^{+\infty} \left[\text{Sa}(\frac{n\omega_0\tau}{2})\right]^2$$

绘制出的功率谱如图 2-34(c)所示。

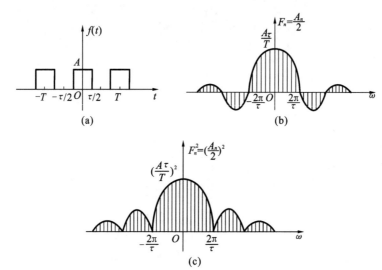

图 2-34　周期矩形脉冲信号的功率谱

2.6.2　能量谱

1. 非周期信号的能量

非周期的单脉冲信号在整个时间区间内的平均功率为 0,因此不能用功率谱去描述其特性。然而,非周期信号的能量为有限值,因此这类信号称为能量信号。其总能量在各个频率中的分布也可用频谱函数表示出来。非周期信号的总能量可用下列方法表示。

时域的能量表达式为

$$W = \int_{-\infty}^{+\infty} \left[f(t)\right]^2 \mathrm{d}t \tag{2-67}$$

频域的能量表达式为

$$W = \frac{1}{\pi}\int_0^{+\infty} \mid F(\mathrm{j}\omega) \mid^2 \mathrm{d}\omega \tag{2-68}$$

证明

$$W = \int_{-\infty}^{+\infty} \left[f(t) \right]^2 \mathrm{d}t = \int_{-\infty}^{+\infty} f(t) \left[\frac{1}{2\pi} \int_{-\infty}^{+\infty} F(\mathrm{j}\omega) \mathrm{e}^{\mathrm{j}\omega t} \mathrm{d}\omega \right] \mathrm{d}t$$

$$= \frac{1}{2\pi} \int_{-\infty}^{+\infty} F(\mathrm{j}\omega) \left[\int_{-\infty}^{+\infty} f(t) \mathrm{e}^{\mathrm{j}\omega t} \mathrm{d}t \right] \mathrm{d}\omega$$

$$= \frac{1}{2\pi} \int_{-\infty}^{+\infty} F(\mathrm{j}\omega) F(-\mathrm{j}\omega) \mathrm{d}\omega$$

$$= \frac{1}{2\pi} \int_{-\infty}^{+\infty} |F(\mathrm{j}\omega)|^2 \mathrm{d}\omega = \frac{1}{\pi} \int_0^{+\infty} |F(\mathrm{j}\omega)|^2 \mathrm{d}\omega$$

式(2-67)和式(2-68)是非周期函数的能量等式,是帕什瓦尔守恒定理在描述非周期信号时的表示形式,也称雷利定理(Rayleigh's Theorem)。非周期信号的帕什瓦尔守恒定理表明非周期信号的能量取决于频谱密度函数的模量。

2. 能量密度谱函数——能量谱

由于非周期信号是由无限多个振幅为无限小的频率分量组成的,因而非周期信号的各频率分量的能量也是无穷小量。为了表明信号能量在频率分量中的分布,与振幅谱类似,可以定义能量密度谱函数,简称为能量密度谱,用 $G(\omega)$ 表示。能量密度谱 $G(\omega)$ 是某角频率 ω 处单位频带中的信号能量。在频带 $\mathrm{d}\omega$ 中的信号能量应为 $G(\omega)\mathrm{d}\omega$,而在整个频域范围内信号的全部能量为

$$W = \int_0^{+\infty} G(\omega) \mathrm{d}\omega \tag{2-69}$$

所以

$$G(\omega) = \frac{1}{\pi} |F(\mathrm{j}\omega)|^2 \tag{2-70}$$

能量谱 $G(\omega)$ 的单位是单位频带内信号的能量,所以 $G(\omega)$ 的单位为 J·rad/s 或者 J/Hz。注意区分 $G(\omega)$ 和 W,W 是从振幅的角度表达能量的,而 $G(\omega)$ 是从密度角度表达能量的。

式(2-70)表明,信号的能量谱与幅度谱 $|F(\mathrm{j}\omega)|$ 有关,而与相位无关。因此,若能量信号的幅度谱相同,而相位谱不同,其能量谱都相同。由上式可以看出,已知信号 $F(\mathrm{j}\omega)$ 的图形就可画出能量谱 $G(\omega)$ 的图形。

例如,在第 2.3 节介绍了如图 2-35(a)所示的非周期矩形脉冲信号的傅里叶变换,其频谱可以表示为

$$F(\mathrm{j}\omega) = \int_{-\infty}^{+\infty} f(t) \mathrm{e}^{-\mathrm{j}\omega t} \mathrm{d}t = A\tau \mathrm{Sa}\left(\frac{\omega\tau}{2} \right)$$

还可以根据式(2-70)求出其能量谱为

$$G(\omega) = \frac{1}{\pi} |F(\mathrm{j}\omega)|^2 = \frac{(A\tau)^2}{\pi} \left[\mathrm{Sa}\left(\frac{\omega\tau}{2} \right) \right]^2$$

绘制出非周期矩形脉冲信号的能量谱,如图 2-35(c)所示。

从图 2-34 和图 2-35 的对比可以得出,周期信号的功率谱是离散谱,而非周期信号的能量谱是连续谱。这由信号的傅里叶变换表示的本质所决定。

本节介绍了信号的功率谱和能量谱。周期信号的平均功率可以在时域内求得,也可以在频域内求得,非周期信号的能量同样可以在时域或频域求得。这是信号的时域特性和频域特

性的一个重要关系,正是有了这些关系的存在,才使得傅里叶变换成为信号与系统分析的重要工具。

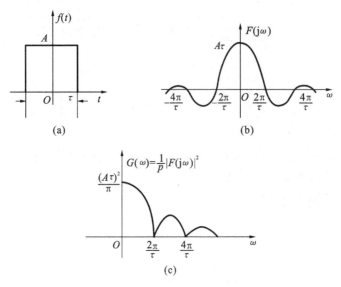

图 2-35　非周期矩形脉冲信号的频谱及能量谱

2.7　Matlab 在信号傅里叶变换中的应用

2.7.1　连续信号的频谱分析函数

傅里叶变换是信号分析的最重要内容之一,在 Matlab 语言中有专门对信号进行正反傅里叶变换的语句,使得傅里叶变换很容易在 Matlab 中实现。在 Matlab 中实现傅里叶变换的方法有两种:一种是利用 Matlab 中的 Symbolic Math Toolbox 提供的专用函数直接求解函数的傅里叶变换和傅里叶反变换;另一种是采用傅里叶变换的数值计算实现。这里仅讨论前者。

1)周期信号的频谱分析函数

频谱分析函数为

$$Int(f,t,a,b)$$

式中:f 为信号表达式;t 为积分变量;a 和 b 分别为积分的下限和上限。

2)非周期信号的傅里叶变换函数

傅里叶变换函数为

$$F=fourier(f,t,\omega)$$

式中:f 为信号表达式;t 为积分变量;ω 为角频率;F 表示 $f(t)$ 的傅里叶变换。

3)傅里叶反变换函数

傅里叶反变换函数为

$$f=ifourier(b,a,w)\quad 或 \quad f=ifourier(F)$$

4）分析系统的频率响应

（1）H＝fregs(b,a,w)。

式中：b 为 $H(w)$ 的分子多项式的系数向量；a 为 $H(w)$ 的分母多项式的系数向量；w 为计算 $H(w)$ 的采样点数。

（2）bode(sys)。

波特图是采用对数坐标的幅频特性和相频特性曲线。sys＝tf($\boldsymbol{b}$,$\boldsymbol{a}$)，其中,$\boldsymbol{b}$ 为 $H(w)$ 的分子多项式的系数向量;$\boldsymbol{a}$ 为 $H(w)$ 的分母多项式的系数向量。

注意：

①在调用函数 fourier() 及 ifourier() 之前,要用 syms 命令对所有需要用到的变量（如 t、u、v、w）等进行说明,即要将这些变量说明成符号变量。对 fourier() 中的 f 及 ifourier() 中的 F 也要用符号定义符 sym 将其说明为符号表达式。

②采用 fourier() 及 ifourier() 得到的返回函数,仍然为符号表达式。其作图时要用 ezplot() 函数,而不能用 plot() 函数。

③fourier() 及 ifourier() 函数的应用有很多局限性,如果在返回函数中含有 $\delta(\omega)$ 等函数,则 ezplot() 函数也无法作出图来。另外,在用 fourier() 函数对某些信号进行变换时,其返回函数如果包含一些不能直接表达的式子,则此时也无法作图。这是 fourier() 函数的一个局限。另一个局限是在很多场合,尽管原时间信号 $f(t)$ 是连续的,但却不能表示成符号表达式,此时只能应用数值计算法来进行傅里叶变换。

2.7.2　Matlab 在信号傅里叶变换中的应用实例

【例 2.15】　图 2-36 所示的为周期矩形脉冲,试求其在 $\omega=-20\sim20$ rad/s 区间的幅度频谱。

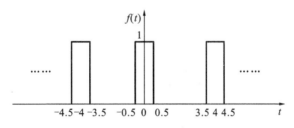

图 2-36　周期矩形脉冲信号

程序如下：

```
Ss201. m
clearall
symsstnTtaoA;
T＝4;A＝1;tao＝1;
f＝A * exp(－j * n * 2 * pi/T * t);
fn＝int(f,t,－tao/2,tao/2)/T;          %计算傅里叶变换系数
fn＝simple(fn);                        %化简
```

```
n＝[－20：20];                          ％给定频谱的整数自变量
fn＝subs(fn,n,'n');                      ％计算傅里叶变换系数对应的各个
                                          n 的值

stem(n,abs(fn),'filled');               ％绘制频谱
title('周期矩形脉冲的幅度谱');
line([－2020],[00]);                     ％在图形中添加坐标线
axis([－202000.3]);
```

运行结果如图 2-37 所示。

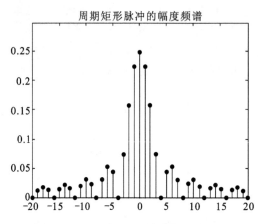

图 2-37　例 2.15 的求解结果

【例 2.16】　图 2-38 所示的为三角波信号,即 $f(t)=1-|t|(-1\leqslant t\leqslant 1)$,试求其频谱 $F(j\omega)$。

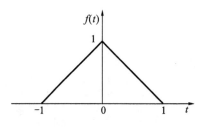

图 2-38　例 2.16 中的三角波信号

程序如下:

```
Ss202.m
symstwfft;                              ％定义符号变量
f＝(1-abs(t));                           ％三角波信号
ft＝f＊exp(－j＊w＊t);                    ％计算被积函数
F＝int(ft,t,－1,1);                      ％计算傅里叶变换 F(jω)
F＝simple(F);                            ％化简
subplot(2,1,1),ezplot(f,[－11]);        ％绘制三角波信号
axis([－2201.1]);title('三角波信号');
```

subplot(2,1,2),ezplot(abs(F),[−10:0.01:10]);　％绘制三角波信号的频谱
title('三角波信号的频谱');

运行结果如下：

$$F=-2*(\cos(w)-1)/w\^2$$

其波形如图 2-39 所示。

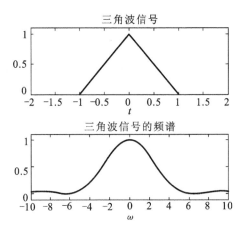

图 2-39　例 2.16 的求解结果

2.7.3　连续信号的频谱分析实验

(1)求信号 $f_1(t)=\cos(10\pi t)$ 和 $f_2(t)=\cos(1000\pi)t$ 的幅度频谱。

(2)求信号 $f(t)=f_1(t)=\cos(10\pi t)\cdot f_2(t)=\cos(1000\pi)t$ 的幅度频谱。

(3)求信号 $f_3(t)=(e^{-t}-1)\varepsilon(t)$ 和 $f_4(t)=\varepsilon(t)$ 的幅度频谱 $F_3(j\omega)$ 和 $F_4(j\omega)$。

(4)求信号 $G(j\omega)=F_3(j\omega)\,F_4(j\omega)$ 的傅里叶反变换。

小　　结

本章主要讨论了以下几方面的内容。

一、周期信号的傅里叶级数

(一)级数形式

1.三角傅里叶级数

$$f(t)=\frac{a_0}{2}+\sum_{n=1}^{+\infty}\big[a_n\cos(n\omega_0 t)+b_n\sin(n\omega_0 t)\big]$$

或者

$$f(t)=A_0+\sum_{n=1}^{+\infty}A_n\cos(n\omega_0 t+\varphi_n)$$

$$a_0=\frac{2}{T}\int_{t_0}^{t_0+T}f(t)\mathrm{d}t$$

式中，

$$a_n=\frac{2}{T}\int_{t_0}^{t_0+T}f(t)\cos(n\omega_0 t)\mathrm{d}t$$

$$b_n=\frac{2}{T}\int_{t_0}^{t_0+T}f(t)\sin(n\omega_0 t)\mathrm{d}t$$

2. 指数形式傅里叶级数

$$f(t) = \sum_{n=-\infty}^{+\infty} F_n e^{jn\omega_0 t}$$

式中, $F_n = \dfrac{1}{T} \displaystyle\int_{t_0}^{t_0+T} f(t) e^{-jn\omega_0 t} \mathrm{d}t$。

（二）函数的奇、偶性及其与谐波含量的关系

(1) 偶函数 $f(t) = f(-t)$，其信号波形关于纵轴左右对称，$b_n = 0$。

(2) 奇函数 $f(t) = -f(-t)$，其信号波形关于原点对称，$a_n = 0$。

(3) 偶谐函数 $f(t \pm \dfrac{T}{2}) = f(t)$，表示周期信号 $f(t)$ 的信号波形平移半个周期后与原波形完全重合，只有偶次谐波，系数为

$$a_n = 0 \quad (n = 1, 3, 5, \cdots)$$
$$b_n = 0 \quad (n = 1, 3, 5, \cdots)$$

(4) 奇谐函数 $f(t \pm \dfrac{T}{2}) = -f(t)$，表示周期信号 $f(t)$ 的信号波形平移半个周期后与原波形上下镜像对称，只有奇偶次谐波，系数为

$$a_n = 0 \quad (n = 0, 2, 4, \cdots)$$
$$b_n = 0 \quad (n = 0, 2, 4, \cdots)$$

（三）周期信号的频谱特性

(1) 离散性：由频率离散的谱线组成。

(2) 谐波性：谱线只在基波的整数倍频率上出现，即出现在 $n\omega_0$ 位置上。

(3) 收敛性：对于幅度谱来说，随着谐波频率的增加，各次谐波的振幅下降。当谐波次数趋于无穷大时，谐波分量的振幅趋于零。

二、非周期信号的频谱

1. 傅里叶变换及反变换

$$F(j\omega) = \int_{-\infty}^{+\infty} f(t) e^{-j\omega t} \mathrm{d}t$$
$$f(t) = \frac{1}{2\pi} \int_{-\infty}^{+\infty} F(j\omega) e^{j\omega t} \mathrm{d}\omega$$

2. 非周期信号的频谱

连续的非周期信号，其频谱在频域中也是连续、非周期的。在形状上与相应的周期信号的频谱包络线相同。单个脉冲信号的频谱也具有收敛性，信号大部分能量集中在低频段。脉冲的频带宽度和脉冲的持续时间成反比变化。

3. 常用非周期信号的频谱

(1) 单边指数信号为

$$A e^{-at} \varepsilon(t) \leftrightarrow \frac{A}{a + j\omega}$$

(2) 双边指数信号为

$$A e^{-a|t|} \leftrightarrow \frac{2Aa}{a^2 + \omega^2}$$

(3)单位冲激信号为

$$\delta(t) \leftrightarrow 1$$

(4)单位直流信号为

$$1 \leftrightarrow 2\pi\delta(\omega)$$

(5)单位阶跃函数为

$$\varepsilon(t) \leftrightarrow \pi\delta(\omega) - j\frac{1}{\omega}$$

(6)指数函数为

$$e^{j\omega_c t} \leftrightarrow 2\pi\delta(\omega - \omega_c)$$
$$e^{-j\omega_c t} \leftrightarrow 2\pi\delta(\omega + \omega_c)$$

(7)正余弦信号为

$$\cos(\omega_c t) \leftrightarrow \pi[\delta(\omega + \omega_c) + \delta(\omega - \omega_c)]$$
$$\sin(\omega_c t) \leftrightarrow j\pi[\delta(\omega + \omega_c) - \delta(\omega - \omega_c)]$$

(8)冲激偶函数为

$$\delta'(t) \leftrightarrow j\omega$$
$$\delta^{(n)}(t) \leftrightarrow (j\omega)^n$$

三、傅里叶变换的性质

1.线性特性

$$a_1 f_1(t) + a_2 f_2(t) \leftrightarrow a_1 F_1(j\omega) + a_2 F_2(j\omega)$$

2.时移特性

$$f_1(t - t_0) \leftrightarrow F_1(j\omega)e^{-j\omega t_0}$$

3.频移特性

$$f_1(t)e^{j\omega_c t} \leftrightarrow F_1(j\omega - j\omega_c)$$

4.尺度变换

$$f_1(at) \leftrightarrow \frac{1}{|a|}F_1\left(\frac{j\omega}{a}\right)$$

5.奇偶特性

实部频谱 $R(\omega)$ 是 ω 的偶函数。若 $f(t)$ 为奇函数,则 $R(\omega) = 0$。

虚部频谱 $I(\omega)$ 是 ω 的奇函数。若 $f(t)$ 为偶函数,则 $I(\omega) = 0$。

幅度频谱 $|F(j\omega)|$ 是 ω 的偶函数,关于纵轴对称。

相位频谱 $\varphi(\omega)$ 是 ω 的奇函数,关于原点对称。

6.对称特性

$$F(jt) \leftrightarrow 2\pi f(-\omega)$$

7.微分特性

$$\frac{df(t)}{dt} \leftrightarrow j\omega F(j\omega)$$

$$t f(t) \leftrightarrow j\frac{dF(j\omega)}{d\omega}$$

8.积分特性

$$\int_{-\infty}^{+\infty} f(\tau)\mathrm{d}\tau \leftrightarrow \pi F(0)\delta(\omega) + \frac{1}{\mathrm{j}\omega}F(\mathrm{j}\omega)$$

$$-\frac{1}{\mathrm{j}t}f(t) + \pi f(0)\delta(t) \leftrightarrow \int_{-\infty}^{\omega} F(\mathrm{j}\Omega)\mathrm{d}\Omega$$

9.卷积特性

$$f_1(t) * f_2(t) \leftrightarrow F_1(\mathrm{j}\omega) \cdot F_2(\mathrm{j}\omega)$$

$$f_1(t) \cdot f_2(t) \leftrightarrow \frac{1}{2\pi}F_1(\mathrm{j}\omega) * F_2(\mathrm{j}\omega)$$

四、信号的功率谱与能量谱

1.功率信号的帕什瓦尔守恒定理

$$P = \sum_{n=-\infty}^{+\infty} F_n F_{-n} = \sum_{n=1}^{+\infty} |F_n|^2 = \frac{1}{T}\int_{-\frac{T}{2}}^{\frac{T}{2}} f^2(t)\mathrm{d}t$$

2.能量信号的帕什瓦尔守恒定理

$$W = \int_{-\infty}^{+\infty} [f(t)]^2\mathrm{d}t = \frac{1}{\pi}\int_{0}^{+\infty} |F(\mathrm{j}\omega)|^2\mathrm{d}\omega$$

习　　题

2.1　一周期信号 $f(t)$，其周期 $T=4$，$f(t)$ 的非零傅里叶系数为

$$a_1 = a_{-1} = 2, \quad a_3 = a_{-3}^* = 4\mathrm{j}$$

试将 $f(t)$ 以傅里叶级数 $f(t) = \sum_{n=0}^{+\infty} A_n\cos(n\Omega t + \varphi_n)$ 的形式表示出来。

2.2　已知周期信号 $f(t) = 2 + \cos(\frac{2}{3}\pi t) + 4\sin(\frac{5}{3}\pi t)$，求基波频率 ω 以及傅里叶系数 a_n，使 $f(t) = \sum_{n=-\infty}^{+\infty} a_n\mathrm{e}^{\mathrm{j}n\omega t}$。

2.3　已知三个连续时间周期信号，其傅里叶级数表达式如下：

$$f_1(t) = \sum_{n=0}^{100} \left(\frac{1}{2}\right)^n \mathrm{e}^{\mathrm{j}n\frac{2\pi}{50}t}, \quad f_2(t) = \sum_{n=-100}^{100} \cos(n\pi)\mathrm{e}^{\mathrm{j}n\frac{2\pi}{50}t}, \quad f_3(t) = \sum_{n=-100}^{100} \mathrm{j}\sin(\frac{n\pi}{2})\mathrm{e}^{\mathrm{j}n\frac{2\pi}{50}t}$$

利用傅里叶级数的性质回答下列问题：

(1)哪个(些)信号是实函数？

(2)哪个(些)信号是偶函数？

2.4　求下列信号的傅里叶变换。

(1)$\mathrm{e}^{-2(t-1)}\varepsilon(t-1)$；　　　　(2)$\mathrm{e}^{-2|t-1|}$；　　　　(3)$\mathrm{e}^{-2(t-1)}\varepsilon(t)$

2.5　求下列信号的傅立叶反变换。

(1)$F_1(\mathrm{j}\omega) = 2\pi\delta(\omega) + \pi\delta(\omega-2\pi) + \pi\delta(\omega+2\pi)$；

(2)$F_2(\mathrm{j}\omega) = \begin{cases} 2 & (0 \leqslant \omega \leqslant 2) \\ -2 & (-2 \leqslant \omega < 0) \\ 0 & (|\omega| > 2) \end{cases}$。

2.6　已知 $F(j\omega)$ 的幅频和相频分别为

$$|F(j\omega)| = 2\{\varepsilon(\omega+3) - \varepsilon(\omega-3)\}, \quad \varphi(\omega) = -\frac{3}{2}\omega + \pi$$

求 $f(t)$ 及当 $f(t)=0$ 时的 t 值。

2.7　已知 $f(t) \leftrightarrow F(j\omega)$，求下列信号的频谱函数。

(1) $f_1(t) = \int_{-\infty}^{t}(t-2)f(4-2t)\mathrm{d}t$；　　　　(2) $f_2(t) = \dfrac{\mathrm{d}^2}{\mathrm{d}t^2}f(t-2)$。

2.8　判断图 2-40 所示的波形满足以下条件中的哪个(些)条件：

(1) $\mathrm{Re}\{F(j\omega)\} = 0$；

(2) $\mathrm{Im}\{F(j\omega)\} = 0$；

(3) 存在实数 α，使得 $\mathrm{e}^{j\alpha\omega}F(j\omega)$ 是实数；

(4) $\displaystyle\int_{-\infty}^{+\infty}F(j\omega)\mathrm{d}\omega = 0$；

(5) $\displaystyle\int_{-\infty}^{+\infty}\omega F(j\omega)\mathrm{d}\omega = 0$；

(6) $F(j\omega)$ 是周期函数。

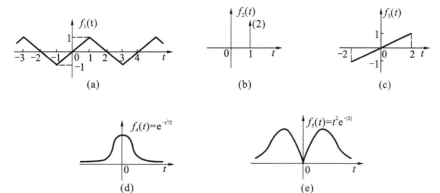

图 2-40　题 2.8 图

2.9　求图 2-41 所示信号的傅里叶变换。

2.10　求图 2-42 所示信号的傅里叶变换。

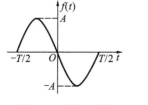

图 2-41　题 2.9 图

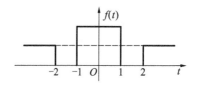

图 2-42　题 2.10 图

2.11　信号 $f_1(t)$、$f_2(t)$ 的波形如图 2-43(a)、(b)所示，已知

$$f_1(t) \leftrightarrow F_1(j\omega) = R(\omega) + jX(\omega)$$

求 $F_2(j\omega)$（用 $R(\omega)$ 和 $X(\omega)$ 表示）。

2.12　已知 $f(t) \leftrightarrow F(j\omega) = \dfrac{\sin^3(\omega)}{(\omega/2)^3}$，求 $f(0)$ 和 $f(4)$。

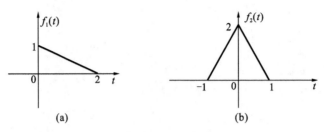

图 2-43 题 2.11 图

2.13 已知 $f(t) = \sum\limits_{n=-\infty}^{+\infty} a^{-|t-2n|} \,(a > 1 \text{ 且 } a \in R)$，求 $f(t)$ 的傅里叶变换 $F(j\omega)$。

2.14 已知 $f(t) \leftrightarrow F(j\omega)$，试计算 $y(t) = t\dfrac{\mathrm{d}}{\mathrm{d}t}\left[f(3-\dfrac{t}{2})\mathrm{e}^{-\mathrm{j}5t}\right]$ 的频谱 $Y(j\omega)$。

2.15 求信号 $f(t) = 2\cos(997t)\dfrac{\sin(5t)}{\pi t}$ 的能量。

第 3 章　连续时间信号的复频谱

3.1　引言

第 2 章讨论了连续时间信号的频域分析问题,揭示了信号内在的频率特性。傅里叶变换分析法在信号分析和处理等(如分析谐波成分、系统的频率响应、波形失真、采样、滤波等)方面是十分有效的。然而,频域分析法也存在局限性。

(1)某些信号不存在傅里叶变换,无法对其进行频域分析。信号必须满足狄利克雷条件,才能运用傅里叶变换。而实际工程中会遇到许多信号,例如阶跃信号 $\varepsilon(t)$、斜坡信号 $t\varepsilon(t)$、单边正弦信号 $\sin(t)\varepsilon(t)$ 等,并不满足狄利克雷条件,因而不能直接从定义求取傅里叶变换。还有一些信号,如单边指数信号 $e^{at}\varepsilon(t)(a>0)$,则根本不存在傅里叶变换。因此,傅里叶变换的运用受到一定的限制。

(2)频域分析法无法求解系统的零输入响应。求取傅里叶反变换有时也是比较困难的,尤其要指出的是,傅里叶变换分析法只能确定零状态响应,这对具有初始状态的系统确定其响应也十分不便。

(3)频域分析的具体数学计算比较烦琐。

许多信号可以通过求极限的方法来求得它们的傅里叶变换,但其变换式中常常含有冲激函数,使分析计算较为麻烦。且傅里叶反变换的积分过程也比较困难。

因此,有必要寻求更有效且简便的方法,人们将傅里叶变换推广为拉普拉斯变换(Laplace transform)。利用拉普拉斯变换可以将系统在时域内的微分与积分的运算转换为乘法与除法的运算,将微分积分方程转换为代数方程,从而使计算量大大减小。拉普拉斯变换分析法求解微分方程时,起始条件被自动计入,可以直接求得系统的零输入响应、零状态响应和全响应。拉普拉斯变换还可以将时域中两个信号的卷积运算转换为复频域中的乘法运算,所以拉普拉斯变换分析法也称为复频域分析法。与傅里叶变换相比,拉普拉斯变换的物理意义不够清楚,对于通过变换加深对原有信号的认识不如前者大,但拉普拉斯变换在简化时域分析手段方面有突出优势。

3.2　拉普拉斯变换的定义及收敛域

本节将傅里叶变换中的虚指数信号 $e^{j\omega t}$ 中的 $j\omega$ 扩展到 $s=\sigma+j\omega(\sigma、\omega$ 为实数),以复指数信号 e^{st} 作为基本信号,将信号分解为 e^{st} 的线性叠加,采用类似于傅里叶分析的方法对信号和系统特性进行讨论,得到拉普拉斯变换分析法。

3.2.1 拉普拉斯变换的定义

1. 双边拉普拉斯变换

对于傅里叶变换,必须满足绝对可积(收敛)条件。某些信号之所以不满足绝对可积的条件,可能是由于当 $t \to +\infty$ 或 $t \to -\infty$ 时,$f(t)$ 不趋于 0 的缘故。为了避免这种情况,引入一个收敛因子 $e^{-\sigma t}$,通过适当选取 σ 的值,使信号 $f(t)e^{-\sigma t}$ 满足绝对可积的条件。

设信号 $f(t)$ 的傅里叶变换为

$$F(j\omega) = \int_{-\infty}^{+\infty} f(t)e^{-j\omega t}\,dt$$

将信号 $f(t)$ 乘以收敛因子 $e^{-\sigma t}$,则 $f(t)e^{-\sigma t}$ 的傅里叶变换为

$$\mathscr{F}\{f(t)e^{-\sigma t}\} = \int_{-\infty}^{+\infty} f(t)e^{-\sigma t}e^{-j\omega t}\,dt = \int_{-\infty}^{+\infty} f(t)e^{-(\sigma+j\omega)t}\,dt$$

令 $s = \sigma + j\omega$,$\mathscr{F}\{f(t)e^{-\sigma t}\} = F(\sigma + j\omega)$,则有

$$F(s) = \int_{-\infty}^{+\infty} f(t)e^{-st}\,dt \tag{3-1}$$

式(3-1)对应的傅里叶反变换为

$$f(t)e^{-\sigma t} = \frac{1}{2\pi}\int_{-\infty}^{+\infty} F(\sigma + j\omega)e^{j\omega t}\,d\omega$$

上式两边同乘以 $e^{\sigma t}$,则得

$$f(t) = \frac{1}{2\pi}\int_{-\infty}^{+\infty} F(\sigma + j\omega)e^{(\sigma+j\omega)t}\,d\omega$$

因为当 $ds = jd\omega$,$\omega = \pm\infty$ 时,有 $s = \sigma \pm j\infty$,代入上式有

$$f(t) = \frac{1}{2\pi j}\int_{\sigma-j\infty}^{\sigma+j\infty} F(s)e^{st}\,ds \tag{3-2}$$

由此得到双边拉普拉斯变换和反变换式分别为

$$F_d(s) = \int_{-\infty}^{+\infty} f(t)e^{-st}\,dt \tag{3-3a}$$

$$f(t) = \frac{1}{2\pi j}\int_{\sigma-j\infty}^{\sigma+j\infty} F_d(s)e^{st}\,ds \tag{3-3b}$$

式中,$F_d(s)$ 称为 $f(t)$ 的像函数;$f(t)$ 称为 $F_d(s)$ 的原函数。拉普拉斯变换也通常简称为拉氏变换,或者简写成

$$F_d(s) = \mathscr{L}_d\{f(t)\} \tag{3-4a}$$

$$f(t) = \mathscr{L}_d^{-1}\{F_d(s)\} \tag{3-4b}$$

或者简单表示变换关系为

$$f(t) \leftrightarrow F_d(s) \tag{3-5}$$

从双边拉普拉斯变换推导的过程中可以看出,$f(t)$ 的拉普拉斯变换 $F(s) = F(\sigma + j\omega)$ 是把 $f(t)$ 乘以 $e^{-\sigma t}$ 之后再进行的傅里叶变换,或者说 $F(s)$ 是 $f(t)$ 的广义傅里叶变换。而 $f(t)e^{-\sigma t}$ 较容易满足绝对可积的条件,这就意味着许多原来不存在傅里叶变换的信号都存在广义傅里叶变换,即拉普拉斯变换。因此,拉普拉斯变换扩大了信号的变换范围。

2. 单边拉普拉斯变换

实际工程中遇到的信号都是有始（因果）信号，即当 $t<0$ 时，$f(t)=0$，因此，问题的讨论只要考虑信号 $t \geqslant 0$ 的情况。

在这种情况下，拉普拉斯变换可以改写成

$$F(s)=\int_{0^-}^{+\infty} f(t)\mathrm{e}^{-st}\,\mathrm{d}t \qquad (3\text{-}6\mathrm{a})$$

$$f(t)=\frac{1}{2\pi\mathrm{j}}\int_{\sigma-\mathrm{j}\infty}^{\sigma+\mathrm{j}\infty} F(s)\mathrm{e}^{st}\,\mathrm{d}s \quad (t \geqslant 0) \qquad (3\text{-}6\mathrm{b})$$

式中，$F(s)$ 为 $f(t)$ 的单边拉普拉斯变换；$f(t)$ 为 $F(s)$ 的单边拉普拉斯反变换。

以上两式可分别表示为

$$F(s)=\mathscr{L}\{f(t)\} \qquad (3\text{-}7\mathrm{a})$$

$$f(t)=\mathscr{L}^{-1}\{F(s)\} \qquad (3\text{-}7\mathrm{b})$$

或者简单表示变换关系为

$$f(t)\leftrightarrow F(s) \qquad (3\text{-}8)$$

式中，积分下限用 0^- 而不用 0^+ 表示，目的是把 $t=0^-$ 时出现的冲激考虑到变换中去。当函数 $f(t)$ 在 $t=0$ 处连续时，$f(0^+)=f(0^-)$，不区分 0^- 和 0^+。为了表达方便，以后一般写为 0，但含义表示为 0^-。当利用单边拉普拉斯变换解微分方程时，可以直接引用已知的起始状态 $f(0^-)$ 而求得全部结果，无需专门计算 0^- 到 0^+ 的跳变。

由于在分析因果系统，特别是具有非零初始条件的线性常系数微分方程时，单边拉普拉斯变换具有重要价值，所以，我们在下文中讨论的拉普拉斯变换都是指单边拉普拉斯变换。

3. 拉普拉斯变换与傅里叶变换的对比

傅里叶变换是时域函数 $f(t)$ 与频域函数 $F(\mathrm{j}\omega)$ 之间的变换，此处时域变量 t 和频域变量 ω 都是实数；而拉普拉斯变换则是时域函数 $f(t)$ 与复频域函数 $F(s)$ 之间的变换，这里时域变量 t 是实数，复频域变量 s 是复数。因此可以说，傅里叶变换建立了时域（t）和频域（ω）间的联系，而拉普拉斯变换则建立了时域（t）和复频域（s）间的联系，所以傅里叶变换是拉普拉斯变换的一个特例，即 $s=\sigma+\mathrm{j}\omega$ 中 $\sigma=0$ 的情况。

3.2.2　拉普拉斯变换的收敛域

1. 拉普拉斯变换的收敛域的定义

从拉普拉斯变换的推导过程可知，要使 $f(t)\mathrm{e}^{-\sigma t}$ 满足绝对可积的条件，还要通过 $f(t)$ 的性质与 σ 值的相对关系来定。与傅里叶变换类似，对于某一函数 $f(t)$，并不是对所有的 σ 值而言，函数 $f(t)$ 都存在拉普拉斯变换，而只是在 σ 值一定的范围内，$f(t)$ 才存在拉普拉斯变换。

拉普拉斯变换收敛的充分条件是 $f(t)\mathrm{e}^{-\sigma t}$ 绝对可积，即

$$\int_{-\infty}^{+\infty} |f(t)\mathrm{e}^{-\sigma t}|\,\mathrm{d}t<+\infty \qquad (3\text{-}9)$$

使式(3-9)成立的 σ 的取值范围称为拉普拉斯变换的收敛域，记作 ROC(region of convergence)，s 复平面实轴通常记作 $\mathrm{Re}[s]$。在收敛域内，函数的拉普拉斯变换存在；在收敛域外，函数的拉普拉斯变换不存在。

2. 单边拉普拉斯变换的收敛域

对于单边拉普拉斯变换,当 $\mathrm{Re}[s]>\sigma_0$ 或为 $\sigma>\sigma_0$ 时,存在下列关系:

$$\lim_{t\to+\infty} f(t)\mathrm{e}^{-\sigma t}=0 \tag{3-10}$$

则 $f(t)$ 存在拉普拉斯变换,$\mathrm{Re}[s]>\sigma_0$ 称为收敛条件,即 σ_0 值指出了函数 $f(t)\mathrm{e}^{-\sigma t}$ 的收敛条件。凡满足式(3-10)的函数 $f(t)$ 称为指数阶函数,意思是可借助指数函数的衰减作用将函数 $f(t)$ 可能存在的发散性压下去,使之成为收敛函数。

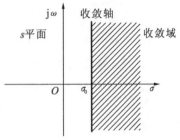

如图 3-1 所示,σ_0 可将 s 平面分为两个区域。通过 σ_0 点的垂直于 σ 轴的直线是两个区域的分界线,称为收敛轴,σ_0 称为收敛坐标,σ_0 的值由函数 $f(t)$ 的性质决定。收敛轴以右的区域(不包括收敛轴在内)即为单边拉普拉斯变换的收敛域,因此其收敛域都位于收敛轴的右边,收敛轴以左的区域(包括收敛轴在内)则为非收敛域。在 $\mathrm{Re}[s]=\sigma>\sigma_0$ 的收敛域内,函数的拉普拉斯变换存在,在收敛域外,函数的拉普拉斯变换不存在。

图 3-1 s 平面的收敛域

对于双边拉普拉斯变换而言,变换对并不一一对应,即便是同一个双边拉普拉斯变换表达式,由于收敛域不同,可能会对应两个完全不同的时间函数。因此,双边拉普拉斯变换必须标明收敛域。双边拉普拉斯变换的收敛域将在第 3.6 节中详细介绍。

【例 3.1】 求下列各函数的收敛域。

(1)$f(t)=\delta(t)$;   (2)$f(t)=\varepsilon(t)$;

(3)$f(t)=\mathrm{e}^{-4t}\varepsilon(t)$;   (4)$f(t)=\mathrm{e}^{4t}\varepsilon(t)$;

(5)$f(t)=\cos(\omega_0 t)\varepsilon(t)$。

解 (1)要使 $\lim\limits_{t\to+\infty}\delta(t)\mathrm{e}^{-\sigma t}=0$ 成立,则必须有 $\sigma>-\infty$,此时 $\sigma_0=-\infty$,故其收敛域为全 s 平面,如图 3-2(a)所示。

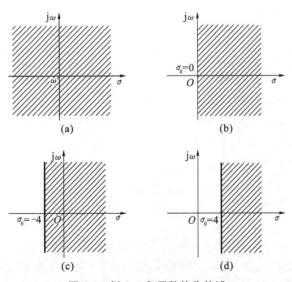

图 3-2 例 3.1 各函数的收敛域

（2）要使 $\lim\limits_{t\to+\infty}\varepsilon(t)\mathrm{e}^{-\sigma t}=0$ 成立，则必须有 $\sigma>0$，此时 $\sigma_0=0$，故其收敛域为 s 平面的右半开平面，如图 3-2(b) 所示。

（3）要使 $\lim\limits_{t\to+\infty}\mathrm{e}^{-4t}\mathrm{e}^{-\sigma t}=\lim\limits_{t\to+\infty}\mathrm{e}^{-(4+\sigma)t}=0$ 成立，则必须有 $4+\sigma>0$，即 $\sigma>-4$，此时 $\sigma_0=-4$，收敛域如图 3-2(c) 所示。

（4）要使 $\lim\limits_{t\to+\infty}\mathrm{e}^{4t}\mathrm{e}^{-\sigma t}=\lim\limits_{t\to+\infty}\mathrm{e}^{-(\sigma-4)t}=0$ 成立，则必须有 $\sigma-4>0$，即 $\sigma>4$，此时 $\sigma_0=4$，收敛域如图 3-2(d) 所示。

（5）要使 $\lim\limits_{t\to+\infty}\cos(\omega_0 t)\mathrm{e}^{-\sigma t}=0$ 成立，则必须有 $\sigma>0$，此时 $\sigma_0=0$，故其收敛域为 s 平面的右半开平面，如图 3-2(b) 所示。

3.3　常用函数的拉普拉斯变换

复杂函数通常可以分解为常用函数的和，因此掌握常用函数的拉普拉斯变换，可以为计算与分析提供方便。系统分析与工程应用中常见的函数通常属于 t 的指数函数或正整数幂函数。许多常用的函数如阶跃函数、正弦函数及衰减正弦函数等，都可以由这两类函数推导出来。下面给出一些典型信号的拉普拉斯变换。

3.3.1　单边指数函数及其系列的拉普拉斯变换

1）单位阶跃函数 $\varepsilon(t)$

由单边拉普拉斯变换的定义式，有

$$\mathscr{L}\{\varepsilon(t)\}=\int_{0^-}^{+\infty}\varepsilon(t)\mathrm{e}^{-st}\mathrm{d}t=\frac{1}{s}$$

即

$$\varepsilon(t)\leftrightarrow\frac{1}{s}\quad(\mathrm{Re}[s]>0)\tag{3-11}$$

2）单边指数函数 $\mathrm{e}^{-\alpha t}\varepsilon(t)$

由单边拉普拉斯变换的定义式，有

$$\mathscr{L}\{\mathrm{e}^{-\alpha t}\varepsilon(t)\}=\int_{0^-}^{+\infty}\mathrm{e}^{-\alpha t}\mathrm{e}^{-st}\varepsilon(t)\mathrm{d}t$$
$$=\int_{0^-}^{+\infty}\mathrm{e}^{-\alpha t}\mathrm{e}^{-st}\mathrm{d}t=\frac{1}{s+\alpha}$$

即

$$\mathrm{e}^{-\alpha t}\varepsilon(t)\leftrightarrow\frac{1}{s+\alpha}\quad(\mathrm{Re}[s]>-\alpha)\tag{3-12}$$

3）单边余弦函数 $\cos(\omega_0 t)\varepsilon(t)$

由单边拉普拉斯变换的定义式和欧拉公式，有

$$\mathscr{L}\{\cos(\omega_0 t)\varepsilon(t)\}=\frac{1}{2}\mathscr{L}\{(\mathrm{e}^{\mathrm{j}\omega_0 t}+\mathrm{e}^{-\mathrm{j}\omega_0 t})\varepsilon(t)\}$$
$$=\frac{1}{2}\left(\frac{1}{s-\mathrm{j}\omega_0}+\frac{1}{s+\mathrm{j}\omega_0}\right)=\frac{s}{s^2+\omega_0^2}$$

即

$$\cos(\omega_0 t)\varepsilon(t) \leftrightarrow \frac{s}{s^2+\omega_0^2} \quad (\mathrm{Re}[s]>0) \tag{3-13}$$

4）正弦信号 $\sin(\omega_0 t)\varepsilon(t)$

由单边拉普拉斯变换的定义式和欧拉公式，有

$$\mathscr{L}\{\sin(\omega_0 t)\varepsilon(t)\} = \frac{1}{2\mathrm{j}}\mathscr{L}\{(\mathrm{e}^{\mathrm{j}\omega_0 t}-\mathrm{e}^{-\mathrm{j}\omega_0 t})\varepsilon(t)\}$$

$$= \frac{1}{2\mathrm{j}}\left(\frac{1}{s-\mathrm{j}\omega_0}-\frac{1}{s+\mathrm{j}\omega_0}\right) = \frac{\omega}{s^2+\omega_0^2}$$

即

$$\sin(\omega_0 t)\varepsilon(t) \leftrightarrow \frac{\omega}{s^2+\omega_0^2} \quad (\mathrm{Re}[s]>0) \tag{3-14}$$

5）衰减余弦信号 $\mathrm{e}^{-at}\cos(\omega_0 t)\varepsilon(t)$

由欧拉公式，有

$$\mathrm{e}^{-at}\cos(\omega_0 t) = \frac{1}{2}(\mathrm{e}^{-(a-\mathrm{j}\omega_0)t}+\mathrm{e}^{-(a+\mathrm{j}\omega_0)t})$$

所以

$$\mathscr{L}\{\mathrm{e}^{-at}\cos(\omega_0 t)\varepsilon(t)\} = \mathscr{L}\left\{\frac{1}{2}(\mathrm{e}^{-(a-\mathrm{j}\omega_0)t}+\mathrm{e}^{-(a+\mathrm{j}\omega_0)t})\varepsilon(t)\right\}$$

$$= \frac{1}{2}\left(\frac{1}{s+a-\mathrm{j}\omega_0}+\frac{1}{s+a+\mathrm{j}\omega_0}\right)$$

$$= \frac{s+a}{(s+a)^2+\omega_0^2}$$

即

$$\mathrm{e}^{-at}\cos(\omega_0 t)\varepsilon(t) \leftrightarrow \frac{s+a}{(s+a)^2+\omega_0^2} \quad (\mathrm{Re}[s]>-a) \tag{3-15}$$

6）衰减正弦信号 $\mathrm{e}^{-at}\sin(\omega_0 t)\varepsilon(t)$

由欧拉公式，有

$$\mathrm{e}^{-at}\sin(\omega_0 t) = \frac{1}{2\mathrm{j}}(\mathrm{e}^{-(a-\mathrm{j}\omega_0)t}-\mathrm{e}^{-(a+\mathrm{j}\omega_0)t})$$

所以

$$\mathscr{L}\{\mathrm{e}^{-at}\sin(\omega_0 t)\varepsilon(t)\} = \mathscr{L}\left\{\frac{1}{2\mathrm{j}}(\mathrm{e}^{-(a-\mathrm{j}\omega_0)t}-\mathrm{e}^{-(a+\mathrm{j}\omega_0)t})\varepsilon(t)\right\}$$

$$= \frac{1}{2\mathrm{j}}\left(\frac{1}{s+a-\mathrm{j}\omega_0}-\frac{1}{s+a+\mathrm{j}\omega_0}\right)$$

$$= \frac{\omega_0}{(s+a)^2+\omega_0^2}$$

即

$$\mathrm{e}^{-at}\sin(\omega_0 t)\varepsilon(t) \leftrightarrow \frac{\omega_0}{(s+a)^2+\omega_0^2} \quad (\mathrm{Re}[s]>-a) \tag{3-16}$$

3.3.2　t 的正整数幂函数 $t^n\varepsilon(t)$

由拉普拉斯变换的定义,得

$$\mathscr{L}\{t^n\varepsilon(t)\}=\int_0^{+\infty}t^n\mathrm{e}^{-st}\,\mathrm{d}t$$

令 $u=t^n$,$\mathrm{d}v=\mathrm{e}^{-st}\,\mathrm{d}t$

则

$$\mathrm{d}u=nt^{n-1}\mathrm{d}t,\quad v=\int\mathrm{e}^{-st}\,\mathrm{d}t=\frac{1}{s}\mathrm{e}^{-st}$$

用分部积分法,可得

$$\int_0^{+\infty}t^n\mathrm{e}^{-st}\,\mathrm{d}t=\left[t^n\frac{(-1)}{s}\mathrm{e}^{-st}\right]_0^{+\infty}+\int_0^{+\infty}\frac{1}{s}\mathrm{e}^{-st}nt^{n-1}\,\mathrm{d}t$$

$$=\frac{n}{s}\int_0^{+\infty}t^{n-1}\mathrm{e}^{-st}\,\mathrm{d}t$$

所以

$$\mathscr{L}\{t^n\varepsilon(t)\}=\frac{n}{s}\mathscr{L}\{t^{n-1}\varepsilon(t)\}$$

$$=\frac{n(n-1)(n-2)\cdots\times2\times1}{s^n}\mathscr{L}\{t^0\varepsilon(t)\}$$

$$=\frac{n!}{s^{n+1}}$$

即

$$t^n\varepsilon(t)\leftrightarrow\frac{n!}{s^{n+1}}\quad(\mathrm{Re}[s]>0) \tag{3-17}$$

3.3.3　冲激函数 $A\delta(t)$

由单边拉普拉斯变换的定义,得

$$\mathscr{L}\{A\delta(t)\}=\int_{0^-}^{+\infty}A\delta(t)\mathrm{e}^{-st}\,\mathrm{d}t=A\int_{0^-}^{+\infty}\delta(t)\,\mathrm{d}t=A$$

即

$$A\delta(t)\leftrightarrow A\quad(\mathrm{Re}[s]>-\infty) \tag{3-18}$$

进一步推广,可得

$$\delta^{(n)}(t)\leftrightarrow s^n\quad(\mathrm{Re}[s]>-\infty) \tag{3-19}$$

表 3-1 列举了一些常用函数的拉普拉斯变换。

表 3-1　常用函数的拉普拉斯变换

时域函数 $f(t)$	拉普拉斯变换 $F(s)$	收　敛　域
$\varepsilon(t)$	$\dfrac{1}{s}$	$\mathrm{Re}[s]>0$
$\mathrm{e}^{-\alpha t}\varepsilon(t)$	$\dfrac{1}{s+\alpha}$	$\mathrm{Re}[s]>-\alpha$

续表

时域函数 $f(t)$	拉普拉斯变换 $F(s)$	收 敛 域
$\cos(\omega_0 t)\varepsilon(t)$	$\dfrac{s}{s^2+\omega_0^2}$	$\mathrm{Re}[s]>0$
$\sin(\omega_0 t)\varepsilon(t)$	$\dfrac{\omega}{s^2+\omega_0^2}$	$\mathrm{Re}[s]>0$
$\mathrm{e}^{-at}\cos(\omega_0 t)\varepsilon(t)$	$\dfrac{s+\alpha}{(s+\alpha)^2+\omega_0^2}$	$\mathrm{Re}[s]>-\alpha$
$\mathrm{e}^{-at}\sin(\omega_0 t)\varepsilon(t)$	$\dfrac{\omega_0}{(s+\alpha)^2+\omega_0^2}$	$\mathrm{Re}[s]>-\alpha$
$t^n\varepsilon(t)$	$\dfrac{n!}{s^{n+1}}$	$\mathrm{Re}[s]>0$
$A\delta(t)$	A	$\mathrm{Re}[s]>-\infty$
$\delta^{(n)}(t)$	s^n	$\mathrm{Re}[s]>-\infty$

3.4 拉普拉斯变换的基本性质

在实际应用中,通常把复杂函数分解为简单函数之和,先利用常用函数的拉普拉斯变换,再巧妙地结合拉普拉斯变换的一些基本性质,这样求取拉普拉斯变换非常方便。这些性质与傅里叶变换性质极为相似,在某些性质中,只要把傅里叶变换中的 $\mathrm{j}\omega$ 用 s 替代即可。但是,傅里叶变换是双边的,而这里讨论的拉普拉斯变换是单边的,所以某些性质又有差别。

3.4.1 线性特性

若
$$f_1(t)\leftrightarrow F_1(s) \quad (\mathrm{Re}[s]>\sigma_1)$$
$$f_2(t)\leftrightarrow F_2(s) \quad (\mathrm{Re}[s]>\sigma_2)$$
则
$$a_1 f_1(t)+a_2 f_2(t)\leftrightarrow a_1 F_1(s)+a_2 F_2(s) \quad (\mathrm{Re}[s]>\max(\sigma_1,\sigma_2)) \tag{3-20}$$
式中,a_1、a_2 为任意常数。

证明
$$\mathscr{L}\{a_1 f_1(t)+a_2 f_2(t)\}=\int_0^{+\infty}[a_1 f_1(t)+a_2 f_2(t)]\mathrm{e}^{-st}\,\mathrm{d}t$$
$$=\int_0^{+\infty}a_1 f_1(t)\mathrm{e}^{-st}\,\mathrm{d}t+\int_0^{+\infty}a_2 f_2(t)\mathrm{e}^{-st}\,\mathrm{d}t$$
$$=a_1 F_1(s)+a_2 F_2(s)$$

【例 3.2】 求 $f(t)=3\varepsilon(t)+7\mathrm{e}^{at}\varepsilon(t)$ 的拉普拉斯变换 $F(s)$,式中,$\alpha>0$。

解　由线性特性,可得

$$F(s) = \mathscr{L}\{f(t)\} = \mathscr{L}\{3\varepsilon(t) + 7e^{at}\varepsilon(t)\}$$

$$= 3 \times \mathscr{L}\{\varepsilon(t)\} + 7 \times \mathscr{L}\{e^{at}\varepsilon(t)\}$$

$$= \frac{3}{s} + \frac{7}{s-\alpha} = \frac{10s - 3\alpha}{s(s-\alpha)} \quad (\mathrm{Re}[s] > \alpha)$$

3.4.2　尺度变换特性

若

$$f(t) \leftrightarrow F(s) \quad (\mathrm{Re}[s] > \sigma_0 \text{ 且 } a > 0)$$

则

$$f(at) \leftrightarrow \frac{1}{a}F\left(\frac{s}{a}\right) \quad (\mathrm{Re}[s] > a\sigma_0) \tag{3-21}$$

证明

$$\mathscr{L}\{f(at)\} = \int_0^{+\infty} f(at)e^{-st}\,\mathrm{d}t$$

令 $\tau = at$,则

$$t = \frac{1}{a}\tau, \quad \mathrm{d}t = \frac{1}{a}\mathrm{d}\tau$$

$$\mathscr{L}\{f(at)\} = \int_0^{+\infty} f(at)e^{-st}\,\mathrm{d}t$$

$$= \frac{1}{a}\int_0^{+\infty} f(\tau)e^{-\frac{s}{a}\tau}\,\mathrm{d}\tau = \frac{1}{a}F\left(\frac{s}{a}\right)$$

3.4.3　延时特性

若

$$f(t) \leftrightarrow F(s) \quad (\mathrm{Re}[s] > \sigma_0)$$

则

$$f(t-t_0)\,\varepsilon(t-t_0) \leftrightarrow e^{-st_0}F(s) \quad (t_0 \geqslant 0, \mathrm{Re}[s] > \sigma_0) \tag{3-22}$$

证明

$$\mathscr{L}\{f(t-t_0)\,\varepsilon(t-t_0)\} = \int_0^{+\infty} f(t-t_0)\varepsilon(t-t_0)e^{-st}\,\mathrm{d}t$$

$$= \int_{t_0}^{+\infty} f(t-t_0)e^{-st}\,\mathrm{d}t$$

令 $\tau = t - t_0$,则 $t = \tau + t_0$,当 $t = t_0$ 时,$\tau = 0$

$$\mathscr{L}\{f(t-t_0)\,\varepsilon(t-t_0)\} = \int_0^{+\infty} f(\tau)e^{-st_0}e^{-s\tau}\,\mathrm{d}\tau$$

$$= e^{-st_0}F(s)$$

延时特性表明,只要 $\mathscr{L}\{f(t)\}$ 存在,则 $\mathscr{L}\{f(t-t_0)\,\varepsilon(t-t_0)\}$ 也存在,且二者收敛域相同。这里要注意的是:$f(t)\varepsilon(t)$ 的延时应为因果信号的延时 $f(t-t_0)\,\varepsilon(t-t_0)$,它与 $f(t-t_0)\,\varepsilon(t)$ 不同,因而其拉普拉斯变换也不同。详细讨论见例 3.3。

【例 3.3】 求下列函数的拉普拉斯变换。

(1) $f_1(t) = t\varepsilon(t)$；

(2) $f_2(t) = (t-t_0)\varepsilon(t)$；

(3) $f_3(t) = t\varepsilon(t-t_0)$；

(4) $f_4(t) = (t-t_0)\varepsilon(t-t_0)$。

解 (1) 由 $t^n\varepsilon(t) \leftrightarrow \dfrac{n!}{s^{n+1}}$，得

$$F_1(s) = \frac{1}{s^2}$$

(2) 由线性特性，得

$$F_2(s) = \mathscr{L}\{t\varepsilon(t) - t_0\varepsilon(t)\} = \frac{1}{s^2} - \frac{t_0}{s}$$

(3) 由线性特性和延时特性，得

$$F_3(s) = \mathscr{L}\{(t-t_0)\varepsilon(t-t_0) + t_0\varepsilon(t-t_0)\}$$
$$= \frac{1}{s^2}\mathrm{e}^{-st_0} + \frac{t_0}{s}\mathrm{e}^{-st_0}$$

(4) 由延时特性，得

$$F_4(s) = \frac{1}{s^2}\mathrm{e}^{-st_0}$$

【例 3.4】 对于周期信号 $f(t)$，已知第一个周期 $f_1(t) \leftrightarrow F_1(s)$，其他周期是第一个周期的延迟，求如图 3-3 所示周期信号的拉普拉斯变换。

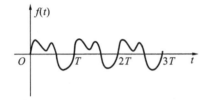

图 3-3 例 3.4 周期信号 $f(t)$ 的波形

解 周期信号 $f(t)$ 可以表示为

$$f(t) = f_1(t) + f_2(t) + \cdots$$
$$= f_1(t) + f_1(t-T) + f_1(t-2T) + f_1(t-3T) + \cdots$$

因为

$$f_1(t) \leftrightarrow F_1(s)$$

所以

$$F(s) = F_1(s) + F_1(s)\mathrm{e}^{-sT} + F_1(s)\mathrm{e}^{-s\cdot 2T} + F_1(s)\mathrm{e}^{-s\cdot 3T} + \cdots$$
$$= F_1(s)(1 + \mathrm{e}^{-sT} + \mathrm{e}^{-2sT} + \mathrm{e}^{-3sT} + \cdots)$$
$$= F_1(s)\frac{1}{1-\mathrm{e}^{-sT}}$$

从本题解答方法可知，求周期信号的拉普拉斯变换时，只要求出第一个周期的拉普拉斯变换就可，其他周期是第一个周期的延时。

【例 3.5】 已知 $f(t) \leftrightarrow F(s)$，求 $f(at-b)\varepsilon(at-b)$ 的拉普拉斯变换。

解 方法一：

(1)由尺度变换特性，得

$$f(at)\varepsilon(at) \leftrightarrow \frac{1}{|a|}F\left(\frac{s}{a}\right)$$

(2)由延时特性，得

$$f\left[a\left(t-\frac{b}{a}\right)\right]\varepsilon\left[a\left(t-\frac{b}{a}\right)\right] \leftrightarrow \frac{1}{|a|}F\left(\frac{s}{a}\right)e^{-\frac{b}{a}s}$$

即

$$f(at-b)\varepsilon(at-b) \leftrightarrow \frac{1}{|a|}F\left(\frac{s}{a}\right)e^{-\frac{b}{a}s}$$

方法二：

(1)由延时特性，得

$$f(t-b)\varepsilon(t-b) \leftrightarrow F(s)e^{-bs}$$

(2)由尺度变换特性，得

$$f(at-b)\varepsilon(at-b) \leftrightarrow \frac{1}{|a|}F\left(\frac{s}{a}\right)e^{-\frac{b}{a}s}$$

3.4.4　复频移特性

若

$$f(t) \leftrightarrow F(s) \quad (\text{Re}[s]>\sigma_0)$$

则

$$f(t)\,e^{\pm s_0 t} \leftrightarrow F(s \mp s_0) \quad (\text{Re}[s]>\sigma_0 \pm \text{Re}[s_0]) \tag{3-23}$$

证明

$$\mathscr{L}\{f(t)e^{\pm s_0 t}\} = \int_0^{+\infty} f(t)e^{\pm s_0 t}e^{-st}\,dt$$

$$= \int_0^{+\infty} f(t)e^{-(s\mp s_0)t}\,dt = F(s \mp s_0)$$

【例 3.6】 已知因果信号 $x(t)$ 的拉普拉斯变换 $X(s)=\dfrac{s}{s^2+1}$，求 $e^{-t}x(3t-5)$ 的拉普拉斯变换。

解 由于

$$x(t) \leftrightarrow F(s) = \frac{s}{s^2+1}$$

运用时移特性，得

$$x(t-5) \leftrightarrow \frac{s}{s^2+1}e^{-5s}$$

运用尺度变换特性，得

$$x(3t-5) \leftrightarrow \frac{1}{3}\frac{\frac{s}{3}}{\left(\frac{s}{3}\right)^2+1}e^{-\frac{5s}{3}}$$

运用复频移特性，得

$$e^{-t}x(3t-5) \leftrightarrow \frac{(s+1)}{(s+1)^2+9}e^{-\frac{5}{3}(s+1)}$$

3.4.5 时域微分特性

若

$$f(t) \leftrightarrow F(s) \quad (\text{Re}[s] > \sigma_0)$$

则

$$\frac{\mathrm{d}f(t)}{\mathrm{d}t} \leftrightarrow sF(s) - f(0^-) \quad (\text{Re}[s] > \sigma_0) \tag{3-24}$$

证明 根据单边拉普拉斯变换的定义，有

$$\mathscr{L}\left\{\frac{\mathrm{d}f(t)}{\mathrm{d}t}\right\} = \int_{0^-}^{+\infty} \frac{\mathrm{d}f(t)}{\mathrm{d}t}e^{-st}\mathrm{d}t = \int_{0^-}^{\infty} e^{-st}\mathrm{d}f(t)$$

分部积分可得

$$\mathscr{L}\left\{\frac{\mathrm{d}f(t)}{\mathrm{d}t}\right\} = e^{-st}f(t)\Big|_{0^-}^{+\infty} + s\int_{0^-}^{+\infty} f(t)e^{-st}\mathrm{d}t$$

$$= sF(s) - f(0^-)$$

高阶导数的单边拉普拉斯变换为

$$\mathscr{L}\left\{\frac{\mathrm{d}^2 f(t)}{\mathrm{d}t^2}\right\} = \int_{0}^{+\infty} \frac{\mathrm{d}^2 f(t)}{\mathrm{d}t^2}e^{-st}\mathrm{d}t$$

$$= s^2 F(s) - sf(0^-) - f'(0^-) \tag{3-25}$$

$$\mathscr{L}\left\{\frac{\mathrm{d}^n f(t)}{\mathrm{d}t^n}\right\} = s^n F(s) - \sum_{r=0}^{n-1} s^{n-r-1} f^{(r)}(0^-) \tag{3-26}$$

如果 $f(t)$ 是因果函数，即 $t<0$ 时，$f(t)=0$，则有

$$\mathscr{L}\left\{\frac{\mathrm{d}^2 f(t)}{\mathrm{d}t^2}\right\} = sF(s) \tag{3-27}$$

$$\mathscr{L}\left\{\frac{\mathrm{d}^n f(t)}{\mathrm{d}t^n}\right\} = s^n F(s) \tag{3-28}$$

【例 3.7】 已知 $x(t)=\cos(t)\,\varepsilon(t)$ 的拉普拉斯变换 $X(s)=\dfrac{s}{s^2+1}$，求 $\sin(t)\,\varepsilon(t)$ 的拉普拉斯变换。

解

$$x'(t) = \cos(t)\cdot\frac{\mathrm{d}\varepsilon(t)}{\mathrm{d}t} + \frac{\mathrm{d}\cos(t)}{\mathrm{d}t}\varepsilon(t)$$

$$= \cos(t)\,\delta(t) - \sin(t)\,\varepsilon(t)$$

$$= \delta(t) - \sin(t)\,\varepsilon(t)$$

即

$$\sin(t)\,\varepsilon(t) = \delta(t) - x'(t)$$

对上式取拉普拉斯变换，利用时域微分特性，得

$$\mathscr{L}\{\sin(t)\,\varepsilon(t)\} = \mathscr{L}\{\delta(t)\} - \mathscr{L}\{x'(t)\}$$

$$= 1 - (s\,\frac{s}{s^2+1} - 0) = \frac{1}{s^2+1}$$

3.4.6　时域积分特性

若

$$f(t) \leftrightarrow F(s) \quad (\text{Re}[s] > \sigma_0)$$

则

$$\int_{0^-}^{t} f(\tau)\,\mathrm{d}\tau \leftrightarrow \frac{1}{s}F(s) \quad (\text{Re}[s] > \max[\sigma_0, 0]) \tag{3-29a}$$

$$\int_{-\infty}^{t} f(\tau)\,\mathrm{d}\tau \leftrightarrow \frac{1}{s}F(s) + \frac{\displaystyle\int_{-\infty}^{0} f(\tau)\,\mathrm{d}\tau}{s} \tag{3-29b}$$

证明　根据单边拉普拉斯变换的定义,利用分部积分,有

$$\mathscr{L}\left\{\int_{0^-}^{t} f(\tau)\,\mathrm{d}\tau\right\} = \int_{0^-}^{+\infty} \left[\int_{0^-}^{t} f(\tau)\,\mathrm{d}\tau\right] \mathrm{e}^{-st}\,\mathrm{d}t$$

$$= \left[\frac{-\mathrm{e}^{-st}}{s}\int_{0^-}^{t} f(\tau)\,\mathrm{d}\tau\right]_{0^-}^{+\infty} + \frac{1}{s}\int_{0^-}^{+\infty} f(t)\,\mathrm{e}^{-st}\,\mathrm{d}t$$

当 $t \to +\infty$ 或 $t = 0^-$ 时,上式右边第一项为零,所以有

$$\mathscr{L}\left\{\int_{0^-}^{t} f(\tau)\,\mathrm{d}\tau\right\} = \frac{1}{s}F(s)$$

若积分下限从 $t = -\infty$ 开始,则有

$$\int_{-\infty}^{t} f(\tau)\,\mathrm{d}\tau = \int_{-\infty}^{0^-} f(\tau)\,\mathrm{d}\tau + \int_{0^-}^{t} f(\tau)\,\mathrm{d}\tau$$

上式右边第一项为常数,对其两边取拉普拉斯变换,可得

$$\mathscr{L}\left\{\int_{-\infty}^{t} f(\tau)\,\mathrm{d}\tau\right\} = \mathscr{L}\left\{\int_{-\infty}^{0^-} f(\tau)\,\mathrm{d}\tau + \int_{0^-}^{t} f(\tau)\,\mathrm{d}\tau\right\}$$

$$= \frac{\displaystyle\int_{-\infty}^{0^-} f(\tau)\,\mathrm{d}\tau}{s} + \frac{1}{s}F(s)$$

3.4.7　复频域微分特性

若

$$f(t) \leftrightarrow F(s) \quad (\text{Re}[s] > \sigma_0)$$

则

$$(-t)f(t) \leftrightarrow \frac{\mathrm{d}}{\mathrm{d}s}F(s) \quad (\text{Re}[s] > \sigma_0) \tag{3-30}$$

证明　根据单边拉普拉斯变换的定义,有

$$F(s) = \int_{0^-}^{+\infty} f(t)\mathrm{e}^{-st}\,\mathrm{d}t$$

上式两边对 s 进行求导,得

$$F'(s) = \frac{\mathrm{d}}{\mathrm{d}s}\left[\int_{0^-}^{+\infty} f(t)\mathrm{e}^{-st}\,\mathrm{d}t\right]$$

$$= \int_{0^-}^{+\infty} f(t)\,\frac{\mathrm{d}}{\mathrm{d}s}(\mathrm{e}^{-st})\,\mathrm{d}t$$

$$= \int_{0^-}^{+\infty} f(t)\,(-t)\mathrm{e}^{-st}\,\mathrm{d}t$$

$$= \int_{0^-}^{+\infty} (-tf(t))\mathrm{e}^{-st}\,\mathrm{d}t$$

$$= \mathscr{L}\{-tf(t)\}$$

即

$$(-t)f(t) \leftrightarrow \frac{\mathrm{d}}{\mathrm{d}s}F(s)$$

进一步推广,对于任意正整数 n,可以得到

$$(-t)^n f(t) \leftrightarrow \frac{\mathrm{d}^n}{\mathrm{d}s^n}F(s) \tag{3-31}$$

【例 3.8】 求 $x(t) = t^2 \mathrm{e}^{-at}\varepsilon(t)$ 的拉普拉斯变换 $X(s)$。

解 方法一:

$$\mathrm{e}^{-at}\varepsilon(t) \leftrightarrow \frac{1}{s+\alpha}$$

运用复频域微分特性,得

$$(-t)^2 \mathrm{e}^{-at}\varepsilon(t) \leftrightarrow \frac{\mathrm{d}^2\left(\dfrac{1}{s+\alpha}\right)}{\mathrm{d}s^2} = \frac{2}{(s+\alpha)^3}$$

方法二:

$$t^2\varepsilon(t) \leftrightarrow \frac{2}{s^3}$$

运用复频移特性,得

$$\mathrm{e}^{-at}t^2\varepsilon(t) \leftrightarrow \frac{2}{(s+\alpha)^3}$$

3.4.8 复频域积分特性

若

$$f(t) \leftrightarrow F(s) \quad (\mathrm{Re}[s] > \sigma_0)$$

则

$$\frac{f(t)}{t} \leftrightarrow \int_s^{\infty} F(\eta)\,\mathrm{d}\eta \quad (\mathrm{Re}[s] > \sigma_0) \tag{3-32}$$

证明 根据单边拉普拉斯变换的定义,有

$$F(s) = \int_{0^-}^{+\infty} f(t)\mathrm{e}^{-st}\,\mathrm{d}t$$

则

$$\int_s^{+\infty} F(\eta)\,\mathrm{d}\eta = \int_s^{+\infty}\left[\int_{0^-}^{+\infty} f(t)\mathrm{e}^{-\eta t}\,\mathrm{d}t\right]\mathrm{d}\eta$$

$$= \int_{0^-}^{+\infty} f(t) \left[\int_s^{+\infty} \mathrm{e}^{-\eta t} \,\mathrm{d}\eta \right] \mathrm{d}t$$

$$= \int_{0^-}^{+\infty} f(t)\, \frac{\mathrm{e}^{-st}}{t} \,\mathrm{d}t$$

$$= \mathscr{L}\left\{ \frac{f(t)}{t} \right\}$$

【例 3.9】　求 $\dfrac{\sin t}{t}$ 的拉普拉斯变换。

解　因为

$$\mathscr{L}\left\{ \sin(t)\,\varepsilon(t) \right\} = \frac{1}{s^2+1}$$

由复频域积分特性,得

$$\mathscr{L}\left\{ \frac{\sin t}{t}\varepsilon(t) \right\} = \int_s^{+\infty} \frac{1}{\eta^2+1} \,\mathrm{d}\eta = \arctan\eta \Big|_s^{+\infty}$$

$$= \frac{\pi}{2} - \arctan s = \arctan\left(\frac{1}{s} \right)$$

3.4.9　时域卷积定理

若

$$f_1(t) \leftrightarrow F_1(s) \quad (\mathrm{Re}[s] > \sigma_1)$$

$$f_2(t) \leftrightarrow F_2(s) \quad (\mathrm{Re}[s] > \sigma_2)$$

则

$$f_1(t) * f_2(t) \leftrightarrow F_1(s)\, F_2(s) \quad (\mathrm{Re}[s] > \max[\sigma_1, \sigma_2]) \tag{3-33}$$

时域卷积定理表明,两原函数卷积的拉普拉斯变换等于它们分别取拉普拉斯变换后的乘积。一般来说,两时域函数卷积的计算比较麻烦,但根据卷积定理求得 $F_1(s)\,F_2(s)$ 之后,取其拉普拉斯反变换比较简单,即

$$f(t) = f_1(t) * f_2(t) = \mathscr{L}^{-1}\left\{ F_1(s)\, F_2(s) \right\}$$

因此,时域卷积定理在求系统响应时,具有重要的作用。

【例 3.10】　已知拉普拉斯变换 $F(s) = \dfrac{1}{s^2(s^2+1)}$,求时域信号 $f(t)$。

解　由于

$$F(s) = \frac{1}{s^2}\, \frac{1}{s^2+1}$$

令

$$F_1(s) = \frac{1}{s^2}, \quad F_2(s) = \frac{1}{s^2+1}$$

则

$$f_1(t) = t\varepsilon(t) \leftrightarrow F_1(s) = \frac{1}{s^2}$$

$$f_2(t) = \sin(t)\varepsilon(t) \leftrightarrow F_2(s) = \frac{1}{s^2+1}$$

根据时域卷积定理,并用分部积分,可得

$$f(t) = f_1(t) * f_2(t) = t * \sin t = \int_0^t \tau \sin(t-\tau) \mathrm{d}\tau$$

$$= \tau \cos(t-\tau) \bigg|_0^t - \int_0^t \cos(t-\tau) \mathrm{d}\tau = t - \sin t$$

【例 3.11】 已知 $F(s) = \dfrac{1-\mathrm{e}^{-2s}}{s^2(1+\mathrm{e}^{-4s})}$,求 $f(t)$。

解

$$F(s) = \frac{1-\mathrm{e}^{-2s}}{s^2(1+\mathrm{e}^{-4s})} \frac{1-\mathrm{e}^{-4s}}{1-\mathrm{e}^{-4s}}$$

$$= \frac{1-\mathrm{e}^{-2s}-\mathrm{e}^{-4s}+\mathrm{e}^{-6s}}{s^2} \frac{1}{1-\mathrm{e}^{-8s}}$$

由延时特性,可得

$$\mathscr{L}^{-1}\left\{\frac{1-\mathrm{e}^{-2s}-\mathrm{e}^{-4s}+\mathrm{e}^{-6s}}{s^2}\right\}$$

$$= t\varepsilon(t) - (t-2)\varepsilon(t-2) - (t-4)\varepsilon(t-4) + (t-6)\varepsilon(t-6)$$

由例 3.4 的结论可知,$f(t)$ 是一个周期信号,其周期 $T=8$。

3.4.10 复域卷积定理

若

$$f_1(t) \leftrightarrow F_1(s) \quad (\mathrm{Re}[s] > \sigma_1)$$
$$f_2(t) \leftrightarrow F_2(s) \quad (\mathrm{Re}[s] > \sigma_2)$$

则

$$f_1(t) \, f_2(t) \leftrightarrow \frac{1}{2\pi \mathrm{j}} F_1(s) * F_2(s) \quad (\mathrm{Re}[s] > \sigma_1 + \sigma_2) \tag{3-34}$$

式中,

$$F_1(s) * F_2(s) = \int_{\sigma-\mathrm{j}\infty}^{\sigma+\mathrm{j}\infty} F_1(\eta) F_2(s-\eta) \mathrm{d}\eta \tag{3-35}$$

式(3-35)中,积分路线 σ 是在 $F_1(\eta)$、$F_2(s-\eta)$ 收敛域重叠部分内与虚轴平行的直线。这里对积分路径的限制比较严格,而且积分的计算也比较复杂,该定理很少应用。

3.4.11 对参变量的微分与积分

设

$$f(t,a) \leftrightarrow F(s,a) \quad (\mathrm{Re}[s] > \sigma)$$

式中,a 为参变量,则

$$\frac{\partial f(t,a)}{\partial a} \leftrightarrow \frac{\partial F(s,a)}{\partial a} \tag{3-36}$$

及

$$\int_{a_1}^{a_2} f(t,a) \mathrm{d}a \leftrightarrow \int_{a_1}^{a_2} F(s,a) \mathrm{d}a \tag{3-37}$$

3.4.12　初值定理

若

$$f(t) \leftrightarrow F(s)$$

且 $\lim\limits_{s \to +\infty}[sF(s)]$ 存在,则 $f(t)$ 的初值为

$$f(0^+) = \lim_{t \to 0^+} f(t) = \lim_{s \to +\infty}[sF(s)] \tag{3-38}$$

初值定理告诉我们,只要已知变换式 $F(s)$,就可直接求出 $f(0^+)$,无需将 $F(s)$ 反变换后得到 $f(t)$,再求 $f(0^+)$。

3.4.13　终值定理

若

$$f(t) \leftrightarrow F(s)$$

且 $\lim\limits_{t \to +\infty} f(t)$ 存在,则 $f(t)$ 的终值 $f(+\infty)$ 为

$$f(+\infty) = \lim_{t \to +\infty} f(t) = \lim_{s \to 0}[sF(s)] \tag{3-39}$$

终值定理给出了由变换式 $F(s)$ 求时间函数 $f(t)$ 终值的一种简便计算方法。需要说明的是,$\lim\limits_{t \to +\infty} f(t)$ 是否存在,可以从 s 域作出判断,即当 $F(s)$ 的所有极点都位于 s 左半平面(包括位于原点的单极点)时,$f(+\infty)$ 存在,才可以使用终值定理。

在系统分析中,当系统比较复杂时,描述系统的函数也比较复杂,当只需要知道函数的初值和终值时,初值定理和终值定理的方便之处十分明显。因为它不需要做拉普拉斯反变换,即可求出系统时间响应的初值和终值。

【例 3.12】 已知 $\mathscr{L}\{f(t)\} = \dfrac{1}{s+a}$,$a>0$,求 $f(0^+)$、$f(+\infty)$。

解　由初值定理,得

$$f(0^+) = \lim_{s \to +\infty} s \frac{1}{s+a} = 1$$

由终值定理,得

$$f(+\infty) = \lim_{s \to 0} s \frac{1}{s+a} = 0$$

【例 3.13】 已知 $F(s) = \dfrac{-2s+8}{s^2-4s+3}$,求 $f(0^+)$、$f(+\infty)$、$f'(0^+)$、$f''(0^+)$。

解　将 $F(s)$ 展开成部分分式和的形式,有

$$F(s) = \frac{1}{s-3} + \frac{-3}{s-1}$$

$F(s)$ 的反变换为

$$\mathscr{L}^{-1}\{F(s)\} = \mathscr{L}^{-1}\left(\frac{1}{s-3} + \frac{-3}{s-1}\right)$$
$$= e^{3t} - 3e^t$$
$$= f(t)$$

根据初值定理,有

$$f(0^+) = \lim_{s \to +\infty} s \frac{-2s+8}{s^2-4s+3} = -2$$

由于 $F(s)$ 极点位于右半平面,因而没有终值,即 $f(+\infty)$ 不存在

$$f'(0^+) = \lim_{t \to 0^+}(3e^{3t}-3e^t) = 0$$

$$f''(0^+) = \lim_{t \to 0^+}(9e^{3t}-3e^t) = 6$$

表 3-2 列举了拉普拉斯变换的常用性质。

表 3-2　拉普拉斯变换的性质

特　　　性	信　　　号	拉普拉斯变换
线性特性	$af_1(t)+bf_2(t)$	$aF_1(s)+bF_2(s)$
时移特性	$f(t-t_0)u(t-t_0), t_0>0$	$e^{-st_0} \cdot F(s)$
尺度变换特性	$f(at), a>0$	$\dfrac{1}{a}F\left(\dfrac{s}{a}\right)$
复频移特性	$f(t)e^{\pm s_0 t}$	$F(s \mp s_0)$
时域微分特性	$f'(t)$	$sF(s)-f(0^-)$
	$f''(t)$	$s^2F(s)-sf(0^-)-f'(0^-)$
时域积分特性	$\displaystyle\int_{0^-}^t f(\tau)\mathrm{d}\tau$	$\dfrac{1}{s}F(s)$
复频域微分特性	$(-t)^n f(t)$	$\dfrac{\mathrm{d}^n}{\mathrm{d}s^n}F(s)$
复频域积分特性	$\dfrac{f(t)}{t}$	$\displaystyle\int_s^\infty F(\eta)\mathrm{d}\eta$
时域卷积特性	$f_1(t) * f_2(t)$	$F_1(s)F_2(s)$
复频域卷积特性	$f_1(t)f_2(t)$	$\dfrac{1}{2\pi\mathrm{j}}F_1(s) * F_2(s)$
初值定理	$f(0^+) = \lim\limits_{t \to 0^+} f(t) = \lim\limits_{s \to +\infty}[sF(s)]$	
终值定理	$f(+\infty) = \lim\limits_{t \to +\infty} f(t) = \lim\limits_{s \to 0}[sF(s)]$	

3.5　拉普拉斯反变换

从像函数 $F(s)$ 求原函数 $f(t)$ 的过程称为拉普拉斯反变换。简单的拉普拉斯反变换只要应用拉普拉斯变换的性质便可得到相应的时间函数。求取复杂拉普拉斯变换式的反变换通常有两种方法:部分分式展开法和留数法。

部分分式展开法是将复杂的分式形式 $F(s)$ 展开为许多简单的分式之和,然后分别查表求得原信号的方法,它适合于 $F(s)$ 为有理函数的情况;留数法又称围线积分法,是直接从拉普拉斯反变换的定义入手,应用复变函数中的留数定理求得原信号的方法,它的适用范围更广。

本节主要介绍单边拉普拉斯反变换。

3.5.1　部分分式展开法

一个有理真分式形式的 $F(s)$ 是 s 的实系数有理分式,可以表示为两个实系数的多项式之

比,即

$$F(s)=\frac{N(s)}{D(s)}=\frac{b_m s^m+b_{m-1}s^{m-1}+\cdots+b_1 s+b_0}{a_n s^n+a_{n-1}s^{n-1}+\cdots+a_1 s+a_0} \tag{3-40}$$

分母多项式 $D(s)$ 称为系统的特征多项式,方程 $D(s)=0$ 称为特征方程,它的根 $s_i(i=1,2,\cdots,n)$ 称为特征根,也称系统的固有频率(或自然频率)。式中 $m<n$。因此,可以考虑选取的基本部分分式为 $\dfrac{K}{s-s_i}$,K 为常数,对应的基本信号为 $Ke^{s_i t}$。

将 $F(s)$ 展开为基本部分分式之和,要先求出特征方程的 n 个特征根 $s_i(i=1,2,\cdots,n)$,s 称为 $F(s)$ 的极点。特征根可能是实根(含零根)或复根(含虚根),可能是单根,也可能是重根。下面分几种情况讨论。

1. 当 $m<n$ 时,$D(s)=0$ 为单根的情况

$F(s)$ 可以展开成下列简单的部分分式之和:

$$F(s)=\frac{N(s)}{D(s)}=\frac{K_1}{s-s_1}+\frac{K_2}{s-s_2}+\cdots+\frac{K_n}{s-s_n}=\sum_{i=1}^{n}\frac{K_i}{s-s_i} \tag{3-41}$$

将上式两边同乘以 $(s-s_1)$,得

$$(s-s_1)F(s)=K_1+(s-s_1)\left(\frac{K_2}{s-s_2}+\cdots+\frac{K_n}{s-s_n}\right)$$

令 $s=s_1$,可得

$$K_1=\left[(s-s_1)F(s)\right]\Big|_{s=s_1}$$

类似可求得 $K_2,\cdots,K_n$ 各值,可用通用公式表示为

$$K_i=\left[(s-s_i)F(s)\right]\Big|_{s=s_i} \qquad (i=1,2,\cdots,n) \tag{3-42}$$

利用

$$\frac{K_i}{s-s_i}\leftrightarrow K_i e^{s_i t}$$

则 $F(s)$ 的拉普拉斯反变换为

$$f(t)=\left[K_1 e^{s_1 t}+K_2 e^{s_2 t}+\cdots+K_n e^{s_n t}\right]\varepsilon(t) \tag{3-43}$$

如果出现 $m\geqslant n$ 的情况,则先根据多项式除法,将 $F(s)$ 化为简单项与真分式之和的形式,再分别求取拉普拉斯反变换。

【例 3.14】　求 $X(s)=\dfrac{2s^2+6s+6}{s^2+3s+2}$ 的拉普拉斯反变换 $x(t)$。

解　由多项式除法,可得

$$X(s)=2+\frac{2}{s^2+3s+2}=2+X_1(s)$$

设

$$X_1(s)=\frac{K_1}{s+1}+\frac{K_2}{s+2}$$

可求得

$$K_1=\left[(s+1)X_1(s)\right]\Big|_{s=-1}=\frac{2}{s+2}\Big|_{s=-1}=2$$

$$K_2=\left[(s+2)X_1(s)\right]\Big|_{s=-2}=\frac{2}{s+1}\Big|_{s=-2}=-2$$

$$X(s)=2+\frac{2}{s+1}+\frac{-2}{s+2}$$

故拉普拉斯反变换为

$$x(t)=2\delta(t)+(2e^{-t}-2e^{-2t})\varepsilon(t)$$

2. 当 $m<n$ 时,$D(s)=0$ 有重根的情况

设 $D(s)=0$ 有 k 阶重根 s_1,则 $D(s)$ 可写为

$$D(s)=(s-s_1)^k(s-s_{k+1})\cdots(s-s_n)$$

则 $F(s)$ 部分分式可展开为

$$F(s)=\frac{N(s)}{D(s)}=\frac{K_{11}}{(s-s_1)^k}+\frac{K_{12}}{(s-s_1)^{k-1}}+\cdots+\frac{K_{1k}}{(s-s_1)}+\sum_{i=k+1}^{n}\frac{K_i}{s-s_i} \tag{3-44}$$

将上式两边同乘以 $(s-s_1)^k$,得

$$(s-s_1)^kF(s)=K_{11}+K_{12}(s-s_1)+\cdots+K_{1k}(s-s_1)^{k-1}+\sum_{i=k+1}^{n}\frac{K_i}{s-s_i}(s-s_1)^k$$

设 $(s-s_1)^kF(s)=F_1(s)$,则

$$F_1(s)=K_{11}+K_{12}(s-s_1)+\cdots+K_{1k}(s-s_1)^{k-1}+\sum_{i=k+1}^{n}\frac{K_i}{s-s_i}(s-s_1)^k \tag{3-45}$$

令 $s=s_1$,可得

$$K_{11}=\left[(s-s_1)^kF(s)\right]_{s=s_1}$$

上式两边对 s 求导,则有

$$\frac{dF_1(s)}{ds}=K_{12}+2K_{12}(s-s_1)+\cdots+K_{1k}(k-1)(s-s_1)^{k-2}+\cdots$$

令 $s=s_1$,可得

$$K_{12}=\left[\frac{dF_1(s)}{ds}\right]_{s=s_1}=\left[\frac{d}{ds}(s-s_1)^kF(s)\right]_{s=s_1}$$

依此类推,有

$$K_{1i}=\left[\frac{1}{(i-1)!}\frac{d^{i-1}}{ds^{i-1}}(s-s_1)^kF(s)\right]_{s=s_1} \tag{3-46}$$

而对于分式 $\frac{K_{11}}{(s-s_1)^k}$,其拉普拉斯反变换为

$$\mathscr{L}^{-1}\left\{\frac{K_{11}}{(s-s_1)^k}\right\}=\frac{K_{11}}{(k-1)!}t^{k-1}e^{s_1t}\varepsilon(t) \tag{3-47}$$

故重根部分的拉普拉斯反变换为

$$\mathscr{L}^{-1}\left\{\sum_{i=1}^{k}\frac{K_{1i}}{(s-s_1)^{k+1-i}}\right\}=\left[\sum_{i=1}^{k}\frac{K_{1i}}{(k-i)!}t^{k-i}\right]e^{s_1t}\varepsilon(t) \tag{3-48}$$

则 $F(s)$ 的拉普拉斯反变换为

$$f(t)=\left[\sum_{i=1}^{k}\frac{K_{1i}}{(k-i)!}t^{k-i}\right]e^{s_1t}\varepsilon(t)+\left[\sum_{i=k+1}^{n}K_ie^{s_it}\right]\varepsilon(t) \tag{3-49}$$

【例 3.15】 求 $F(s)=\frac{s^2+2s+5}{(s+3)(s+5)^2}$ 的拉普拉斯反变换 $f(t)$。

解 (1)令 $(s+3)(s+5)^2=0$,可得单根 $s_1=-3$,重根 $s_2=-5,k=2$
可以将 $F(s)$ 展开为

$$F(s) = \frac{k_1}{s+3} + \frac{k_{22}}{(s+5)^2} + \frac{k_{21}}{s+5}$$

（2）求系数。

单根

$$k_1 = (s+3) \frac{s^2+2s+5}{(s+3)(s+5)^2} \bigg|_{s=-3} = 2$$

重根

$$k_{22} = (s+5)^2 \frac{s^2+2s+5}{(s+3)(s+5)^2} \bigg|_{s=-5} = -10$$

$$k_{21} = \frac{\mathrm{d}}{\mathrm{d}s} \left[(s+5)^2 \frac{s^2+2s+5}{(s+3)(s+5)^2} \right] \bigg|_{s=-5} = -1$$

（3）拉普拉斯反变换为

$$f(t) = \mathscr{L}^{-1} \left\{ \frac{2}{s+3} \right\} + \mathscr{L}^{-1} \left\{ \frac{-10}{(s+5)^2} \right\} + \mathscr{L}^{-1} \left\{ \frac{-1}{s+5} \right\}$$
$$= 2\mathrm{e}^{-3t} - 10t\mathrm{e}^{-5t} - \mathrm{e}^{-5t}$$

3. $D(s)=0$ 具有共轭复根

若 $D(s)=0$ 出现复根，则必然是共轭成对的。共轭复根实际上是成对出现的单重复根，其拉普拉斯反变换的求取，完全可以采用单实根的方法。下面举例加以说明。

【例 3.16】 求 $X(s) = \dfrac{s+2}{s^2+2s+2}$ 的拉普拉斯反变换 $x(t)$。

解　$X(s)$ 分母多项式 $D(s)=0$ 有共轭复根出现，即

$$s_{1,2} = -1 \pm \mathrm{j}$$

$X(s)$ 可以展开为

$$X(s) = \frac{K_1}{s-(-1+\mathrm{j})} + \frac{K_2}{s-(-1-\mathrm{j})}$$

$$K_1 = (s-s_1)X(s) \big|_{s=-1+\mathrm{j}} = \frac{s+2}{s-(-1-\mathrm{j})} \bigg|_{s=-1+\mathrm{j}} = \frac{1}{2} - \mathrm{j}\frac{1}{2} = \frac{\sqrt{2}}{2}\mathrm{e}^{-\mathrm{j}45°}$$

$$K_2 = (s-s_2)X(s) \big|_{s=-1-\mathrm{j}} = \frac{s+2}{s-(-1+\mathrm{j})} \bigg|_{s=-1-\mathrm{j}} = \frac{1}{2} + \mathrm{j}\frac{1}{2} = \frac{\sqrt{2}}{2}\mathrm{e}^{\mathrm{j}45°}$$

故拉普拉斯反变换为

$$x(t) = K_1 \mathrm{e}^{s_1 t} + K_2 \mathrm{e}^{s_2 t} = \frac{\sqrt{2}}{2}\mathrm{e}^{-\mathrm{j}45°}\mathrm{e}^{(-1+\mathrm{j})t} + \frac{\sqrt{2}}{2}\mathrm{e}^{\mathrm{j}45°}\mathrm{e}^{(-1-\mathrm{j})t}$$

$$= \frac{\sqrt{2}}{2}\mathrm{e}^{-t} \left[\mathrm{e}^{\mathrm{j}(t-45°)} + \mathrm{e}^{-\mathrm{j}(t-45°)} \right]$$

$$= \left[\sqrt{2}\mathrm{e}^{-t}\cos(t-45°) \right] \varepsilon(t)$$

3.5.2　留数法

1. 拉普拉斯反变换式的留数表示

对于单边拉普拉斯变换，$F(s)$ 的拉普拉斯反变换为

$$f(t) = \begin{cases} 0 & (t<0) \\ \dfrac{1}{2\pi\mathrm{j}} \displaystyle\int_{\sigma-\mathrm{j}\infty}^{\sigma+\mathrm{j}\infty} F(s)\mathrm{e}^{st}\,\mathrm{d}s & (t>0) \end{cases}$$

根据反变换的定义式,可以根据像函数 $F(s)$ 求出 $f(t)$。但是直接积分比较困难,需要转化为更简便的方法。由复变函数中的留数定理,可将求此线积分的问题转化为求 $F(s)$ 的全部极点在一个闭合回线内部的全部留数的代数和。这种方法称为围线积分法,也称留数法。

根据复变函数的留数定理,在某区域内,若函数 $F(s)$ 除有限个孤立奇点 $s_i(i=1,2,\cdots,n)$ 外,处处解析,C 是区域内包围所有孤立奇点的一条正向闭合曲线(见图 3-4),则 $F(s)$ 沿 C 的线积分为

$$\oint_C F(s)\mathrm{d}s = 2\pi \mathrm{j} \sum_{i=1}^{n} \mathrm{Res}[F(s),s_i] \qquad (3\text{-}50)$$

式中,$\sum_{i=1}^{n} \mathrm{Res}[F(s),s_i]$ 为 $F(s)$ 在 s_i 处的留数。

下面将利用留数定理解决拉普拉斯反变换的求取方法。

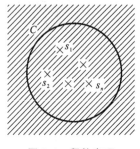

图 3-4　留数定理

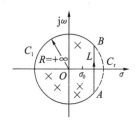

图 3-5　积分路径

在如图 3-5 所示的 s 平面内取平行于 $\mathrm{j}\omega$ 轴的 $\sigma>\sigma_0$ 的有向线段 AB,即线段 AB 必须在收敛轴以右。C_1 是半径为 R 的左边圆弧,连接 AB 两端;C_r 是右边圆弧。当 $t>0$ 时,若 $R\rightarrow +\infty$,可使 $F(s)$ 的有限个孤立奇点 $s_i(i=1,2,\cdots,n)$ 包围在左边闭合回线 $C=L+C_1$ 以内。当 $t<0$ 时,$f(t)=0$,积分路径应沿右半圆弧 $L+C_r$,$F(s)$ 在该区域内无极点,因此右半圆弧积分为零。闭合回线的构造为留数定理的应用创造了条件。

设 $F(s)$ 除在半平面 $\mathrm{Re}[s]<\sigma_0$ 内有有限个孤立奇点 $s_i(i=1,2,\cdots,n)$ 外,处处解析,且当 $|s|\rightarrow +\infty$ 时,$|F(s)|\rightarrow 0$,求拉普拉斯反变换的运算就转化为求被积函数 $F(s)\mathrm{e}^{st}$ 在 $F(s)$ 的全部极点上留数的代数和,即

$$f(t) = \frac{1}{2\pi\mathrm{j}} \int_{\sigma-\mathrm{j}\infty}^{\sigma+\mathrm{j}\infty} F(s)\mathrm{e}^{st}\mathrm{d}s = \frac{1}{2\pi\mathrm{j}} \int_{AB} F(s)\mathrm{e}^{st}\mathrm{d}s + \frac{1}{2\pi\mathrm{j}} \int_{C_1} F(s)\mathrm{e}^{st}\mathrm{d}s$$

$$= \frac{1}{2\pi\mathrm{j}} \int_{AB+C_1} F(s)\mathrm{e}^{st}\mathrm{d}s = \sum_{i=1}^{n} \mathrm{Res}[s_i] \qquad (3\text{-}51)$$

式中,$\mathrm{Res}[s_i]$ 为极点 s_i 的留数。

根据复变函数理论中的约当(Jordan)引理,必须满足下列条件,上式才成立:

(1)当 $|s|\rightarrow +\infty$ 时,$|F(s)|\rightarrow 0$。

(2)因子 e^{st} 的指数 st 的实部应小于 $\sigma_0 t$,即 $\mathrm{Re}(st)=\sigma t<\sigma_0 t$,其中 σ_0 为一常数。

2. 留数的计算

设 $F(s)$ 为有理真分式,存在有限个极点 $s_i(i=1,2,\cdots,n)$,则 $F(s)$ 的原函数 $f(t)$ 为

$$f(t) = \mathscr{L}^{-1}\{F(s)\} = \sum_{i=1}^{n} \mathrm{Res}[F(s)\mathrm{e}^{st},s_i] \qquad (3\text{-}52)$$

下面分两种情况来计算留数。

（1）若 s_i 为 $D(s)=0$ 的单根，即 s_i 为一阶极点，则其留数为

$$\mathrm{Res}[s_i]=\left[(s-s_i)F(s)\mathrm{e}^{st}\right]_{s=s_i}\varepsilon(t) \tag{3-53}$$

（2）若 s_i 为 $D(s)=0$ 的 m 阶重根，即 s_i 为 m 阶极点，则其留数为

$$\mathrm{Res}[s_i]=\frac{1}{(m-1)!}\frac{\mathrm{d}^{m-1}}{\mathrm{d}s^{m-1}}\left[(s-s_i)F(s)\mathrm{e}^{st}\right]_{s=s_i}\varepsilon(t) \tag{3-54}$$

需要注意的是，$F(s)$ 为假分式时，不符合约当引理的要求，此时应该将 $F(s)$ 分解为多项式与真分式之和。可由该多项式求出冲激函数及其导数项，而真分式对应的时间函数由留数法求取。

留数法不仅能够用来求 $F(s)$ 为有理函数时的拉普拉斯反变换，也能求 $F(s)$ 为无理函数时的拉普拉斯反变换，因此其适用范围比部分分式法要更加广泛。

【例 3.17】　求 $F(s)=\dfrac{1}{s\,(s+8)^2}$ 的 $f(t)$。

解　（1）求极点。

令 $s\,(s+8)^2=0$，得

$$s_1=0,\quad s_{2,3}=-8$$

（2）求留数。

一阶极点的留数为

$$\mathrm{Res}[s_1]=\left[s\times\frac{1}{s\,(s+8)^2}\mathrm{e}^{st}\right]_{s=0}\varepsilon(t)=\frac{1}{64}\varepsilon(t)$$

二阶极点的留数为

$$\begin{aligned}
\mathrm{Res}[s_{2,3}]&=\frac{1}{(2-1)!}\left[\frac{\mathrm{d}}{\mathrm{d}s}\frac{(s+8)^2}{s\,(s+8)^2}\mathrm{e}^{st}\right]_{s=-8}\varepsilon(t)\\
&=\left.\frac{t\mathrm{e}^{st}s-\mathrm{e}^{st}}{s^2}\right|_{s=-8}\varepsilon(t)\\
&=\frac{1}{64}(-8t\mathrm{e}^{-8t}-\mathrm{e}^{-8t})\varepsilon(t)
\end{aligned}$$

（3）拉普拉斯反变换为

$$f(t)=\mathrm{Res}[s_1]+\mathrm{Res}[s_{2,3}]=\frac{1}{64}\varepsilon(t)+\left(-\frac{t}{8}-\frac{1}{64}\right)\mathrm{e}^{-8t}\varepsilon(t)$$

可以验证，用部分分式法和留数法求得的原函数完全一样。

3.6　双边拉普拉斯变换

3.6.1　双边拉普拉斯变换的定义及收敛域

1. 双边拉普拉斯变换的定义与收敛域

第 3.2 节给出了双边拉普拉斯的定义。根据傅里叶变换，双边拉普拉斯变换和反变换分别为

$$F_\mathrm{d}(s)=\int_{-\infty}^{+\infty}f(t)\mathrm{e}^{-st}\,\mathrm{d}t \tag{3-55a}$$

$$f(t)=\frac{1}{2\pi\mathrm{j}}\int_{\sigma-\mathrm{j}\infty}^{\sigma+\mathrm{j}\infty}F_\mathrm{d}(s)\mathrm{e}^{st}\,\mathrm{d}s \tag{3-55b}$$

与单边拉普拉斯变换不同的是,原函数 $f(t)$ 中 t 的取值范围是 $-\infty < t < +\infty$,因此可以将 $f(t)$ 表示为

$$f(t)=\begin{cases} f_r(t) & (t \geqslant 0) \\ f_1(t) & (t < 0) \end{cases} \tag{3-56}$$

或者

$$f(t)=f_r(t)\varepsilon(t)+f_1(t)\varepsilon(-t) \tag{3-57}$$

即将双边函数 $f(t)$ 分解为 $t \geqslant 0$ 的右边函数 $f_r(t)$,以及 $t < 0$ 的左边函数 $f_1(t)$,如图 3-6(a1)、(b1)、(c1)所示。

其双边拉普拉斯变换为

$$F_d(s) = \int_{-\infty}^{0} f_1(t)e^{-st}dt + \int_{0}^{+\infty} f_r(t)e^{-st}dt = F_1(s) + F_r(s) \tag{3-58}$$

要使 $F_1(s)$、$F_r(s)$ 同时存在,要求二者有公共收敛区;如果没有公共收敛区,则 $F_d(s)$ 不存在,即双边拉普拉斯变换不存在。

因此可以归纳出,双边拉普拉斯变换的收敛域一般有两个边界:一个边界由 $t > 0$ 的函数决定,其收敛域 σ_1 位于收敛域的左边界,如图 3-6(b2)所示;另一个边界由 $t < 0$ 的函数决定,其收敛域 σ_2 位于收敛域的右边界,如图 3-6(c2)所示。若 $\sigma_1 < \sigma_2$,则 $t > 0$ 与 $t < 0$ 的两个函数有共同的收敛域,如图 3-6(a2)所示,函数 $f(t)$ 的双边拉普拉斯变换存在;若 $\sigma_1 \geqslant \sigma_2$,则表明两个函数无共同收敛域,函数 $f(t)$ 的双边拉普拉斯变换不存在。

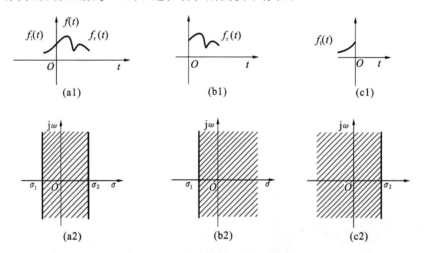

图 3-6 双边拉普拉斯变换的收敛域

需要注意的是,双边拉普拉斯变换对并不一一对应,即便是同一个双边拉普拉斯变换表达式,由于收敛域不同,可能会对应两个完全不同的时间函数。因此,双边拉普拉斯变换必须标明收敛域。

2. 双边拉普拉斯变换的求取

函数 $f(t)$ 的双边拉普拉斯变换的求取可用定义式来实现,也可以通过变量转换,利用单边拉普拉斯变换来实现。下面介绍第二种方法。

设 $f(t)$ 是一个双边函数,可以分解为右边函数 $f_r(t)$ 和左边函数 $f_1(t)$,即

$$f(t)=f_r(t)\varepsilon(t)+f_1(t)\varepsilon(-t) \tag{3-59}$$

其拉普拉斯变换可以分解为

$$\begin{aligned}F_{\mathrm{d}}(s) &= F_{\mathrm{l}}(s) + F_{\mathrm{r}}(s)\\ &= \int_{-\infty}^{0} f_l(t)\mathrm{e}^{-st}\,\mathrm{d}t + \int_{0}^{+\infty} f_{\mathrm{r}}(t)\mathrm{e}^{-st}\,\mathrm{d}t\end{aligned} \tag{3-60}$$

首先，确定收敛域，分别对 $F_{\mathrm{l}}(s)$、$F_{\mathrm{r}}(s)$ 求收敛域，若有公共收敛域，则双边拉普拉斯变换 $F_{\mathrm{d}}(s)$存在；若二者无公共收敛域，则 $F_{\mathrm{d}}(s)$不存在。

然后，求取函数的拉普拉斯变换。右边函数 $f_{\mathrm{r}}(t)$的拉普拉斯变换 $F_{\mathrm{r}}(s)$在前面的章节中已经讨论过，可利用单边拉普拉斯变换的定义或基本性质计算。对于 $F_{\mathrm{l}}(s)$，可直接按上式计算，也可以将左边时间函数 $f_{\mathrm{l}}(t)$变为右边时间函数后，用单边拉普拉斯变换的方法求解。下面进行详细介绍。

对于

$$F_{\mathrm{l}}(s) = \int_{-\infty}^{0} f_{\mathrm{l}}(t)\mathrm{e}^{-st}\,\mathrm{d}t$$

令 $t=-\tau,\tau>0$，则

$$\begin{aligned}F_{\mathrm{l}}(s) &= \int_{0}^{+\infty} f_{\mathrm{l}}(-\tau)\mathrm{e}^{s\tau}\,\mathrm{d}\tau\\ &= \int_{0}^{+\infty} f_{\mathrm{l}}(-\tau)\mathrm{e}^{-(-s)\tau}\,\mathrm{d}\tau\end{aligned} \tag{3-61}$$

令 $s=-p$，则

$$F_{\mathrm{l}}(p) = \int_{0}^{+\infty} f_{\mathrm{l}}(-\tau)\mathrm{e}^{-p\tau}\,\mathrm{d}\tau \tag{3-62}$$

这样 $F_{\mathrm{l}}(p)$就可用单边拉普拉斯变换的方法求取。

归纳起来，用单边拉普拉斯变换法求 $F_{\mathrm{l}}(p)$的步骤如下：

(1)令 $t=-\tau,\tau>0$，构成右边函数 $f_{\mathrm{l}}(-\tau)$；

(2)求 $f_{\mathrm{l}}(-\tau)$的单边拉普拉斯变换 $F_{\mathrm{l}}(p)$；

(3)令 $s=-p$，$F_{\mathrm{l}}(s)=F_{\mathrm{l}}(p)\big|_{p=-s}$。

【例 3.18】 如图 3-7 所示，求 $f(t)=\begin{cases}\mathrm{e}^{\beta t} & (t<0)\\ \mathrm{e}^{-\alpha t} & (t\geqslant 0)\end{cases}$ 的双边拉普拉斯变换。

解 (1)求收敛域。

当 $t>0$ 时，有

$$\lim_{t\to+\infty}\mathrm{e}^{-\alpha t}\mathrm{e}^{-\sigma t}=\lim_{t\to+\infty}\mathrm{e}^{-(\sigma+\alpha)t}=0 \quad (\mathrm{Re}(s)=\sigma>-\alpha)$$

当 $t<0$ 时，有

$$\lim_{t\to-\infty}\mathrm{e}^{\beta t}\mathrm{e}^{-\sigma t}=\lim_{\tau\to+\infty}\mathrm{e}^{(-\beta+\sigma)\tau}=0 \quad (\mathrm{Re}(s)=\sigma<\beta)$$

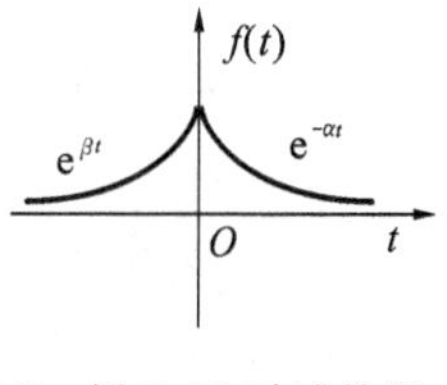

图 3-7 例 3.18 时域信号 $f(t)$

要有公共收敛域，必须满足$-\alpha<\beta$，收敛域为$-\alpha<\mathrm{Re}(s)=\sigma<\beta$

(2)求拉普拉斯变换。

对于右边函数，有

$$F_{\mathrm{r}}(s)=L\{\mathrm{e}^{-\alpha t}\}=\frac{1}{s+\alpha}$$

对于左边函数，令 $t=-\tau,\tau>0$，则

$$f_{\mathrm{l}}(t)=f_{\mathrm{l}}(-\tau)=\mathrm{e}^{\beta t}=\mathrm{e}^{-\beta\tau}$$

$$F_1(p) = \mathscr{L}\{f_1(-\tau)\} = \mathscr{L}\{e^{-\beta\tau}\} = \frac{1}{p+\beta}$$

令 $s=-p$，得

$$F_1(s) = F_1(p)\big|_{p=-s} = \frac{-1}{s-\beta}$$

所以，

当 $-\alpha < \beta$ 时，收敛域（见图 3-8）为　　　$-\alpha < \sigma < \beta$

双边拉普拉斯变换为

$$F_d(s) = \frac{1}{s+\alpha} + \frac{-1}{s-\beta}$$

当 $-\alpha \geqslant \beta$ 时，右边函数与左边函数无公共收敛域，因而 $F_d(s)$ 不存在。

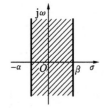

图 3-8　例 3.18 收敛域 $-\alpha < \sigma < \beta$

3.6.2　双边拉普拉斯反变换

给定双边拉普拉斯变换 $F_d(s)$，求反变换时，一定要根据题目所给出的公共收敛域区分开哪些极点是由右边函数形成的，哪些极点是由左边函数形成的，即找到极点的归属，然后分别进行处理。$F_d(s)$ 的极点应分布于收敛域的两侧。如果在收敛域中取一条任意的反演积分路径，则路径左边的极点对应于 $t>0$ 的右边函数 $f_r(t)$，路径右边的极点对应于 $t<0$ 的左边函数 $f_1(t)$。可以利用部分分式法和留数法求取拉普拉斯反变换。

1. 部分分式法

设双边拉普拉斯变换 $F_d(s)$ 可表示为

$$F_d(s) = F_1(s) + F_r(s) \tag{3-63}$$

其拉普拉斯反变换为

$$f(t) = f_r(t)\varepsilon(t) + f_1(t)\varepsilon(-t) \tag{3-64}$$

式中，

$$\begin{aligned} f_r(t) &= \mathscr{L}^{-1}\{F_r(s)\} \\ f_1(t) &= \mathscr{L}^{-1}\{F_1(s)\} \end{aligned} \tag{3-65}$$

式中，$f_r(t)$ 可由单边拉普拉斯反变换求得，而 $f_1(t)$ 可仿照左边函数的拉普拉斯变换方法，按以下步骤，利用单边拉普拉斯反变换求取。

(1) 令 $s=-p$，取 $F_1(p) = F_1(s)\big|_{s=-p}$；

(2) 求 $F_1(p)$ 的单边拉普拉斯反变换 $f_1(-\tau) = \mathscr{L}^{-1}\{F_1(p)\}$；

(3) 令 $t=-\tau, t<0$，求 $f_1(t) = f_1(\tau)\big|_{\tau=-t}$。

【例 3.19】　用部分分式法求 $F_d(s) = \dfrac{-2}{(s-4)(s-6)}$，收敛域为 $4<\sigma<6$ 的时间函数。

解　此收敛域说明要取双边拉普拉斯反变换。令 $(s-4)(s-6)=0$，得 $s_1=4, s_2=6$

收敛域左侧极点为 $s_1=4$，右侧极点为 $s_2=6$，如图 3-9 所示。

将 $F_d(s)$ 展开为部分分式为

$$F_d(s) = \frac{1}{s-4} + \frac{-1}{s-6}$$

对应于 $\dfrac{1}{s-4}$ 的是右边函数 $f_{\mathrm{r}}(t)$，有

$$f_{\mathrm{r}}(t)=\mathscr{L}^{-1}\left\{\dfrac{1}{s-4}\right\}=\mathrm{e}^{4t}\quad(t\geqslant0)$$

对应于 $\dfrac{-1}{s-6}$ 的是左边函数 $f_{\mathrm{l}}(t)$，有

(1) 令 $s=-p$，取 $F_{\mathrm{l}}(p)=F_{\mathrm{l}}(s)\big|_{s=-p}=\dfrac{1}{p+6}$；

(2) 求 $F_{\mathrm{l}}(p)$ 的单边拉普拉斯反变换为

$$f_{\mathrm{l}}(-\tau)=\mathscr{L}^{-1}\{F_{\mathrm{l}}(p)\}=\mathrm{e}^{-6\tau}$$

(3) 令 $t=-\tau,t<0,f_{\mathrm{l}}(t)=f_{\mathrm{l}}(\tau)\big|_{\tau=-t}=\mathrm{e}^{6t}$

最后拉普拉斯反变换为

$$f(t)=\begin{cases}\mathrm{e}^{4t}&(t\geqslant0)\\\mathrm{e}^{6t}&(t<0)\end{cases}$$

或

$$f(t)=\mathrm{e}^{4t}\varepsilon(t)+\mathrm{e}^{6t}\varepsilon(-t)$$

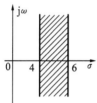
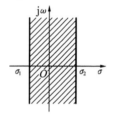

图 3-9　例 3.19 收敛域图　　　　图 3-10　$F_{\mathrm{d}}(s)$ 的收敛域

2. 留数法

设双边拉普拉斯变换 $F_{\mathrm{d}}(s)$ 的收敛域为 $\sigma_1<\sigma<\sigma_2$，如图 3-10 所示，则其拉普拉斯反变换的留数表示为

$$
\begin{aligned}
f(t)&=\dfrac{1}{2\pi\mathrm{j}}\int_{\sigma-\mathrm{j}\infty}^{\sigma+\mathrm{j}\infty}F_{\mathrm{d}}(s)\mathrm{e}^{st}\mathrm{d}s\\[2mm]
&=\begin{cases}\displaystyle\sum_{i=1}^{n}\mathrm{Res}[F_{\mathrm{d}}(s)\mathrm{e}^{st},s_i]&(s_i\text{ 为收敛域左侧极点},i=1,2,\cdots,n,t>0)\\[4mm]
-\displaystyle\sum_{k=1}^{m}\mathrm{Res}[F_{\mathrm{d}}(s)\mathrm{e}^{st},s_k]&(s_k\text{ 为收敛域右侧极点},k=1,2,\cdots,m,t>0)\end{cases}
\end{aligned}\tag{3-66}
$$

或者表示为

$$f(t)=f_{\mathrm{r}}(t)\varepsilon(t)+f_{\mathrm{l}}(t)\varepsilon(-t)\tag{3-67}$$

式中，

$$
\begin{aligned}
f_{\mathrm{r}}(t)&=\sum_{i=1}^{n}\mathrm{Res}[F_{\mathrm{d}}(s)\mathrm{e}^{st},s_i]\quad(s_i\text{ 为收敛域左侧极点},i=1,2,\cdots,n,t>0)\\[4mm]
f_{\mathrm{l}}(t)&=-\sum_{k=1}^{m}\mathrm{Res}[F_{\mathrm{d}}(s)\mathrm{e}^{st},s_k]\quad(s_k\text{ 为收敛域右侧极点},k=1,2,\cdots,m,t>0)
\end{aligned}\tag{3-68}
$$

【例 3.20】 用留数法求 $F_d(s) = \dfrac{-2}{(s-4)(s-6)}$，收敛区为 $4 < \sigma < 6$ 的时间函数。

解 令 $(s-4)(s-6) = 0$，得 $s_1 = 4$，$s_2 = 6$。收敛域左侧极点为 $s_1 = 4$，右侧极点为 $s_2 = 6$，如图 3-11(a)所示。

右边函数 $f_r(t)$ 为

$$f_r(t) = \text{Res}[F_d(s)e^{st}, s_1] = \left[(s-4)\frac{-2}{(s-6)(s-4)}e^{st}\right]_{s=4} = e^{4t} \quad (t \geqslant 0)$$

左边函数 $f_1(t)$ 为

$$f_1(t) = -\text{Res}[F_d(s)e^{st}, s_2] = -\left[(s-6)\frac{-2}{(s-6)(s-4)}e^{st}\right]_{s=6} = e^{6t} \quad (t < 0)$$

最后反变换为

$$f(t) = \begin{cases} e^{4t} & (t \geqslant 0) \\ e^{6t} & (t < 0) \end{cases}$$

或

$$f(t) = e^{4t}\varepsilon(t) + e^{6t}\varepsilon(-t)$$

需要注意的是，在双边拉普拉斯反变换中，一定要注意给出的收敛区，才能保证拉普拉斯反变换的解是唯一的。也就是说，不同的收敛域对应不同的拉普拉斯反变换时间函数。如果例 3.20 中给出的收敛域 $\sigma > 6$，则两极点都为左侧极点，如图 3-11(b)所示。对应的时间函数为右边函数，即

$$f(t) = \begin{cases} e^{4t} - e^{6t} & (t \geqslant 0) \\ 0 & (t < 0) \end{cases}$$

如果例 3.20 中给出的收敛域 $\sigma < 4$，则两极点都为右侧极点，图 3-11(c)对应的时间函数为左边函数，即

$$f(t) = \begin{cases} 0 & (t \geqslant 0) \\ e^{6t} - e^{4t} & (t < 0) \end{cases}$$

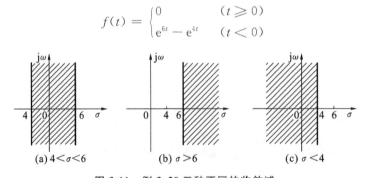

图 3-11　例 3.20 三种不同的收敛域

3.7　拉普拉斯变换与傅里叶变换的关系

3.7.1　双边拉普拉斯变换与傅里叶变换的关系

从傅里叶变换推导出双边拉普拉斯变换的过程可以看出，信号 $f(t)$ 的傅里叶变换为

$$F(\omega) = \int_{-\infty}^{+\infty} f(t) \mathrm{e}^{-\mathrm{j}\omega t} \, \mathrm{d}t$$

将信号 $f(t)$ 乘以收敛因子 $\mathrm{e}^{-\sigma t}$，令 $s = \sigma + \mathrm{j}\omega$，则得到双边拉普拉斯变换为

$$F(s) = \int_{-\infty}^{+\infty} f(t) \mathrm{e}^{-st} \, \mathrm{d}t$$

所以,可以认为拉普拉斯变换是广义傅里叶变换。

反过来,对于拉普拉斯变换 $F(s) = \int_{-\infty}^{+\infty} f(t)\mathrm{e}^{-st} \, \mathrm{d}t$,其中,$s = \sigma + \mathrm{j}\omega$。令 $\sigma = 0$,$s = \mathrm{j}\omega$,则得到傅里叶变换为

$$F(\omega) = \int_{-\infty}^{+\infty} f(t) \mathrm{e}^{-\mathrm{j}\omega t} \, \mathrm{d}t$$

因此可以看出傅里叶变换是拉普拉斯变换的一个特例。

由于 $f(t)\mathrm{e}^{-\sigma t}$ 较容易满足绝对可积的条件,许多原来不存在傅里叶变换的信号都存在拉普拉斯变换,于是,拉普拉斯变换扩大了信号的变换范围。

傅里叶变换是将时域函数 $f(t)$ 变换为频域函数 $F(\omega)$,或做相反的变换,此处时域变量 t 和频域变量 ω 都是实数,所以傅里叶变换建立了时域和频域(ω 域)间的联系;而拉普拉斯变换则是将时域函数 $f(t)$ 变换为复频域函数 $F(s)$,或做相反的变换,这里时域变量 t 是实数,复频域变量 s 是复数,所以拉普拉斯变换则建立了时域和复频域(s 域)间的联系。

3.7.2　单边拉普拉斯变换与傅里叶变换的关系

由于双边拉普拉斯变换是由傅里叶变换推广而来的,当 $\sigma = 0$ 时,拉普拉斯变换就是傅里叶变换。对于有始信号,即当 $t < 0$ 时,$f(t) = 0$,此时 $f(t)$ 的拉普拉斯变换即为单边拉普拉斯变换。因而,单边拉普拉斯变换与傅里叶变换之间必有联系。

下面讨论有始信号的傅里叶变换与单边拉普拉斯变换的关系,以及由单边拉普拉斯变换求取傅里叶变换的方法。根据收敛坐标值,可分为三种情况。

1. $\sigma_0 > 0$

此时表示收敛边界位于 s 平面右半部,此时相当于一些增长函数,例如,

$$f(t) = \mathrm{e}^{\alpha t} \varepsilon(t) \quad (\alpha > 0)$$

其单边拉普拉斯变换为

$$\mathscr{L}\{f(t)\} = \mathscr{L}\{\mathrm{e}^{\alpha t}\varepsilon(t)\} = \frac{1}{s - \alpha} \quad (\sigma > \sigma_0 = \alpha)$$

函数波形和 s 平面收敛域如图 3-12 所示。其收敛域不包含 s 平面的虚轴,增长信号依靠 $\mathrm{e}^{-\sigma t}$ 因子衰减下来得到拉普拉斯变换,因此其傅里叶变换不存在。不能由拉普拉斯变换去求得其傅里叶变换。

2. $\sigma_0 < 0$

此时表示收敛边界位于 s 平面左半部,例如

$$f(t) = \mathrm{e}^{-\alpha t} \varepsilon(t) \quad (\alpha > 0)$$

其单边拉普拉斯变换为

$$\mathscr{L}\{f(t)\} = \mathscr{L}\{\mathrm{e}^{-\alpha t}\varepsilon(t)\} = \frac{1}{s + \alpha} \quad (\sigma > \sigma_0 = -\alpha)$$

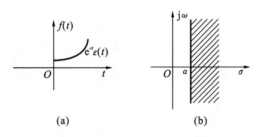

图 3-12　$e^{at}\varepsilon(t)$信号波形与收敛域

函数波形和 s 平面收敛域如图 3-13 所示。其收敛域包含 s 平面的虚轴。收敛边界 $\sigma_0 < 0$ 的情况对应衰减函数,它的傅里叶变换存在。

对于单边拉普拉斯变换 $F(s)$ 中,令 $s = j\omega$,就可得到傅里叶变换。例如,

$$F(s) = \mathcal{L}\{e^{-at}\varepsilon(t)\} = \frac{1}{s+\alpha}$$

其傅里叶变换为

$$F(j\omega) = F(s)\big|_{s=j\omega} = \frac{1}{j\omega+\alpha}$$

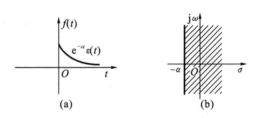

图 3-13　$e^{-at}\varepsilon(t)$信号波形与收敛域

3. $\sigma_0 = 0$

此时收敛边界位于虚轴上,函数具有拉普拉斯变换,而其傅里叶变换也可以存在,但不能简单通过 $s = j\omega$ 求取,因为这时傅里叶变换中必然包含有冲激函数或它们的导数。例如,对于 $\varepsilon(t)$,其拉普拉斯变换为

$$\mathcal{L}\{\varepsilon(t)\} = \frac{1}{s} \quad (\sigma > 0)$$

其傅里叶变换为

$$F\{\varepsilon(t)\} = \frac{1}{j\omega} + \pi\delta(\omega)$$

显然可见

$$F(j\omega) \neq F(s)\big|_{s=j\omega}$$

3.8　Matlab 在复频域分析中的应用

3.8.1　连续时间信号复频域分析函数

拉普拉斯变换是分析连续时间信号的重要手段。对于当 $t \to +\infty$ 时信号的幅值不衰减的

时间信号,即对于不满足绝对可积条件的 $f(t)$,其傅里叶变换可能不存在,但此时可以用拉普拉斯变换来分析它们。连续时间信号 $f(t)$ 的单边拉普拉斯变换 $F(s)$ 的定义为

$$F(s) = \int_0^{+\infty} f(t)e^{-st}\, dt$$

拉普拉斯反变换的定义为

$$f(t) = \frac{1}{2\pi j} \int_{\sigma-j\omega}^{\sigma+j\omega} F(s)e^{st}\, ds$$

显然,上式中 $F(s)$ 是复变量 s 的复变函数,为了便于理解和分析 $F(s)$ 随 s 变化而变化的规律,我们将 $F(s)$ 写成模及相位的形式:$F(s) = |F(s)|e^{j\varphi(s)}$。其中,$|F(s)|$ 为复信号 $F(s)$ 的模,而 $\varphi(s)$ 为 $F(s)$ 的相位。由于复变量 $s = \sigma + j\omega$,如果以 σ 为横坐标(实轴),$j\omega$ 为纵坐标(虚轴),那么,复变量 s 就成为一个复平面,称为 s 平面。在 Matlab 语言中有专门对信号进行拉普拉斯正、反变换的函数。

(1)信号的拉普拉斯变换函数为

$$Fs = laplace(ft,t,s)$$

式中,ft 为信号 $f(t)$ 的符号表达式;t 为积分变量;s 为复频率;Fs 为拉普拉斯变换 $F(s)$。

(2)信号的拉普拉斯反变换函数为

$$ft = ilaplace(fs,s,t) \quad 或 \quad ft = laplace(fs)$$

若利用部分分式展开法求拉普拉斯反变换,则展开式的指令调用格式为

$$[r,p,k] = residue(a,b)$$

式中,b 为 $F(s)$ 的分子多项式系数向量;a 为 $F(s)$ 的分母多项式系数向量;r 为展开式的各分式的系数;p 为极点列向量;k 为整式系数行向量。

注意:在调用函数 laplace() 及 ilaplace() 之前,要用 syms 命令对所有需要用到的变量进行说明,即要将这些变量说明成符号变量。对 laplace() 中的 f 及 ilaplace() 中的 fs 也要用符号定义符 sym 将其说明为符号表达式。

3.8.2 连续时间信号复频域分析实例

【例 3.21】 求下面函数的拉普拉斯变换。

(1)$f(t) = e^{-at}\varepsilon(t)$;   (2)$f(t) = \sin(\omega t)\varepsilon(t)$;

(3)$f(t) = \cos(\omega t)\varepsilon(t)$;   (4)$f(t) = t\varepsilon(t)$。

程序如下:

```
Ss301. m
syms t w a;                    %指定 t 和 ω 为符号变量
fat = exp(-a*t);
fbt = sin(w*t);
fct = cos(w*t);
fdt = t;
fas = laplace(fat)
fbs = laplace(fbt)
```

fcs＝laplace(fct)

fds＝laplace(fdt)

运行结果如下：

fas＝1/(s＋a)

fbs＝w/(s^2＋w^2)

fcs＝s/(s^2＋w^2)

fds＝1/s^2

即，

(1)$F(s)=1/(s+\alpha)$；

(2)$F(s)=\omega/(s^2+\omega^2)$；

(3)$F(s)=s/(s^2+\omega^2)$；

(4)$F(s)=1/s^2$。

【例 3.22】 求下列函数的拉普拉斯反变换。

(1)$F(s)=\dfrac{5s^2+15}{(s+2)(s^2+2s+5)}$；　　　　(2)$F(s)=\dfrac{1}{s^2(s^2+4)}$。

程序如下：

Ss302.m

syms s；

fas＝(5＊s^2＋15)/(s＋2)/(s^2＋2＊s＋5)；

fbs＝1/s^2/(s^2＋4)；

fat＝ilaplace(fas)

fbt＝ilaplace(fbs)

运行结果如下：

fat＝7＊exp(－2＊t)－2＊exp(－t)＊cos(2＊t)－4＊exp(－t)＊sin(2＊t)

fbt＝1/4＊t－1/8＊sin(2＊t)

即，

(1)$\mathscr{L}F_a(s)=f_a(t)=\{7e^{-2t}-2e^{-t}[\cos(2t)+2\sin(2t)]\}\varepsilon(t)$；

(2)$\mathscr{L}F_b(s)=f_b(t)=\dfrac{1}{4}\left[t-\dfrac{1}{2}\sin(2t)\right]\varepsilon(t)$。

【例 3.23】 将 $F(s)=\dfrac{s^2+7s+10}{s^3+4s^2+3s}$ 展开为部分分式。

程序如下：

Ss303.m

b＝[1 7 10]；　　　　　　　　　　%分子多项式系数

a＝[1 4 3 0]；　　　　　　　　　　%分母多项式系数,注意 0 表示常数项为 0

[z p k]＝residue(b,a)　　　　　　%z 为零点,p 为极点

运行结果如下：

z＝－0.3333；－2.0000；3.3333

p=-3;-1;0

k=[]

即，

$$F(s) = \frac{3.3333}{s} - \frac{2}{s+1} - \frac{0.3333}{s+3}$$

3.8.3　连续时间信号的复频域分析实验

(1)求函数 $f_1(t) = e^{-4at}\varepsilon(t)$ 和 $f_2(t) = t\varepsilon(t)$ 的拉普拉斯变换。

(2)将 $F(s) = \dfrac{s^2 + 7s + 10}{s^3 + 5s^2 + 4s}$ 展开为部分分式。

小　　结

本章主要讨论了以下几方面的内容。

一、单边拉普拉斯变换

(1)单边拉普拉斯变换式。

$$F(s) = \int_{0^-}^{+\infty} f(t) e^{-st} dt$$

$$f(t) = \frac{1}{2\pi j} \int_{\sigma - j\infty}^{\sigma + j\infty} F(s) e^{st} ds \quad (t \geqslant 0)$$

(2)单边拉普拉斯变换的收敛域。

当 $\mathrm{Re}[s] > \sigma_0$ 或 $\sigma > \sigma_0$ 时,存在下列关系:

$$\lim_{t \to +\infty} f(t) e^{-\sigma t} = 0$$

则 $f(t)$ 存在拉普拉斯变换,同时称 $\mathrm{Re}[s] > \sigma_0$ 为收敛条件。

二、常用函数的拉普拉斯变换

1.单位阶跃函数 $\varepsilon(t)$

$$\varepsilon(t) \leftrightarrow \frac{1}{s} \quad (\mathrm{Re}[s] > 0)$$

2.单边指数函数 $e^{-at}\varepsilon(t)$

$$e^{-at}\varepsilon(t) \leftrightarrow \frac{1}{s+\alpha} \quad (\mathrm{Re}[s] > -\alpha)$$

3.单边余弦函数 $\cos(\omega_0 t)\varepsilon(t)$

$$\cos(\omega_0 t)\varepsilon(t) \leftrightarrow \frac{s}{s^2 + \omega_0^2} \quad (\mathrm{Re}[s] > 0)$$

4.正弦信号 $\sin(\omega_0 t)\varepsilon(t)$

$$\sin(\omega_0 t)\varepsilon(t) \leftrightarrow \frac{\omega}{s^2 + \omega_0^2} \quad (\mathrm{Re}[s] > 0)$$

5.衰减余弦信号 $e^{-at}\cos(\omega_0 t)\varepsilon(t)$

$$e^{-at}\cos(\omega_0 t)\varepsilon(t) \leftrightarrow \frac{s+\alpha}{(s+\alpha)^2 + \omega_0^2} \quad (\mathrm{Re}[s] > -\alpha)$$

6. 衰减正弦信号 $e^{-at} \sin(\omega_0 t) \varepsilon(t)$

$$e^{-at} \sin(\omega_0 t) \varepsilon(t) \leftrightarrow \frac{\omega_0}{(s+\alpha)^2 + \omega_0^2} \quad (\mathrm{Re}[s] > -\alpha)$$

7. t 的正整幂函数 $t^n \varepsilon(t)$

$$t^n \varepsilon(t) \leftrightarrow \frac{n!}{s^{n+1}} \quad (\mathrm{Re}[s] > 0)$$

8. 冲激函数 $A\delta(t)$

$$A\delta(t) \leftrightarrow 1 \quad (\mathrm{Re}[s] > -\infty)$$

$$\delta^{(n)}(t) \leftrightarrow s^n \quad (\mathrm{Re}[s] > -\infty)$$

三、拉普拉斯变换的性质

1. 线性特性

$$a_1 f_1(t) + a_2 f_2(t) \leftrightarrow a_1 F_1(s) + a_2 F_2(s) \quad (\mathrm{Re}[s] > \max(\sigma_1, \sigma_2))$$

2. 尺度变换特性

$$f(at) \leftrightarrow \frac{1}{a} F\left(\frac{s}{a}\right) \quad (\mathrm{Re}[s] > a\sigma_0)$$

3. 延时特性

$$f(t-t_0) \varepsilon(t-t_0) \leftrightarrow e^{-st_0} F(s) \quad (t_0 \geqslant 0, \mathrm{Re}[s] > \sigma_0)$$

4. 复频移特性

$$f(t) e^{\pm s_0 t} \leftrightarrow F(s \mp s_0) \quad (\mathrm{Re}[s] > \sigma_0 \pm \mathrm{Re}[s_0])$$

5. 时域微分特性

$$\frac{\mathrm{d}f(t)}{\mathrm{d}t} \leftrightarrow sF(s) - f(0^-) \quad (\mathrm{Re}[s] > \sigma_0)$$

6. 时域积分特性

$$\int_{-\infty}^{t} f(\tau) \mathrm{d}\tau \leftrightarrow \frac{1}{s} F(s) + \frac{\int_{-\infty}^{0^-} f(\tau) \mathrm{d}\tau}{s} \quad (\mathrm{Re}[s] > \max[\sigma_0, 0])$$

7. 复频域微分特性

$$(-t) f(t) \leftrightarrow \frac{\mathrm{d}}{\mathrm{d}s} F(s) \quad (\mathrm{Re}[s] > \sigma_0)$$

$$(-t)^n f(t) \leftrightarrow \frac{\mathrm{d}^n}{\mathrm{d}s^n} F(s)$$

8. 复频域积分特性

$$\frac{f(t)}{t} \leftrightarrow \int_s^{\infty} F(\eta) \mathrm{d}\eta \quad (\mathrm{Re}[s] > \sigma_0)$$

9. 时域卷积定理

$$f_1(t) * f_2(t) \leftrightarrow F_1(s) F_2(s) \quad (\mathrm{Re}[s] > \max[\sigma_1, \sigma_2])$$

10. 复域卷积定理

$$f_1(t) f_2(t) \leftrightarrow \frac{1}{2\pi \mathrm{j}} F_1(s) * F_2(s) \quad (\mathrm{Re}[s] > \sigma_1 + \sigma_2)$$

11. 对参变量的微分与积分

$$\frac{\partial f(t,a)}{\partial a} \leftrightarrow \frac{\partial F(s,a)}{\partial a}$$

$$\int_{a_1}^{a_2} f(t,a)\mathrm{d}a \leftrightarrow \int_{a_1}^{a_2} F(s,a)\mathrm{d}a$$

12. 初值定理

$$f(0^+) = \lim_{t \to 0^+} f(t) = \lim_{s \to +\infty}[sF(s)]$$

13. 终值定理

$$f(+\infty) = \lim_{t \to +\infty} f(t) = \lim_{s \to 0}[sF(s)]$$

四、拉普拉斯反变换

1. 部分分式展开法

(1) 当 $m < n$ 时，$D(s) = 0$ 为单根的情况，有

$$f(t) = [K_1 \mathrm{e}^{s_1 t} + K_2 \mathrm{e}^{s_2 t} + \cdots + K_n \mathrm{e}^{s_n t}]\varepsilon(t)$$

(2) 当 $m < n$ 时，$D(s) = 0$ 有重根的情况，有

$$f(t) = \left[\sum_{i=1}^{k} \frac{K_{1i}}{(k-i)!} t^{k-i}\right]\mathrm{e}^{s_1 t}\varepsilon(t) + \left[\sum_{i=k+1}^{n} K_i \mathrm{e}^{s_i t}\right]\varepsilon(t)$$

2. 留数法

$$f(t) = \mathscr{L}^{-1}\{F(s)\} = \sum_{i=1}^{n} \mathrm{Res}[F(s)\mathrm{e}^{st}, s_i]$$

(1) 若 s_i 为 $D(s) = 0$ 的单根[即 s_i 为一阶极点]，则其留数为

$$\mathrm{Res}[s_i] = [(s-s_i)F(s)\mathrm{e}^{st}]_{s=s_i}\varepsilon(t)$$

(2) 若 s_i 为 $D(s) = 0$ 的 m 阶重根(即 s_i 为 m 阶极点)，则其留数为

$$\mathrm{Res}[s_i] = \frac{1}{(m-1)!} \frac{\mathrm{d}^{m-1}}{\mathrm{d}s^{m-1}} [(s-s_i)F(s)\mathrm{e}^{st}]_{s=s_i}\varepsilon(t)$$

五、双边拉普拉斯变换

1. 双边拉普拉斯变换的定义

$$F_{\mathrm{d}}(s) = \int_{-\infty}^{+\infty} f(t)\mathrm{e}^{-st}\mathrm{d}t$$

$$f(t) = \frac{1}{2\pi\mathrm{j}} \int_{\sigma-\mathrm{j}\infty}^{\sigma+\mathrm{j}\infty} F_{\mathrm{d}}(s)\mathrm{e}^{st}\mathrm{d}s$$

2. 双边拉普拉斯变换的求法

(1) 令 $t = -\tau, \tau > 0$，构成右边函数 $f_r(-\tau)$；

(2) 求 $f_l(-\tau)$ 的单边拉普拉斯变换 $F_l(p)$；

(3) 令 $s = -p, F_l(s) = F_l(p)|_{p=-s}$。

3. 双边拉普拉斯反变换

1) 部分分式法

(1) 令 $s = -p$，取 $F_l(p) = F_l(s)|_{s=-p}$；

(2) 求 $F_l(p)$ 的单边拉普拉斯反变换：$f_l(-\tau) = \mathscr{L}^{-1}\{F_l(p)\}$；

(3) 令 $t = -\tau, t < 0, f_l(t) = f_l(\tau)|_{\tau=-t}$。

2)留数法

$$f(t) = \frac{1}{2\pi j} \int_{\sigma-j\infty}^{\sigma+j\infty} F_d(s) e^{st} \, ds$$

$$= \begin{cases} \sum_{i=1}^{n} \text{Res}[F_d(s) e^{st}, s_i] & (s_i \text{ 为收敛域左侧极点}, i=1,2,\cdots,n, t>0) \\ -\sum_{k=1}^{m} \text{Res}[F_d(s) e^{st}, s_k] & (s_k \text{ 为收敛域右侧极点}, k=1,2,\cdots,m, t>0) \end{cases}$$

六、拉普拉斯变换与傅里叶变换的关系

傅里叶变换建立了时域和频域（ω 域）间的联系，而拉普拉斯变换则建立了时域和复频域（s 域）间的联系。

习　题

3.1　计算下列函数的双边拉普拉斯变换，并表明收敛域。

(1) $f(t) = \delta(t-t_0) + 2\delta(t)$；

(2) $f(t) = t\delta'(t)$；

(3) $f(t) = [\varepsilon(t) - \varepsilon(t-2)] e^{-t}$；

(4) $f(t) = \varepsilon(-t)$；

(5) $f(t) = e^{-t}\varepsilon(-t) + e^{-3t}\varepsilon(t)$。

3.2　计算下列函数的拉普拉斯变换。

(1) $f(t) = (\sin t + 2\cos t)\varepsilon(t)$；

(2) $f(t) = \cos(2t + \frac{\pi}{4})\varepsilon(t)$；

(3) $f(t) = 2\sin(\omega_1 t)\cos(\omega_2 t)\varepsilon(t)$；

(4) $f(t) = \sin(\omega_0 t)\varepsilon(t-\tau)$；

(5) $f(t) = \frac{\sin^2 t}{t}\varepsilon(t)$；

(6) $f(t) = t\cos^3(2t)\varepsilon(t)$。

3.3　已知信号 $f(t)$ 的拉普拉斯变换为 $\frac{1}{(s+2)^2 + 4}$，试利用拉普拉斯变换的性质求下列函数的拉普拉斯变换。

(1) $\int_0^t f(\tau) \, d\tau$；

(2) $f(2t-4)$；

(3) $f(t)\sin(\omega_0 t)$；

(4) $t\frac{d}{dt}f(t)$。

3.4　计算图 3-14 所示信号的拉普拉斯变换。

3.5　计算图 3-15 所示信号的拉普拉斯变换。

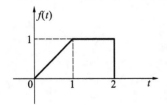

图 3-14　题 3.4 图

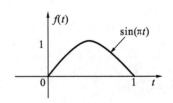

图 3-15　题 3.5 图

3.6　求图 3-16 所示各信号的拉普拉斯变换。

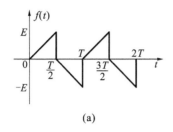
(a)

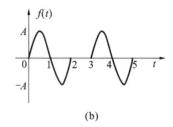
(b)

图 3-16　题 3.6 图

3.7　求下列函数的拉普拉斯反变换。

$(1)F(s)=\dfrac{2s+6}{s(s+2)}$;

$(2)F(s)=\dfrac{s+2}{s^2+2s+2}$;

$(3)F(s)=\dfrac{s^2+3}{(s+2)(s^2+2s+5)}$;

$(4)F(s)=\dfrac{s^3+s^2+1}{(s+1)(s+2)}$。

3.8　求下列函数的拉普拉斯反变换。

$(1)F(s)=\dfrac{1+e^{-s}+e^{-2s}}{(s+1)(s+2)}$;

$(2)F(s)=\dfrac{1-e^{-2s}}{3s^2}$;

$(3)F(s)=\dfrac{2+e^{-(s-1)}}{(s-1)^2+1}$。

3.9　求下列像函数的原函数。

$(1)F(s)=\dfrac{1}{1+e^{-s}}$;

$(2)F(s)=\dfrac{s}{1-e^{-s}}$;

$(3)F(s)=\ln\dfrac{s}{s+4}$。

3.10　用卷积定理计算下列拉普拉斯反变换。

$(1)F(s)=\dfrac{s^2}{(s+1)^2}$;

$(2)F(s)=\dfrac{1-2e^{-as}+e^{-2as}}{s^2}$;

$(3)F(s)=\dfrac{s+1}{s(s^2+4)}$。

3.11　求下列函数的逆变换的初值 $f(0^+)$ 和终值 $f(+\infty)$。

$(1)F(s)=\dfrac{s^2+8}{s(s^2+2s+4)}$;

$(2)F(s)=\dfrac{e^{-2s}}{s^2(s-2)^3}$;

$(3)F(s)=\dfrac{s^3+4s^2+6s+3}{s(s+2)}$;

$(4)F(s)=\dfrac{2s^2+2s+3}{(s+1)(s^2+\omega_0^2)}$。

3.12　若 $f(t)$ 的拉普拉斯变换为 $F(s)$,且 $F(s)=\dfrac{b_m(s-1)}{s(s+1)}$,现知 $f(+\infty)=9$,求 b_m。

第4章 连续时间系统的变换域分析

4.1 引言

第 1 章已讨论过用卷积积分求连续时间系统的零状态响应,即将激励信号 $e(t)$ 分解为冲激函数序列的无穷和,分别求每个冲激函数对应的响应,将全部响应叠加即得到系统对激励信号 $e(t)$ 的响应的方法。这种方法虽然物理意义明确,但是算法复杂。本章将讨论的变换域分析法的实质(见图 4-1)是通过数学变换将时域的微分方程转换为变换域的便于处理的简单方程,从而简化求解过程。变换域的分析方法有很多种,包括频域、复频域、z 域等。本章将分以下两种情况讨论连续时间系统的变换域分析方法。

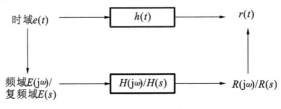

图 4-1 变换域分析与时域

1. 频域分析的方法

该方法利用第 2 章介绍的傅里叶变换分析方法求连续时间系统的零状态响应,即将激励信号 $e(t)$ 看成等幅正弦信号(余弦信号)的连续和。

2. 复频域分析的方法

该方法利用第 3 章介绍的拉普拉斯变换分析方法求连续时间系统的零输入响应和零状态响应,即将激励信号 $e(t)$ 看成变幅正弦信号(余弦信号)的连续和。

变换域的分析方法和时域的分析方法一样,都满足线性系统的齐次性和可加性。其不同点主要体现在以下几方面。

1)激励信号分解的基本单元不同

(1)时域中激励信号分解的基本单元是冲激函数或阶跃函数。

(2)频域中激励信号分解的基本单元是等幅正弦波(余弦波)。

(3)复频域中激励信号分解的基本单元是变幅正弦波(余弦波)。

2)求系统对激励信号响应时待求解的方程不同

(1)时域中求解的是时域的微分方程。

(2)频域和复频域中求解的分别是频域和复频域的代数方程。

3)得到系统时域响应的方式不同

(1)时域中直接求解微分方程可以得到系统时域的零输入响应和零状态响应。

（2）频域分析法需要经过正、反两次傅里叶变换才能求得系统时域的零状态响应。

（3）复频域分析法需要经过正、反两次拉普拉斯变换才能求得系统时域的零状态响应和零输入响应。

4.2　连续时间系统的频域分析

连续时间系统的频域分析方法的实质是通过傅里叶变换将时域中的微分方程转化成频域中的代数方程，通过求解代数方程得到激励信号对应的频域响应，再经过一次傅里叶反变换即可得到系统对激励信号的时域零状态响应。这种分析方法的基本步骤如下。

（1）求激励信号 $e(t)$ 的傅里叶变换 $E(j\omega)$，即

$$\mathscr{F}\{e(t)\} = E(j\omega)$$

（2）求单位冲击响应 $h(t)$ 的傅里叶变换 $H(j\omega)$，即

$$\mathscr{F}\{h(t)\} = H(j\omega)$$

（3）求频域的零状态响应 $R(j\omega)$，有

$$R(j\omega) = E(j\omega)H(j\omega)$$

（4）求时域的零状态响应 $r(t)$，即求 $R(j\omega)$ 的傅里叶反变换，有

$$r(t) = \mathscr{F}^{-1}\{R(j\omega)\}$$

在步骤（2）中，单位冲激响应 $h(t)$ 的傅里叶变换 $H(j\omega)$ 称为系统函数或频率响应函数（简称频响），它的定义为

$$H(j\omega) = \frac{R(j\omega)}{E(j\omega)} = \frac{\text{零状态响应的傅里叶变换}}{\text{激励的傅里叶变换}} \tag{4-1}$$

系统函数 $H(j\omega)$ 的指数形式为

$$H(j\omega) = |H(j\omega)| e^{j\varphi_H(\omega)} \tag{4-2}$$

式中，$|H(j\omega)|$ 是系统函数 $H(j\omega)$ 的模；$\varphi_H(\omega)$ 是系统函数 $H(j\omega)$ 的辐角。系统函数 $H(j\omega)$ 的图形表示称为系统的频率特性曲线或者频率响应曲线（简称频响曲线），它由幅频特性曲线和相频特性曲线两部分组成。其中，幅频特性曲线对应的是系统函数 $H(j\omega)$ 的模 $|H(j\omega)|$ 随频率变化而变化的图形表示，它描述了系统对不同频率信号幅度的影响；相频特性曲线对应的是 $H(j\omega)$ 的相角 $\varphi_H(\omega)$ 随频率变化而变化的图形表示，它描述了系统对不同频率信号相位的影响。因此，系统函数 $H(j\omega)$ 是一个非常重要的函数，正确找出系统函数 $H(j\omega)$ 是连续时间系统频域分析的关键所在。

4.2.1　有始信号通过线性电路的频域分析法

如果信号 $e(t)$ 满足当 $t < t_1$ 时，$e(t) = 0$；当 $t \geqslant t_1$ 时，$e(t) \neq 0$，则称信号 $e(t)$ 为有始信号，信号的起始点为 t_1。通常在信号 $e(t)$ 后乘上单位阶跃函数 $\varepsilon(t)$ 来表示起始点，如 $e(t)\varepsilon(t)$ 表示 $e(t)$ 的起始点是 $t = 0$，而 $e(t)\varepsilon(t - t_1)$ 表示信号 $e(t)$ 的起始点是 $t = t_1$。如果有始激励信号 $e(t)\varepsilon(t)$ 通过线性电路，如何求系统的响应？这可以运用频域分析法来解决这类问题。下面结合具体例子讨论有始信号通过线性电路的频域分析法。

【例 4.1】 单位阶跃电压信号 $\varepsilon(t)$ 作用于图 4-2 所示的 RL 串联电路,求电阻 R 上的相应电压。

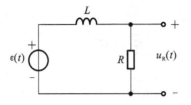

图 4-2   RL 串联电路

解 (1)求激励信号——单位阶跃信号 $\varepsilon(t)$ 的频谱 $E(j\omega)$。

$$E(j\omega) = \mathscr{F}\{\varepsilon(t)\} = \pi\delta(\omega) + \frac{1}{j\omega}$$

(2)求系统函数 $H(j\omega)$。

$$H(j\omega) = \frac{R}{R + j\omega L} = \frac{\dfrac{R}{L}}{j\omega + \dfrac{R}{L}}$$

(3)求输出响应的频谱 $U_R(j\omega)$。

$$U_R(j\omega) = E(j\omega) \cdot H(j\omega) = \left[\pi\delta(\omega) + \frac{1}{j\omega}\right]\frac{\dfrac{R}{L}}{j\omega + \dfrac{R}{L}}$$

$$= \pi\delta(\omega)\frac{\dfrac{R}{L}}{j\omega + \dfrac{R}{L}} + \frac{\dfrac{R}{L}}{j\omega\left(j\omega + \dfrac{R}{L}\right)}$$

$$= \pi\delta(\omega) + \left(\frac{1}{j\omega} - \frac{1}{j\omega + \dfrac{R}{L}}\right)$$

(4)对 $U_R(j\omega)$ 做傅里叶反变换,求时域响应 $u_R(t)$。

$$u_R(t) = \mathscr{F}^{-1}\{U_R(j\omega)\} = \mathscr{F}^{-1}\left\{\pi\delta(\omega) + \frac{1}{j\omega} - \frac{1}{j\omega + \dfrac{R}{L}}\right\}$$

$$= \mathscr{F}^{-1}\left\{\pi\delta(\omega) + \frac{1}{j\omega}\right\} - \mathscr{F}^{-1}\left\{\frac{1}{j\omega + \dfrac{R}{L}}\right\}$$

$$= \varepsilon(t) - e^{-\frac{R}{L}t}\varepsilon(t)$$

$$= \left(1 - e^{-\frac{R}{L}t}\right)\varepsilon(t)$$

系统函数 $H(j\omega)$ 虽然非常重要,但在某些实际应用中无法获得系统的微分方程,即不能直接求出系统函数 $H(j\omega)$ 的数学表达式,此时可以通过测量得到系统的幅频特性曲线和相频特性曲线,再根据这两条曲线归纳出系统函数 $H(j\omega)$,以及求出线性系统对激励的响应。具体方法见例 4.2。

【例 4.2】　一个线性系统如图 4-3(a)所示,其频率响应曲线如图 4-3(b)所示,设激励信号 $e(t)=1+\cos t+2\cos(2t)$,求系统的零状态响应 $r(t)$。

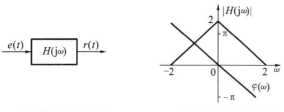

(a) 信号通过线性系统　　　　(b) 系统的频率响应曲线

图 4-3　例 4.2 图

解　(1)激励信号的频谱 $E(j\omega)$ 为

$$E(j\omega)=2\pi\delta(\omega)+\pi[\delta(\omega+1)+\delta(\omega-1)]+2\pi[\delta(\omega+2)+\delta(\omega-2)]$$

(2)由图 4-3(b)所示的曲线可得系统函数 $H(j\omega)$ 为

$$H(j\omega)=|H(j\omega)|\,e^{-j\frac{\pi\omega}{2}}=\begin{cases}|2-\omega|\,e^{-j\frac{\pi\omega}{2}} & (|\omega|<2)\\ 0 & (|\omega|\geqslant 2)\end{cases}$$

(3)响应的频谱 $R(j\omega)$ 为

$$\begin{aligned}R(j\omega)&=E(j\omega)H(j\omega)\\ &=\{2\pi\delta(\omega)+\pi[\delta(\omega+1)+\delta(\omega-1)]+2\pi[\delta(\omega+2)+\delta(\omega-2)]\}H(j\omega)\\ &=2\pi\delta(\omega)H(j0)+\pi\delta(\omega+1)H(-j1)+\pi\delta(\omega-1)H(j1)\\ &\quad+2\pi\delta(\omega+2)H(-j2)+2\pi\delta(\omega-2)H(j2)\\ &=4\pi\delta(\omega)+\pi\delta(\omega+1)e^{j\frac{\pi}{2}}+\pi\delta(\omega-1)e^{-j\frac{\pi}{2}}\end{aligned}$$

(4)系统的零状态响应为 $R(j\omega)$ 的傅里叶反变换 $r(t)$,即

$$\begin{aligned}r(t)&=\mathscr{F}^{-1}\{R(j\omega)\}=2+\frac{1}{2}e^{-j(t-\frac{1}{2}\pi)}+\frac{1}{2}e^{j(t-\frac{1}{2}\pi)}\\ &=2+\cos(t-\frac{1}{2}\pi)\\ &=2+2\sin t\end{aligned}$$

与输入信号相比,输出信号只保留了其中的直流分量和基波分量,二次谐波分量已被滤除,此系统就是一个理想化的低通滤波器。有关滤波器本书不做详细讨论,感兴趣的同学可阅读参考文献[1]第 4 章的第 4.3 节。

4.2.2　系统的因果性与物理可实现性

因果系统是物理可实现的系统,而非因果系统则恰好相反,是物理不可实现的。判断一个系统是否物理上可实现,可以从时域和频域两个方面考虑。

1. 时域

因果性在时域中表现为响应必须出现在激励之后,即一个物理可实现系统的冲激响应 $h(t)$ 在 $t<0$ 时的值必为 0,或者满足

$$h(t)\varepsilon(t)=h(t) \tag{4-3}$$

式(4-3)是时域判断系统因果性的充分必要条件。

2. 频域

如果某系统是因果的,则它的系统函数的幅值$|H(j\omega)|$满足平方绝对可积条件,即

$$\int_{-\infty}^{+\infty}\left|H(j\omega)\right|^{2}d\omega<+\infty \tag{4-4}$$

并且$|H(j\omega)|$同时满足

$$\int_{-\infty}^{+\infty}\frac{\left|\ln|H(j\omega)|\right|}{1+\omega^{2}}d\omega<+\infty \tag{4-5}$$

式(4-5)称为佩利-维纳(Paley-Wiener)准则。

4.2.3 信号通过线性系统不产生失真的条件

在例4.2中,激励信号$e(t)$通过系统后波形发生了变化,被滤除了二次谐波,即系统的激励波形与响应波形并不相同。这是因为信号在通过线性系统传输时产生了失真,这种失真与幅度和相位这两方面的因素有关。

1. 幅度失真

这是因为系统对信号中不同频率分量衰减的幅度不同,导致不同频率分量幅度的相对比例发生变化而产生的失真。

2. 相位失真

这是因为系统对不同频率分量的相移不与频率成正比,导致不同的频率分量在时间轴上的相对位置发生了变化而产生的失真。

在这里,需要说明的是,上面这两种失真在响应信号中都未产生新的频率分量,故称为线性失真。在实际应用中,在某些需要对信号进行波形变换(如滤波)的场合必然会产生失真。但在其他的场合总是希望信号经过线性系统传输后不产生失真,即输出信号$r(t)$与输入信号$e(t)$在波形形状上完全相同,只是幅度上相差一个因子K,同时时间上有一个延迟t_0。上述无失真传输时,激励$e(t)$与响应$r(t)$的关系可以表示为

$$r(t)=Ke(t-t_0) \tag{4-6}$$

无失真传输时,系统激励与响应的关系如图4-4所示。

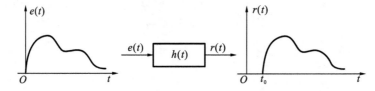

图4-4 无失真传输时系统激励与响应的波形

设激励$e(t)$与响应$r(t)$的傅里叶变换分别为$E(j\omega)$与$R(j\omega)$,则对式(4-6)两边进行傅里叶变换,可得

$$R(j\omega)=KE(j\omega)e^{-j\omega t_0} \tag{4-7}$$

又因为

$$R(j\omega)=H(j\omega)E(j\omega) \tag{4-8}$$

比较式(4-7)和式(4-8)可知,系统函数 $H(\mathrm{j}\omega)$ 为

$$H(\mathrm{j}\omega) = K\mathrm{e}^{-\mathrm{j}\omega t_0} = |H(\mathrm{j}\omega)| \mathrm{e}^{\mathrm{j}\varphi_\mathrm{H}(\omega)} \tag{4-9}$$

系统函数的幅频特性和相频特性曲线分别如图 4-5(a)和(b)所示。系统函数的幅值 $|H(\mathrm{j}\omega)|$ 为一常数 K,意味着响应信号中不同频率分量的相对幅度大小和激励信号保持一致,因而不会有幅度失真。系统函数的辐角 $\varphi_\mathrm{H}(\omega)$ 为 $-\omega t_0$,其相频特性曲线是一条通过原点的直线,这可保证响应中各频率分量与激励中各对应分量滞后同样的时间,即没有相位失真。

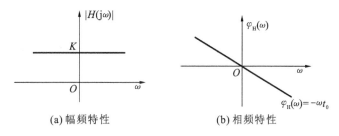

(a) 幅频特性　　　　　(b) 相频特性

图 4-5　无失真传输时系统函数的频率特性

总之,信号通过线性系统不产生波形失真的理想条件如下。

(1)系统的幅频特性在整个频率范围内为一常数。

(2)系统的相频特性是一条通过原点的直线。

在实际应用中,传输的信号带宽是有限的,因此上述的理想条件可以放宽为在信号占有的频带范围内满足这两个条件即可。

4.3　连续时间系统的复频域分析

第 4.2 节讨论了利用傅里叶变换求解连续时间系统微分方程的方法,这种方法虽然将时域中复杂的微分方程转换成了频域中的代数方程来求解,避开了直接求解微分方程的困难,但此方法也有它的局限性。

(1)傅里叶变换只能处理绝对可积的信号,以及某些并不绝对可积但从极限观点引入奇异函数后仍有傅里叶变换存在的信号,这些不绝对可积的信号的频谱通常会含有冲激函数,给系统的分析和计算带来麻烦。

(2)采用傅里叶变换的方法,只能直接求解系统的零状态响应,无法自动分析初始状态不为零的线性系统。

(3)在利用傅里叶反变换求解系统的时域响应时,需要计算频率 ω 从 $-\infty$ 到 $+\infty$ 的积分,通常此积分求解比较困难。

以上这些问题可以通过复频域分析方法来解决,其实质是利用拉普拉斯变换将时域微分方程转换为复频域代数方程,即利用连续时间系统的复频域分析方法来解决。

微分方程的拉普拉斯变换解法具有以下优点。

(1)拉普拉斯变换可以将"微分"运算转换为"乘法"运算,即拉普拉斯变换将复杂的微分方程转换成了代数方程,使得求解的步骤得到简化。

(2)对微分方程进行拉普拉斯变换时,初始状态被自动包含在变换式里,可以直接求出系

统的零输入响应和零状态响应,进而得到系统的全响应。

(3)指数函数等某些傅里叶变换不存在的函数,经拉普拉斯变换可转换为简单的初等函数,使分析计算变得简单。

4.3.1 微分方程的拉普拉斯变换解法

如何求解描述系统的微分方程,是连续时间系统分析需要解决的一个重要问题。与傅里叶变换不同,拉普拉斯变换可以将微分方程转换为含初始状态的代数方程,可以直接求出系统的零输入响应和零状态响应,进而得到系统的全响应。

设线性非时变系统的激励和响应分别为 $x(t)$ 和 $y(t)$,则描述 n 阶系统微分方程的一般式为

$$\sum_{i=0}^{n} a_i y^{(i)}(t) = \sum_{j=0}^{m} b_j x^{(j)}(t) \tag{4-10}$$

式中,$x^{(j)}(t)$ 为 $x(t)$ 的 j 阶导数;$y^{(i)}(t)$ 为 $y(t)$ 的 i 阶导数;a_i、b_j 均为实系数。系统的初始状态为 $y(0^-)$、$y^{(1)}(0^-)$、……、$y^{(n-1)}(0^-)$。假设 $x(t)$ 在 $t=0$ 时接入,则有

$$x^{(j)}(0^-) = 0 \quad (j=0,1,\cdots,m)$$

令 $x(t)$ 和 $y(t)$ 的拉普拉斯变换分别为 $X(s)$ 和 $Y(s)$,根据拉普拉斯变换的时域微分性质,有

$$\mathscr{L}\{x^{(j)}(t)\} = s^j X(s)$$

$$\mathscr{L}\{y^{(i)}(t)\} = s^i Y(s) - \sum_{k=0}^{i-1} s^{i-1-k} y^{(k)}(0^-)$$

对式(4-10)两边做拉普拉斯变换,则有

$$\sum_{i=0}^{n} a_i \left[s^i Y(s) - \sum_{k=0}^{i-1} s^{i-1-k} y^{(k)}(0^-) \right] = \sum_{j=0}^{m} b_j s^j X(s) \tag{4-11}$$

整理得

$$\left(\sum_{i=0}^{n} a_i s^i \right) Y(s) - \sum_{i=0}^{n} a_i \left[\sum_{k=0}^{i-1} s^{i-1-k} y^{(k)}(0^-) \right] = \left(\sum_{j=0}^{m} b_j s^j \right) X(s)$$

令 $B(s) = \sum_{j=0}^{m} b_j s^j$,$A(s) = \sum_{i=0}^{n} a_i s^i$,$C(s) = \sum_{i=0}^{n} a_i \left[\sum_{k=0}^{i-1} s^{i-1-k} y^{(k)}(0^-) \right]$

则

$$Y(s) = \frac{C(s)}{A(s)} + \frac{B(s)}{A(s)} X(s) \tag{4-12}$$

式(4-12)中,$A(s)$ 为式(4-10)的特征多项式,它的系数只与 a_i 有关;$B(s)$ 的系数只与 b_j 有关;$C(s)$ 的系数与 a_i 和初值 $y^{(k)}(0^-)$ 有关。式(4-10)表明,$\dfrac{C(s)}{A(s)}$ 与初始状态有关而与输入无关,是系统零输入响应 $y_{zi}(t)$ 的拉普拉斯变换;$\dfrac{B(s)}{A(s)} X(s)$ 仅与激励有关,而与初始状态无关,是系统零状态响应 $y_{zs}(t)$ 的拉普拉斯变换,即

$$Y_{zi}(s) = \mathscr{L}\{y_{zi}(t)\} = \frac{C(s)}{A(s)} \tag{4-13}$$

$$Y_{zs}(s) = \mathscr{L}\{y_{zs}(t)\} = \frac{B(s)}{A(s)}X(s) \tag{4-14}$$

于是根据式(4-13)和式(4-14),式(4-12)可以写为

$$Y(s) = Y_{zi}(s) + Y_{zs}(s) \tag{4-15}$$

对式(4-12)、式(4-13)和式(4-14)做拉普拉斯反变换,即可得到系统时域的零输入响应、零状态响应和全响应,即

$$y_{zi}(t) = \mathscr{L}^{-1}\{Y_{zi}(s)\} = \mathscr{L}^{-1}\left\{\frac{C(s)}{A(s)}\right\} \tag{4-16}$$

$$y_{zs}(t) = \mathscr{L}^{-1}\{Y_{zs}(s)\} = \mathscr{L}^{-1}\left\{\frac{B(s)}{A(s)}X(s)\right\} \tag{4-17}$$

$$y(t) = y_{zi}(t) + y_{zs}(t) \tag{4-18}$$

上述求解微分方程的步骤可以概括如下。

(1)对微分方程做拉普拉斯变换。

(2)得到形如式(4-12)的 $X(s)$ 和 $Y(s)$ 之间的关系式(如果是因果系统,则有 $\frac{C(s)}{A(s)}=0$)。

(3)再做拉普拉斯反变换,即得到系统的全响应。

【例 4.3】　某线性系统的微分方程为

$$\frac{\mathrm{d}^2 y(t)}{\mathrm{d}t^2} + 4\frac{\mathrm{d}y(t)}{\mathrm{d}t} + 3y(t) = \frac{\mathrm{d}x(t)}{\mathrm{d}t} + 4x(t)$$

式中, $x(t)=\varepsilon(t)$ 是系统的激励; $y(t)$ 为系统的响应。初始状态为 $y(0^-)=2, y^{(1)}(0^-)=1$。求系统的零输入响应、零状态响应和全响应。

解　(1)对微分方程两边做拉普拉斯变换,得

$$s^2 Y(s) - sy(0^-) - y^{(1)}(0^-) + 4sY(s) - 4y(0^-) + 3Y(s) = sX(s) + 4X(s)$$

将含 $X(s)$ 和 $Y(s)$ 的项分别合并,得

$$(s^2+4s+3)Y(s) - [sy(0^-) + y^{(1)}(0^-) + 4y(0^-)] = (s+4)X(s)$$

(2)求出 $Y(s)$ 的表达式为

$$Y(s) = \frac{sy(0^-) + y^{(1)}(0^-) + 4y(0^-)}{s^2+4s+3} + \frac{s+4}{s^2+4s+3}X(s)$$

根据式(4-13)、式(4-14)和式(4-15),可得系统的零输入响应的拉普拉斯变换 $Y_{zi}(s)$ 为

$$Y_{zi}(s) = \frac{sy(0^-) + y^{(1)}(0^-) + 4y(0^-)}{s^2+4s+3}$$

$$= \frac{2s+9}{s^2+4s+3} = \frac{1}{2}\left(\frac{7}{s+1} - \frac{3}{s+3}\right)$$

再将激励的拉普拉斯变换 $X(s) = \mathscr{L}\{\varepsilon(t)\} = \frac{1}{s}$ 代入 $Y(s)$ 式右边第二项,可得系统零状态响应的拉普拉斯变换 $Y_{zs}(s)$ 为

$$Y_{zs}(s) = \frac{s+4}{s^2+4s+3}X(s) = \frac{s+4}{s^2+4s+3} \cdot \frac{1}{s}$$

$$= \frac{s+4}{s(s+1)(s+3)} = \frac{4}{3s} - \frac{3}{2(s+1)} + \frac{1}{6(s+3)}$$

(3)做拉普拉斯反变换,系统的零输入响应 $y_{zi}(t)$ 和零状态响应 $y_{zs}(t)$ 分别为

$$y_{zi}(t) = \mathscr{L}^{-1}\{Y_{zi}(s)\} = \left(\frac{7}{2}e^{-t} - \frac{3}{2}e^{-3t}\right)\varepsilon(t)$$

$$y_{zs}(t) = \mathscr{L}^{-1}\{Y_{zs}(s)\} = \left(\frac{4}{3} - \frac{3}{2}e^{-t} + \frac{1}{6}e^{-3t}\right)\varepsilon(t)$$

系统的全响应 $y(t)$ 为

$$y(t) = y_{zi}(t) + y_{zs}(t) = \left(\frac{4}{3} + 2e^{-t} - \frac{4}{3}e^{-3t}\right)\varepsilon(t)$$

4.3.2 系统函数

设 n 阶线性非时变系统的微分方程为

$$\sum_{i=0}^{n} a_i y^{(i)}(t) = \sum_{j=0}^{m} b_j x^{(j)}(t)$$

式中，$x(t)$ 为系统的激励信号（一般为因果信号）；$y(t)$ 为系统的输出信号。在已知 $y^{(i)}(0^-)$（$i=0,1,2,\cdots,n-1$）的条件下，对微分方程做拉普拉斯变换，得

$$Y(s) = \frac{C(s)}{A(s)} + \frac{B(s)}{A(s)}X(s) = Y_{zi}(s) + Y_{zs}(s)$$

式中，$Y_{zi}(s) = \dfrac{C(s)}{A(s)}$ 是系统零输入响应 $y_{zi}(t)$ 的拉普拉斯变换，它与激励信号 $x(t)$ 无关，是初始状态作用的结果；$Y_{zs}(s) = \dfrac{B(s)}{A(s)}X(s)$ 是系统零状态响应 $y_{zs}(t)$ 的拉普拉斯变换，它与初始状态无关，是激励信号 $x(t)$ 作用的结果。信号与线性系统分析的目的之一是研究输入信号对输出信号的影响，因此系统的零状态响应就显得极为重要。

定义：线性非时变系统零状态响应的拉普拉斯变换 $Y_{zs}(s)$ 与输入信号的拉普拉斯变换 $X(s)$ 的比值为系统函数（或系统转移函数），常用 $H(s)$ 来表示，即

$$H(s) \xlongequal{\text{def}} \frac{Y_{zs}(s)}{X(s)} = \frac{B(s)}{A(s)} \tag{4-19}$$

式中，

$$A(s) = s^n + a_{n-1}s^{n-1} + \cdots + a_1 s + a_0 \quad (a_n = 1) \tag{4-20}$$

通常称 $A(s)$ 为系统的特征多项式，方程 $A(s)=0$ 为系统的特征方程；称分子多项式 $B(s)$ 为系统函数 $H(s)$ 的分子多项式，$B(s)$ 通常写成以下形式：

$$B(s) = b_m s^m + b_{m-1}s^{m-1} + \cdots + b_1 s + b_0 \tag{4-21}$$

由式（4-20）可知，系统函数 $H(s)$ 只与系统微分方程的系数 a_i、b_j 有关，即只与系统网络的拓扑结构、元件参数等有关，与激励信号和初始状态等无关。

下面进一步研究系统函数 $H(s)$ 与系统单位冲激响应 $h(t)$ 的关系。系统单位冲激响应 $h(t)$ 是以单位冲激信号 $\delta(t)$ 做激励时，系统产生的零状态响应。由连续时间系统时域分析方法可知，激励信号 $x(t)$ 引起的零状态响应 $y_{zs}(t)$ 是激励信号 $x(t)$ 与系统单位冲激响应 $h(t)$ 的卷积，即

$$y_{zs}(t) = x(t) * h(t) \tag{4-22}$$

根据时域卷积的拉普拉斯变换性质，对式（4-22）两边做拉普拉斯变换，可得

$$Y_{zs}(s) = X(s)\mathscr{L}\{h(t)\} \tag{4-23}$$

式中，$Y_{zs}(s)$ 和 $X(s)$ 分别是零状态响应 $y_{zs}(t)$ 和激励信号 $x(t)$ 的拉普拉斯变换。比较式(4-23)和式(4-19)，可得

$$H(s)=\mathscr{L}\{h(t)\} \tag{4-24}$$

由式(4-24)可知，单位冲激响应 $h(t)$ 与系统函数 $H(s)$ 构成拉普拉斯变换对，即

$$h(t)\leftrightarrow H(s) \tag{4-25}$$

在分析线性系统时，因为系统函数 $H(s)$ 可以相对容易求得，所以经常利用式(4-24)求系统函数 $H(s)$ 的拉普拉斯反变换，从而得到系统的单位冲激响应 $h(t)$。

信号与线性系统分析的目的之一是研究输入信号对输出信号的影响，即求系统的零状态响应。利用系统函数 $H(s)$ 求系统的零状态响应 $y_{zs}(t)$，常用以下两种方法。

(1)取系统函数 $H(s)$ 的拉普拉斯反变换，得到单位冲激响应 $h(t)$，用系统的单位冲激响应 $h(t)$ 和激励信号 $x(t)$ 做卷积，即可得到系统的零状态响应 $y_{zs}(t)$。

(2)利用公式 $Y_{zs}(s)=X(s)H(s)$，计算得到系统的零状态响应 $Y_{zs}(s)$，然后将 $Y_{zs}(s)$ 用部分分式法展开，再逐项求拉普拉斯反变换，即可得到系统的零状态响应 $y_{zs}(t)$。

在以上两种方法中，无论使用哪种方法，求系统函数 $H(s)$ 都是最关键的一步。下面将讨论在系统分析中，在给定系统的微分方程的情况下，求系统函数 $H(s)$ 的一般方法。

①对形如式(4-10)的微分方程两边做拉普拉斯变换，得到形如式(4-11)的代数方程；
②利用激励信号 $x(t)$ 都是因果信号的特点，可得

$$x(0^-)=x^{(1)}(0^-)=x^{(2)}(0^-)=\cdots=0$$

③利用求零状态响应时系统的初始状态为零的性质，可得

$$y(0^-)=y^{(1)}(0^-)=y^{(2)}(0^-)=\cdots=0$$

④利用步骤②和步骤③来化简步骤①中得到的代数方程，可得到形如式(4-19)的表达式，即可求得系统函数 $H(s)$。

在电路网络分析中，可以利用网络中元件的 s 域模型，然后根据元件中电压与电流的关系、节点电流定理(KCL)和回路电压定理(KVL)，写出零状态响应的拉普拉斯变换 $Y_{zs}(s)$ 与激励函数的拉普拉斯变换 $X(s)$ 之比值，即得到系统函数 $H(s)$ 的表达式。这里不详细讨论该方法，感兴趣的读者可阅读参考文献[2]中的第 4 章第 4.5 节。

在用信号流图描述的系统中，简单的流图可以用信号流图的化简规则来求系统函数 $H(s)$，对于复杂的流图可以采用梅森(Mason)公式来求系统函数。这里不详细讨论该方法，感兴趣的读者可阅读参考文献[1]中的第 5 章第 5.10 节。

【例 4.4】　已知描述某线性非时变系统的微分方程为

$$\frac{\mathrm{d}^2 y(t)}{\mathrm{d}t^2}+4\frac{\mathrm{d}y(t)}{\mathrm{d}t}+3y(t)=\frac{\mathrm{d}^2 x(t)}{\mathrm{d}t^2}$$

求系统函数 $H(s)$。

解　(1)对微分方程两边做拉普拉斯变换，可得

$$s^2 Y(s)-sY(0^-)-Y^{(1)}(0^-)+4sY(s)-4y(0^-)+3Y(s)=s^2 X(s)-sx(0^-)$$

(2)利用激励信号 $x(t)$ 是因果信号，$x(0^-)=x^{(1)}(0^-)=x^{(2)}(0^-)=\cdots=0$ 这一性质，以及零状态响应时系统的初始状态为零的特点，可得

$$s^2 Y(s)+4sY(s)+3Y(s)=s^2 X(s)$$

（3）整理得

$$Y(s)(s^2+4s+3)=s^2X(s)$$

（4）系统函数 $H(s)$ 为

$$H(s)=\frac{Y(s)}{X(s)}=\frac{s^2}{s^2+4s+3}$$

在系统分析中，不但能根据微分方程求系统函数，还能根据系统函数求描述系统的微分方程。

【例 4.5】 已知输入 $x(t)=\mathrm{e}^{-2t}\varepsilon(t)$ 时，某线性非时变系统的零状态响应 $y_{zs}(t)$ 为

$$y_{zs}(t)=(3\mathrm{e}^{-t}-4\mathrm{e}^{-2t}+\mathrm{e}^{-3t})\varepsilon(t)$$

求该系统的单位冲激响应 $h(t)$ 和描述该系统的微分方程。

解 （1）求 $X(s)$ 及 $Y_{zs}(s)$。

$$X(s)=\mathscr{L}\{x(t)\}=\mathscr{L}\{\mathrm{e}^{-2t}\varepsilon(t)\}=\frac{1}{s+2}$$

$$Y_{zs}(s)=\mathscr{L}\{y_{zs}(t)\}$$

$$=\frac{3}{s+1}-\frac{4}{s+2}+\frac{1}{s+3}$$

$$=\frac{2s+8}{(s+1)(s+2)(s+3)}$$

（2）求系统函数 $H(s)$。

$$H(s)=\frac{Y_{zs}(s)}{X(s)}=\frac{2s+8}{(s+1)(s+3)}=\frac{3}{s+1}-\frac{1}{s+3}$$

（3）求系统函数 $H(s)$ 的拉普拉斯反变换，得冲激响应 $h(t)$ 为

$$h(t)=\mathscr{L}^{-1}\{H(s)\}=(3\mathrm{e}^{-t}-\mathrm{e}^{-3t})\varepsilon(t)$$

（4）根据系统函数 $H(s)$ 的定义，有

$$H(s)=\frac{Y_{zs}(s)}{X(s)}=\frac{2s+8}{s^2+4s+3}$$

根据比例式的性质，有

$$(s^2+4s+3)Y_{zs}(s)=(2s+8)X(s)$$

即

$$s^2Y_{zs}(s)+4sY_{zs}(s)+3Y_{zs}(s)=2sX(s)+8X(s)$$

（5）根据 s 域与时域的对应关系，有

$$\frac{\mathrm{d}^2y_{zs}(t)}{\mathrm{d}t^2}\leftrightarrow s^2Y_{zs}(s),\quad \frac{\mathrm{d}y_{zs}(t)}{\mathrm{d}t}\leftrightarrow sY_{zs}(s),\quad y_{zs}(t)\leftrightarrow Y_{zs}(s)$$

$$\frac{\mathrm{d}x(t)}{\mathrm{d}t}\leftrightarrow sX(s),\quad x(t)\leftrightarrow X(s)$$

将输出信号用 $y(t)$ 表示，可得系统的微分方程为

$$\frac{\mathrm{d}^2y(t)}{\mathrm{d}t^2}+4\frac{\mathrm{d}y(t)}{\mathrm{d}t}+3y(t)=\frac{\mathrm{d}x(t)}{\mathrm{d}t}+8x(t)$$

4.3.3　系统函数 $H(s)$ 的零点与极点

1. 系统函数 $H(s)$ 的零/极点图

系统函数 $H(s)$ 定义为零状态响应的拉普拉斯变换 $Y_{zs}(s)$ 与输入信号的拉普拉斯变换 $X(s)$ 的比值,通常是关于复变量 s 的有理分式,可以写成

$$H(s)=\frac{B(s)}{A(s)}=\frac{b_m s^m + b_{m-1} s^{m-1} + \cdots + b_1 s + b_0}{s^n + a_{n-1} s^{n-1} + \cdots + a_1 s + a_0} \tag{4-26}$$

式中,$a_i(i=0,1,2,\cdots,n)$ 和 $b_j(j=0,1,2,\cdots,m)$ 都是实数,其中分母

$$A(s)=s^n + a_{n-1} s^{n-1} + \cdots + a_1 s + a_0$$

是分母多项式,分子

$$B(s)=b_m s^m + b_{m-1} s^{m-1} + \cdots + b_1 s + b_0$$

是分子多项式。

令 $B(s)=0$ 的根为 $z_1,z_2,\cdots,z_m$,令 $A(s)=0$ 的根为 $p_1,p_2,\cdots,p_n$。在 $p_i(i=0,1,2,\cdots,n)$ 和 $z_j(j=0,1,2,\cdots,m)$ 都是单根的情况下,式(4-26)可以写成

$$H(s)=\frac{B(s)}{A(s)}=\frac{b_m(s-z_1)(s-z_2)\cdots(s-z_m)}{(s-p_1)(s-p_2)\cdots(s-p_n)} \tag{4-27}$$

式中,$z_j(j=0,1,2,\cdots,m)$ 为系统函数 $H(s)$ 的零点;$p_i(i=0,1,2,\cdots,n)$ 为系统函数 $H(s)$ 的极点。方程 $A(s)=0$ 通常称为系统的特征方程,其根 p_i 又称为特征根。

因为系统函数 $H(s)$ 是有理分式,所以系统函数 $H(s)$ 的零点和极点会出现以下两种情况。

(1)零点 z_j 或极点 p_i 是实数,则零点 z_j 或极点 p_i 位于 s 平面的实轴上;

(2)零点 z_j 或极点 p_i 是复数,则零点 z_j 或极点 p_i 必须共轭成对出现在 s 平面关于实轴对称的位置上。

由式(4-27)可知,当一个系统函数 $H(s)$ 的零点、极点以及系数 b_m 确定后,这个系统函数 $H(s)$ 也就完全确定了。因此,一个系统随着变量 s 变化而变化的特性完全可以由它的极点和零点来表示。如果在 s 平面上用符号×表示极点、用○表示零点,将系统函数 $H(s)$ 的极点和零点全部标注出来,即得到系统函数 $H(s)$ 的零/极点图。零/极点图描绘了系统的特性,可用来确定系统函数 $H(s)$ 及计算冲激响应 $h(t)$。

【例 4.6】　画出系统函数 $H(s)=\dfrac{2(s+2)}{s^4+2s^3+2s^2+2s+1}$ 的零/极点图。

解　系统函数 $H(s)$ 展开成部分分式和的形式为

$$H(s)=\frac{2(s+2)}{s^4+2s^3+2s^2+2s+1}=\frac{2(s+2)}{(s+1)^2(s^2+1)}$$

令分子多项式 $2(s+2)=0$,得系统函数 $H(s)$ 的零点为 $z_1=-2$。

令分母多项式 $(s+1)^2(s^2+1)=0$,得系统函数 $H(s)$ 的极点为 $p_1=-1$,$p_{2,3}=\pm j$。其中,$p_1=-1$ 是一个二阶极点,$p_{2,3}=\pm j$ 是一对共轭极点。

系统函数 $H(s)$ 的零/极点图如图 4-6 所示。

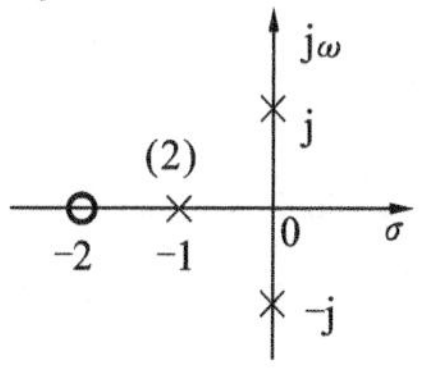

图 4-6　系统函数 $H(s)$ 的零/极点图

2. 系统函数 $H(s)$ 的极点与系统时域特性的关系

通常，系统函数 $H(s)$ 是一个关于复变量 s 的有理分式，它的极点和零点或者是位于实轴上的实数，或者是成对出现的共轭复数。相对于极点而言，零点对系统时域特性的影响是有限的，通常只会影响冲激响应各个模式分量的大小。但是极点对系统时域特性的影响是不可忽视的，具体表现在以下几点。

1）极点对系统冲激响应的影响

令系统函数 $H(s)$ 的零点为 $z_j(j=0,1,2,\cdots,m)$，系统函数 $H(s)$ 的极点为 $p_i(i=0,1,2,\cdots,n)$。在 $p_i(i=0,1,2,\cdots,n)$ 和 $z_j(j=0,1,2,\cdots,m)$ 都是单根的情况下，系统函数 $H(s)$ 可以写成

$$
\begin{aligned}
H(s)&=\frac{b_m(s-z_1)(s-z_2)\cdots(s-z_m)}{(s-p_1)(s-p_2)\cdots(s-p_n)}\\
&=\frac{K_1}{s-p_1}+\frac{K_2}{s-p_2}+\cdots+\frac{K_n}{s-p_n}
\end{aligned}
\tag{4-28}
$$

在式(4-28)中，因为系统函数 $H(s)$ 是有理分式，所以满足 $n>m$，其中 $K_1,K_2,\cdots,K_m$ 为系数。对 $H(s)$ 做拉普拉斯反变换，得系统的单位冲激响应 $h(t)$ 为

$$
\begin{aligned}
h(t)&=\mathscr{L}^{-1}\{H(s)\}\\
&=K_1\mathrm{e}^{p_1t}+K_2\mathrm{e}^{p_2t}+\cdots+K_n\mathrm{e}^{p_nt}=\sum_{q=1}^{n}K_q\mathrm{e}^{p_qt}
\end{aligned}
\tag{4-29}
$$

由式(4-28)和式(4-29)可知，系统的单位冲激响应 $h(t)$ 是一系列指数函数的和，每一个指数函数对应于系统函数 $H(s)$ 的一个极点，即系统函数 $H(s)$ 的极点恰好是指数函数中变量 t 的系数，因此极点决定了系统单位冲激响应的模式。

【例 4.7】 已知系统函数 $H(s)$ 的零/极点分布图如图 4-7 所示，并且 $h(0_+)=0$，求系统函数 $H(s)$ 的表达式。

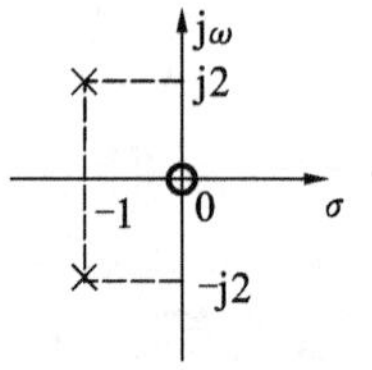

图 4-7 零/极点分布图

解 由图 4-7 可知，系统函数 $H(s)$ 有一对共轭极点 $p_{1,2}=-1\pm 2\mathrm{j}$ 和一个零点 $z_1=0$，所以系统函数 $H(s)$ 可以有如下形式：

$$
\begin{aligned}
H(s)&=\frac{K(s-z_1)}{(s-p_1)(s-p_2)}\\
&=\frac{Ks}{(s+1-2\mathrm{j})(s+1+2\mathrm{j})}\\
&=\frac{Ks}{s^2+2s+5}
\end{aligned}
$$

根据初值定理，有

$$
h(0_+)=\lim_{s\to+\infty}sH(s)=\lim_{s\to+\infty}\frac{Ks^2}{s^2+2s+5}=K=2
$$

所以系统函数 $H(s)$ 为

$$
H(s)=\frac{2s}{s^2+2s+5}
$$

2）极点对系统零输入响应的影响

设描述 n 阶线性系统的微分方程为

$$\sum_{i=0}^{n} a_i y^{(i)}(t) = \sum_{j=0}^{m} b_j x^{(j)}(t)$$

式中,信号 $x(t)$ 为系统输入;信号 $y(t)$ 为系统输出;a_i、b_j 为系数,并且 $a_0 = 1$。若初始状态 $y(0), y^{(1)}(0), \cdots, y^{(n-1)}(0)$ 已知,则系统的零输入响应 $y_{zi}(t)$ 为

$$y_{zi}(t) = C_1 e^{p_1 t} + C_2 e^{p_2 t} + \cdots + C_n e^{p_n t} = \sum_{i=1}^{n} C_i e^{p_i t}$$

式中,$C_1, C_2, \cdots, C_n$ 为待定常数,其值由系统的初始状态决定;$p_1, p_2, \cdots, p_n$ 是系统函数 $H(s)$ 的极点。

系统的零输入响应 $y_{zi}(t)$ 的模式只取决于系统自身的特性,与外加的激励信号无关,因此又称为系统的自然响应。自然响应的模式仅由系统函数的极点 $p_1, p_2, \cdots, p_n$ 决定,所以又称极点 $p_1, p_2, \cdots, p_n$ 为系统的自然频率。

3）极点对系统时间响应形式的影响

通常,系统函数 $H(s)$ 可以写成有理分式的形式,因此系统函数 $H(s)$ 可以展开成部分分式之和,部分分式的每一项对应于系统函数 $H(s)$ 的一个极点,而极点在 s 平面上所处的不同位置就对应着不同的时间响应形式。下面就系统函数 $H(s)$ 的极点位于 s 左半平面、虚轴($j\omega$ 轴)及 s 右半平面三种情况进行讨论。

（1）$H(s)$ 的极点位于 s 左半平面。

①若极点为位于实轴的负实数单极点,即 $p = -\alpha\ (\alpha > 0)$,则系统的特征多项式 $A(s)$ 中相应的因子 $(s+\alpha)$ 所对应的自由响应函数为 $Ke^{-\alpha t}\varepsilon(t)$,当 $t \to +\infty$ 时,自由响应函数 $Ke^{-\alpha t}\varepsilon(t) \to 0$。

②若极点为位于 s 左半平面的一对共轭极点,即 $p_{1,2} = -\alpha \pm j\beta\ (\alpha > 0)$,则特征多项式 $A(s)$ 中相应的因子 $(s+\alpha)^2 + \beta^2$ 所对应的自由响应函数为 $Ke^{-\alpha t}\cos(\beta t + \theta)\varepsilon(t)$,式中 K、θ 为常数,当 $t \to +\infty$ 时,自由响应函数 $Ke^{-\alpha t}\cos(\beta t + \theta)\varepsilon(t) \to 0$。

③若极点 p 为 r 重极点,则特征多项式 $A(s)$ 中相应的因子 $(s+\alpha)^r$（p 为实数）及 $[(s+\alpha)^2 + \beta^2]^r$（$p$ 为共轭复数对）所对应的自由响应函数分别为 $K_i t^i e^{-\alpha t}\varepsilon(t)$ 及 $K_i t^i e^{-\alpha t}\cos(\beta t + \theta_i)\varepsilon(t)$ $(i = 0, 1, 2, \cdots, r-1)$,当 $t \to +\infty$ 时它们均趋于零。

（2）$H(s)$ 的极点位于 s 平面虚轴($j\omega$ 轴)上。

①若极点 p 是位于虚轴上的单极点 $p = 0$,则特征多项式 $A(s)$ 中相应的因子 s 所对应的时间响应函数为 $K\varepsilon(t)$,其函数值 K 不随时间 t 变化而变化。

②若极点是位于虚轴上的一对共轭极点,即 $p_{1,2} = \pm j\omega_1$,则特征多项式 $A(s)$ 中相应的因子 $(s^2 + \omega_1^2)$ 对应的时间响应函数为 $K\cos(\omega_1 t + \theta)\varepsilon(t)$,其幅值 $|K|$ 不随时间变化而变化。

③若系统函数 $H(s)$ 在虚轴上的极点 p 为 r 重极点,则特征多项式 $A(s)$ 中相应的因子为 s^r（$p = 0$）,或 $(s^2 + \omega_1^2)^r$（$p_{1,2} = \pm j\omega_1$）,它们所对应的时间响应函数分别为 $K_i t^i \varepsilon(t)$ 以及 $K_i t^i \cos(\omega_1 t + \theta)\varepsilon(t)$ $(i = 0, 1, 2, \cdots, r-1)$,当 t 增大时,它们的幅值也都增加。

（3）$H(s)$ 的极点位于 s 右半平面。

①若极点 p 为位于实轴的正实数单极点,即 $p = \alpha\ (\alpha > 0)$,则特征多项式 $A(s)$ 中相应的因子 $(s-\alpha)$ 所对应的自由响应函数为 $Ke^{\alpha t}\varepsilon(t)$,$t$ 增大,其值也随着增大。

②若极点为位于右半平面的一对共轭极点,即 $p_{1,2}=\alpha\pm j\beta(\alpha>0)$,则特征多项式 $A(s)$ 中相应的因子 $(s-\alpha)^2+\beta^2$ 所对应的自由响应函数为 $Ke^{\alpha t}\cos(\beta t+\theta)\varepsilon(t)$,式中 K、θ 为常数,其值也随着时间 t 的增大而增大。

③若极点 p 为 r 重极点,则特征多项式 $A(s)$ 中相应的因子 $(s-\alpha)^r$(p 为实数)及 $[(s-\alpha)^2+\beta^2]^r$(p 为共轭复数对)所对应的自由响应函数分别为 $K_i t^i e^{\alpha t}\varepsilon(t)$ 及 $K_i t^i e^{\alpha t}\cos(\beta t+\theta_i)\varepsilon(t)$($i=0,1,2,\cdots,r-1$),则它们的幅值也会随着时间 t 的增大而增大。

以上三种情况下,系统函数 $H(s)$ 的极点与对应的自由响应函数之间的关系如图 4-8 所示。

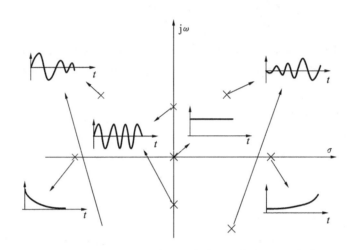

图 4-8　系统函数 $H(s)$ 的极点与对应的自由响应函数之间的关系

根据以上讨论,可得如下结论。

①系统函数 $H(s)$ 在 s 左半平面的极点所对应的自由响应函数是衰减的,即当 $t\to+\infty$ 时,响应均趋向于 0。

②系统函数 $H(s)$ 在虚轴($j\omega$ 轴)上的一阶极点所对应的自由响应函数为稳态分量,其幅值不随时间 t 变化而变化。

③系统函数 $H(s)$ 在虚轴上的高阶极点或者在 s 右半平面的极点,对应的自由响应函数的幅值随时间 t 的增大而增大,即 $t\to+\infty$ 时,响应均趋向于无穷大。

3. 系统函数 $H(s)$ 的零点、极点与系统频率特性的关系

在设计某些通信系统时,需要讨论系统的幅值和相位随频率变化而变化的关系。下面讨论如何由系统函数 $H(s)$ 求系统的频率特性,并分析系统函数的零点、极点对频率特性的影响。

系统函数的一般形式可以写成

$$H(s)=K\frac{(s-z_1)(s-z_2)\cdots(s-z_m)}{(s-p_1)(s-p_2)\cdots(s-p_n)} \tag{4-30}$$

式中,K 为常数;$z_j(j=0,1,\cdots,m)$ 是系统函数 $H(s)$ 的零点;$p_i(i=0,1,\cdots,n)$ 是系统函数 $H(s)$ 的极点。若 $H(s)$ 的极点均在 s 左半平面,那么它在虚轴($j\omega$ 轴)上收敛,令 $s=j\omega$,并把它代入式(4-30),可得系统的频率特性为

$$H(\mathrm{j}\omega) = H(s)_{s=\mathrm{j}\omega}$$

$$= K \frac{(\mathrm{j}\omega - z_1)(\mathrm{j}\omega - z_2)\cdots(\mathrm{j}\omega - z_m)}{(\mathrm{j}\omega - p_1)(\mathrm{j}\omega - p_2)\cdots(\mathrm{j}\omega - p_n)} \tag{4-31}$$

$$= K \frac{\prod\limits_{k=1}^{m}(\mathrm{j}\omega - z_k)}{\prod\limits_{i=1}^{n}(\mathrm{j}\omega - p_i)} \tag{4-32}$$

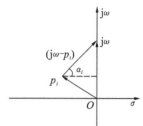

图 4-9 因子 $(\mathrm{j}\omega - p_i)$ 的向量表示

一般情况下,式(4-30)中的 s、z、p 均为复数,因而可用向量表示。相应地,分子和分母中的每一个因式可以用两个向量的差,即一个新的向量来表示。例如,分母中的某一因式 $(\mathrm{j}\omega - p_i)$ 为向量 $\mathrm{j}\omega$ 和 p_i 的向量差,它表示从 p_i 到 $\mathrm{j}\omega$ 的一个向量(见图 4-9)。同理,$(\mathrm{j}\omega - z_k)$ 表示从 z_k 到 $\mathrm{j}\omega$ 的一个向量。将向量 $(\mathrm{j}\omega - p_i)$ 和 $(\mathrm{j}\omega - z_k)$ 分别写成极坐标形式,则有

$$\mathrm{j}\omega - p_i = A_i \mathrm{e}^{\mathrm{j}\alpha_i} \tag{4-33}$$

$$\mathrm{j}\omega - z_k = B_k \mathrm{e}^{\mathrm{j}\beta_k} \tag{4-34}$$

式中,A_i、B_k 分别是向量 $(\mathrm{j}\omega - p_i)$ 和 $(\mathrm{j}\omega - z_k)$ 的模;α_i、β_k 分别是它们与正实轴的夹角。将式(4-33)和式(4-34)代入式(4-32),可得

$$H(\mathrm{j}\omega) = K \frac{B_1 B_2 \cdots B_m}{A_1 A_2 \cdots A_n} \mathrm{e}^{\mathrm{j}(\beta_1 + \beta_2 + \cdots + \beta_m) - \mathrm{j}(\alpha_1 + \alpha_2 + \cdots + \alpha_n)}$$

$$= K \frac{\prod\limits_{k=1}^{m} B_k}{\prod\limits_{i=1}^{n} A_i} \mathrm{e}^{\mathrm{j}\left(\sum\limits_{k=1}^{m}\beta_k - \sum\limits_{i=1}^{n}\alpha_i\right)} = |H(\mathrm{j}\omega)| \mathrm{e}^{\mathrm{j}\varphi(\omega)} \tag{4-35}$$

式中,$|H(\mathrm{j}\omega)|$ 为幅频特性;$\varphi(\omega)$ 为相频特性。其函数表达式为

$$|H(\mathrm{j}\omega)| = K \frac{\prod\limits_{k=1}^{m} B_k}{\prod\limits_{i=1}^{n} A_i} \tag{4-36}$$

$$\varphi(\omega) = \sum_{k=1}^{m} \beta_k - \sum_{i=1}^{n} \alpha_i \tag{4-37}$$

由式(4-36)和式(4-37)可得以下结论。

(1)幅频特性等于系统函数 $H(s)$ 的零点向量模的乘积除以极点向量模的乘积,再乘上系数 K。

(2)相频特性等于系统函数 $H(s)$ 的零点向量的相角减去极点向量的相角。

4.4 系统的稳定性

由第 4.3 节讨论可知,系统函数 $H(s)$ 的零/极点分布对系统的时域特性和频率响应都起着关键作用。但系统函数 $H(s)$ 的极点的影响并不局限于此,它还是判别系统是否稳定的重要参数。

在实际工程应用中,要求线性系统的输出无论在何种情况下都不能超出一定的范围。一旦超出,可能会因输出电流或电压过大而造成设备损坏,也可能会使系统进入非线性工作状态,从而造成系统无法正常工作。所以,如何判断系统的稳定性就成为线性系统分析的一个重要问题。本节将讨论线性非时变系统稳定性的概念及其判据。

4.4.1　系统稳定性的定义

系统稳定在数学上的定义如下:若系统对任意有界输入 $e(t)$,它的零状态响应 $r(t)$ 也有界,则该系统是稳定系统,即若激励函数 $e(t)$ 满足

$$|e(t)| \leqslant M_e \tag{4-38}$$

则响应函数 $r(t)$ 满足

$$|r(t)| \leqslant M_r \tag{4-39}$$

称该系统是稳定的,其中 M_e 和 M_r 是有限的正实数。这种系统又称为有界输入/有界输出(boundary-input,boundary-output,BIBO)稳定系统。

利用定义来判断系统的稳定性时,需要对各种可能的激励函数 $e(t)$ 逐个验证是否满足式(4-38)和式(4-39),判断过程过于烦琐,也很不现实。为此给出系统稳定的充分必要条件是

$$\int_{-\infty}^{+\infty} |h(t)| \mathrm{d}t \leqslant M \tag{4-40}$$

式中,$h(t)$ 为系统的单位冲激响应;M 为有限的正实数。下面证明此充分必要条件。

证明　(1)充分性。

对于任意有界输入 $e(t)$,系统的零状态响应 $r(t)$ 为

$$r(t) = e(t) * h(t)$$

即

$$r(t) = \int_{-\infty}^{+\infty} h(\tau)e(t-\tau)\mathrm{d}\tau \tag{4-41}$$

则

$$|r(t)| = \left| \int_{-\infty}^{+\infty} h(\tau)e(t-\tau)\mathrm{d}\tau \right| \tag{4-42}$$

$$\leqslant \int_{-\infty}^{+\infty} |h(\tau)e(t-\tau)| \mathrm{d}\tau = \int_{-\infty}^{+\infty} |h(\tau)| |e(t-\tau)| \mathrm{d}\tau$$

将式(4-38)代入式(4-42),得

$$|r(t)| \leqslant M_e \int_{-\infty}^{+\infty} |h(\tau)| \mathrm{d}\tau$$

根据式(4-40)的充分条件,有

$$|r(t)| \leqslant M_e M$$

令 $M_e M = M_r$,则响应 $r(t)$ 满足式(4-39),即在输入 $e(t)$ 有界时,响应 $r(t)$ 也是有界的,所以充分性得证。

(2)必要性。

必要性的证明采用反证法。假设存在某个稳定系统,但系统的单位冲激响应不满足绝对可积条件,即

$$\int_{-\infty}^{+\infty} |h(\tau)| \, d\tau = +\infty$$

现只要选择一个特定的激励 $e(t)$，满足

$$e(-t) = \mathrm{sgn}(h(t)) = \begin{cases} -1 & (h(t) < 0) \\ 0 & (h(t) = 0) \\ 1 & (h(t) > 0) \end{cases} \tag{4-43}$$

则

$$e(-t)\, h(t) = |h(t)|$$

此时，系统的响应 $r(t)$ 为

$$r(t) = e(t) * h(t) = \int_{-\infty}^{+\infty} h(\tau) e(t - \tau) d\tau$$

令 $t = 0$，则

$$r(0) = \int_{-\infty}^{+\infty} h(\tau) e(-\tau) d\tau = \int_{-\infty}^{+\infty} |h(\tau)| d\tau = +\infty$$

上式说明，至少有一个特定的有界输入会产生无界的输出，这与初始假设系统是稳定的矛盾，所以必要性得证。

前面讨论的系统稳定的充要条件是系统的冲激响应绝对可积，这是从时域角度考虑的。从 s 域角度考虑，根据系统函数 $H(s)$ 的极点位置的不同，因果系统可以分为稳定系统、临界稳定系统和不稳定系统三种。

（1）稳定系统。

如果系统函数 $H(s)$ 的全部极点都位于 s 平面的左半平面，则当 $t \to +\infty$ 时，系统的单位冲激响应 $h(t)$ 趋向于零，满足绝对可积的条件，所以系统稳定。

（2）临界稳定系统。

如果系统函数 $H(s)$ 的全部极点位于 s 平面的虚轴上，并且只为一阶极点，那么经过充分长的时间之后，对应的单位冲激响应 $h(t)$ 趋向于一个非零的数值或者存在一个等幅振荡，则称该系统为临界稳定系统。

（3）不稳定系统。

如果系统函数 $H(s)$ 至少有一个极点位于 s 平面的右半平面，或者在虚轴具有二阶以上的极点，那么在经过充分长的时间之后，对应的单位冲激响应 $h(t)$ 仍然增长，并不满足绝对可积条件，因此系统是不稳定系统。

【例 4.8】 设三个系统的系统函数分别为

$$(1) H_1(s) = \frac{1}{(s+2)(s+3)}; \quad (2) H_2(s) = \frac{1}{(s+2)(s-3)}; \quad (3) H_3(s) = \frac{1}{s(s+2)}$$

试判断它们是否稳定。

解　（1）系统函数 $H_1(s)$ 有两个极点 $p_1 = -2$、$p_2 = -3$，全部位于 s 平面的左半平面，因此 $H_1(s)$ 表示的系统是稳定的。

（2）系统函数 $H_2(s)$ 有两个极点 $p_1 = -2$、$p_2 = 3$，其中 $p_2 = 3$ 位于 s 平面的右半平面，因此 $H_2(s)$ 表示的系统是不稳定的。

（3）系统函数 $H_3(s)$ 有两个极点 $p_1 = 0$、$p_2 = -2$，其中 $p_1 = 0$ 是位于 s 平面虚轴上的一阶极点，所以 $H_3(s)$ 表示的系统是临界稳定的。

【例 4.9】 设某个复合系统函数由两个子系统串联而成(详见图 4-10),两个子系统的系统函数 $H_1(s)$ 和 $H_2(s)$ 分别是 $H_1(s)=\dfrac{1}{s-2}$ 和 $H_2(s)=\dfrac{s-2}{s+\alpha}$,试判断此复合系统的稳定性。

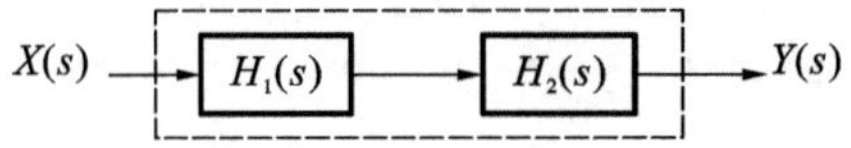

$$X(s) \rightarrow \boxed{H_1(s)} \rightarrow \boxed{H_2(s)} \rightarrow Y(s)$$

图 4-10 例 4.9 系统框图

解 复合系统的系统函数 $H(s)$ 为

$$H(s)=H_1(s)H_2(s)=\frac{1}{s-2}\frac{s-2}{s+\alpha}=\frac{1}{s+\alpha}$$

若 $\alpha<0$,则复合系统的系统函数 $H(s)$ 的极点位于 s 平面的右半平面,所以复合系统是不稳定的。

若 $\alpha>0$,则复合系统的系统函数 $H(s)$ 的极点位于 s 平面的左半平面,所以复合系统是稳定的。但当复合系统接入一个有界输入 $x(t)$ 时,它的第一级子系统 $H_1(s)$ 的输出中含有 e^{2t} 项,导致当 $t\rightarrow+\infty$ 时,系统 $H_1(s)$ 的输出趋向于无穷大,因此复合系统不能正常工作。这种问题是由复合系统的系统函数 $H(s)$ 中出现了零点和极点相抵消的现象所引起的,因此,系统函数 $H(s)$ 中分子、分母的公因式不能抵消,否则将有可能遗漏响应中的不稳定因素。

【例 4.10】 已知某系统的系统函数为 $H(s)=\dfrac{1}{s^2+3s+2-k}$,试判断 k 为何值时系统稳定。

解 系统函数 $H(s)$ 的极点有两个,分别为

$$p_1=-\frac{3}{2}+\sqrt{\left(\frac{3}{2}\right)^2-2+k}, \quad p_2=-\frac{3}{2}-\sqrt{\left(\frac{3}{2}\right)^2-2+k}$$

为了使系统稳定,$H(s)$ 的全部极点应位于 s 平面的左半平面。其中极点 p_2 已位于 s 平面的左半平面,但极点 p_1 需满足以下条件才能位于左半平面:

$$\left(\frac{3}{2}\right)^2-2+k<\left(\frac{3}{2}\right)^2$$

解得

$$k<2$$

所以,当 $k<2$ 时,系统是稳定的。

4.4.2 罗斯-霍尔维茨稳定性判别法则

由上面的讨论可知,只有当系统函数的全部极点位于 s 平面的左半平面时,系统才是稳定的。通常情况下,系统函数 $H(s)$ 的特征方程可以写成

$$a_ns^n+a_{n-1}s^{n-1}+\cdots+a_1s+a_0=0 \tag{4-44}$$

稳定的系统要求特征方程的根有负实部。而当 $n\geq3$ 时,求式(4-44)这样的高阶方程的根是很困难的。因此,需要寻找一种无需解方程的根就能判断系统是否稳定的方法。

设式(4-44)的根为 $p_1,p_2,\cdots,p_n$,则式(4-44)可以改写为

$$a_ns^n+a_{n-1}s^{n-1}+\cdots+a_1s+a_0=a_n(s-p_1)(s-p_2)\cdots(s-p_n) \tag{4-45}$$

式中,$a_n\neq0$。将式(4-45)右边展开,并令它等于零,可得

$$a_n(s-p_1)(s-p_2)\cdots(s-p_n)$$
$$=a_ns^n-a_n(p_1+p_2+\cdots+p_n)s^{n-1}+a_n(p_1p_2+p_2p_3+\cdots)s^{n-2}$$
$$-a_n(p_1p_2p_3+p_2p_3p_4+\cdots)s^{n-3}+\cdots+a_n(-1)^np_1p_2\cdots p_n$$
$$=0$$

比较上式与式(4-45)中 s 同幂项的系数,并且 $a_n\neq0$,得

$$\frac{a_{n-1}}{a_n}=-[\text{所有根的和}]$$

$$\frac{a_{n-2}}{a_n}=[\text{所有根中每次取两个根相乘后的乘积和}]$$

$$\frac{a_{n-3}}{a_n}=-[\text{所有根中每次取三个根相乘后的乘积和}]$$

$$\vdots$$

$$\frac{a_0}{a_n}=(-1)^n[\text{所有根的乘积}]$$

根据以上表达式,可以得出以下结论。

(1)如果特征方程的所有根的实部都是负的,则方程的所有系数 $a_i(i=0,1,\cdots,n)$ 都应有相同的符号,即所有的系数应同为整数或同为负数。

(2)当 $a_0=0$,而其他系数不为零时,说明方程有一个零根,系统属于临界稳定。

(3)当全部偶次幂项系数为零或全部奇次幂项系数为零时,所有根的实部为零,即全部极点都位于虚轴。如果所有的极点都是单阶的,则这种系统是临界稳定的。

根据以上结论,可以得到由特征方程的系数 $a_i(i=0,1,\cdots,n)$ 判定系统是否稳定的法则:特征方程的全部系数 $a_i(i=0,1,\cdots,n)$ 为正(或全部为负),并且 s 的幂次从 0 到 n 不缺一项。

需要指出的是,这仅仅是系统稳定的必要条件,而非充分条件,即不满足这个法则的一定不是稳定系统,但满足这个法则的不一定是稳定系统。

【例 4.11】 试分别判定下列特征方程
$$A_1(s)=s^3+4s^2-3s+2,\quad A_2(s)=3s^3+s^2+2,\quad A_3(s)=3s^3+s^2+2s+8$$
所代表系统的稳定性。

解 (1)在 $A_1(s)=s^3+4s^2-3s+2$ 中,系数的符号有正、有负,并不完全相同,所以不稳定。

(2)在 $A_2(s)=3s^3+s^2+2$ 中,$a_1=0$,缺少幂次为 1 的项,所以不稳定。

(3)在 $A_3(s)=3s^3+s^2+2s+8$ 中,系数的符号全部为正,并且不缺项,满足了充分条件,但并不能保证系统是稳定的,需要进一步判断。

在例 4.11 中,有的特征方程的系数虽然都有相同的符号,并且不缺项,但仍然不能保证系统是稳定的。此时需要借助其他方法来判定特征方程是否有实部为正的根,罗斯-霍尔维茨(Routh-Hurwitz)判据就是解决此类问题的一种常用方法。由于该判据证明较为烦琐,这里只是陈述判据而不加以证明。利用罗斯-霍尔维茨判据来判断系统稳定性的具体步骤如下。

1.列出罗斯-霍尔维茨阵列

罗斯-霍尔维茨判据是根据罗斯-霍尔维茨阵列来进行判别的。因此,首先要根据系统的特征方程

$$a_n s^n + a_{n-1} s^{n-1} + \cdots + a_1 s + a_0 = 0$$

来构造罗斯-霍尔维茨阵列。具体方法如下。

(1)将特征方程的所有系数按下面方式排成两行。

$$(4\text{-}46)$$

如果 n 为偶数,则 a_n 所在行的最后一个元素为 a_0,a_{n-1} 所在行的最后一个元素用零补齐。

(2)以这两行为基础,计算其余各行,从而构成一个数值表,即罗斯-霍尔维茨阵列(详见表4-1)。

在表 4-1 中,用 $s^i (i=n, n-1, \cdots, 0)$ 标注行号。前两行就由特征方程的全部系数按照式(4-46)构造而成。s^{n-2} 以后各行的计算法则如下:

$$A_{n-2} = -\frac{1}{a_{n-1}} \begin{vmatrix} a_n & a_{n-2} \\ a_{n-1} & a_{n-3} \end{vmatrix} = -\frac{a_n a_{n-3} - a_{n-1} a_{n-2}}{a_{n-1}} = \frac{a_{n-1} a_{n-2} - a_n a_{n-3}}{a_{n-1}}$$

$$B_{n-2} = -\frac{1}{a_{n-1}} \begin{vmatrix} a_n & a_{n-4} \\ a_{n-1} & a_{n-5} \end{vmatrix} = -\frac{a_n a_{n-5} - a_{n-1} a_{n-4}}{a_{n-1}} = \frac{a_{n-1} a_{n-4} - a_n a_{n-5}}{a_{n-1}}$$

$$C_{n-2} = -\frac{1}{a_{n-1}} \begin{vmatrix} a_n & a_{n-6} \\ a_{n-1} & a_{n-7} \end{vmatrix} = -\frac{a_n a_{n-7} - a_{n-1} a_{n-6}}{a_{n-1}} = \frac{a_{n-1} a_{n-6} - a_n a_{n-7}}{a_{n-1}}$$

由以上算式可以得出阵列中各元素计算的一般递推式:

$$A_{i-1} = -\frac{1}{A_i} \begin{vmatrix} A_{i+1} & B_{i+1} \\ A_i & B_i \end{vmatrix} = \frac{A_i B_{i+1} - A_{i+1} B_i}{A_i} \tag{4-47}$$

$$B_{i-1} = -\frac{1}{A_i} \begin{vmatrix} A_{i+1} & C_{i+1} \\ A_i & C_i \end{vmatrix} = \frac{A_i C_{i+1} - A_{i+1} C_i}{A_i} \tag{4-48}$$

以这种方式构成的阵列共有 $n+1$ 行,其最后两行中每行都只有一个元素。阵列中的第一列,即由 $\{a_n, a_{n-1}, A_{n-2}, \cdots, A_1, A_0\}$ 构成的数列称为罗斯-霍尔维茨数列。

表 4-1 罗斯-霍尔维茨阵列

	第一列	第二列	第三列	第四列	
s^n	a_n	a_{n-2}	a_{n-4}	a_{n-6}	⋯
s^{n-1}	a_{n-1}	a_{n-3}	a_{n-5}	a_{n-7}	⋯
s^{n-2}	A_{n-2}	B_{n-2}	C_{n-2}	⋯	
s^{n-3}	A_{n-3}	B_{n-3}	C_{n-3}	⋯	
⋮	⋮	⋮	⋮		
s^2	A_2	B_2	0		
s^1	A_1	0			
s^0	A_0	0			

2. 根据罗斯-霍尔维茨定理判断系统是否稳定

罗斯-霍尔维茨定理:在罗斯-霍尔维茨数列中,顺次计算的符号变化的次数等于方程所具有的实部为正的根的个数。

根据罗斯-霍尔维茨定理,可以由罗斯-霍尔维茨数列来判断系统函数的特征方程中是否有实部为正的根,从而判别系统是否稳定。从而得到系统稳定性的判据——罗斯-霍尔维茨判据,具体内容如下。

罗斯-霍尔维茨判据:在罗斯-霍尔维茨数列中,若无符号变化,则系统是稳定的;反之,若有符号变化,则系统是不稳定的。

下面举例说明罗斯-霍尔维茨判据的应用。需要指出的是,在某些特殊的例子中,罗斯-霍尔维茨判据需要经过适当的修改才能使用。

【例 4.12】 设系统的特征方程为 $2s^3 + s^2 + 3s + 8 = 0$,试用罗斯-霍尔维茨判据来判断该系统是否稳定。

解　该方程所有系数都为正,并且不缺项,所以满足稳定的必要条件。现在用罗斯-霍尔维茨判据来进一步判断系统是否稳定。该系统的罗斯-霍尔维茨阵列如下:

$$
\begin{array}{ccc}
s^3 & 2 & 3 \\
s^2 & 1 & 8 \\
s^1 & -13 & 0 \\
s^0 & 8 & 0
\end{array}
$$

式中,

$$A_1 = -\begin{vmatrix} 2 & 3 \\ 1 & 8 \end{vmatrix} = -13, \quad B_1 = -\begin{vmatrix} 2 & 0 \\ 1 & 0 \end{vmatrix} = 0$$

$$A_0 = -\frac{1}{-13}\begin{vmatrix} 1 & 8 \\ -13 & 0 \end{vmatrix} = 8, \quad B_0 = -\frac{1}{-13}\begin{vmatrix} 1 & 0 \\ -13 & 0 \end{vmatrix} = 0$$

可以看出,罗斯-霍尔维茨阵列的第一列的符号出现了两次变号,特征方程有两个实部为正的根,所以系统不稳定。

【例 4.13】 设系统的特征方程为 $s^4 + 5s^3 + 16s^2 + 16s + 8 = 0$,试用罗斯-霍尔维茨判据来判断该系统是否稳定。

解　该方程所有系数都为正,并且不缺项,所以满足稳定的必要条件。现在用罗斯-霍尔维茨判据来进一步判断系统是否稳定。该系统的罗斯-霍尔维茨阵列如下:

$$
\begin{array}{cccc}
s^4 & 1 & 16 & 8 \\
s^3 & 5 & 16 & 0 \\
s^2 & 12.8 & 8 & 0 \\
s^1 & 12.875 & 0 & \\
s^0 & 8 & 0 &
\end{array}
$$

式中,

$$A_2 = -\frac{1}{5}\begin{vmatrix} 1 & 16 \\ 5 & 16 \end{vmatrix} = 12.8, \quad B_2 = -\frac{1}{5}\begin{vmatrix} 1 & 8 \\ 5 & 0 \end{vmatrix} = 8$$

$$A_1 = -\frac{1}{12.8}\begin{vmatrix} 5 & 16 \\ 12.8 & 8 \end{vmatrix} = 12.875, \quad B_1 = -\frac{1}{12.8}\begin{vmatrix} 5 & 0 \\ 12.8 & 0 \end{vmatrix} = 0$$

$$A_0 = -\frac{1}{12.875}\begin{vmatrix} 12.8 & 8 \\ 12.875 & 0 \end{vmatrix} = 8, \quad B_0 = -\frac{1}{12.875}\begin{vmatrix} 12.8 & 0 \\ 12.875 & 0 \end{vmatrix} = 0$$

可以看出,罗斯-霍尔维茨阵列的第一列所有元素的符号相同(全部为正),表明特征方程没有实部为正的根,所以系统稳定。

在计算罗斯-霍尔维茨阵列时,可能会遇到两种特殊情况。

(1)某行第一项 $A_i=0$,由于计算下一行元素时,要用 A_i 做分母,所以后续计算无法进行。此问题可以采用以下两种方法来解决。

①将特征方程乘以 $(s+1)$ 后,重新构造罗斯-霍尔维茨阵列。这样处理之后,一般不会再出现首项为零的情况。这种方法的实质是给原系统增加了一个 $s=-1$ 的新极点,但由于该极点位于 s 平面的左半平面,所以不影响对系统稳定性的判断。

②用一个正无穷小的量 ε 来代替零,继续后面的计算,然后令 $\varepsilon \to 0$,看第一列元素的符号有何变化,进而再加以判断。

(2)连续两行数字相等或者成比例,这时直接用这两行计算,后续元素可能会全部为零。这说明此时系统函数 $H(s)$ 在虚轴上可能有极点。对此问题可用以下步骤处理。

①将全零行的前一行元素构成一个变量为 s 的辅助多项式并求导。

②用求导后的多项式系数对应代替全零行,然后继续计算阵列余下的元素。

这里,辅助多项式必须是原系统特征多项式的一个因式,令辅助多项式等于零,所求得的根也是原系统的极点。这时的判据除要审查罗斯-霍尔维茨阵列的第一列元素是否变号之外,还要检查虚轴上极点的阶数。具体规则如下:如果罗斯-霍尔维茨阵列第一列的元素改变符号,则系统不稳定;如果罗斯-霍尔维茨阵列第一列的元素不变号,而虚轴上的极点为单极点,则系统临界稳定;如果虚轴上有重极点,则系统不稳定。

【例 4.14】 设系统的特征方程为 $s^4+s^3+3s^2+3s+8=0$,试判断系统的稳定性。

解 按照前面给定的方法构造罗斯-霍尔维茨阵列,有

$$
\begin{array}{c|ccc}
s^4 & 1 & 3 & 8 \\
s^3 & 1 & 3 & 0 \\
s^2 & (0 & 8) & 0 \\
 & \varepsilon & 8 & 0 \\
s^1 & 3-\dfrac{8}{\varepsilon} & 0 & 0 \\
s^0 & 8 & 0 &
\end{array}
$$

当 $\varepsilon \to 0$ 时,$3-\dfrac{8}{\varepsilon} \to -\infty$。可见,第一列元素改变符号两次,表明该系统有两个实部为正的根,所以系统不稳定。

下面讨论用因式 $(s+1)$ 乘以特征方程后,构造新的罗斯-霍尔维茨阵列的方法,此时特征方程变为

$$(s+1)(s^4+s^3+3s^2+3s+8)=s^5+2s^4+4s^3+6s^2+11s+8=0$$

对应的罗斯-霍尔维茨阵列为

$$
\begin{array}{cccc}
s^5 & 1 & 4 & 11 \\
s^4 & 2 & 6 & 8 \\
s^3 & 1 & 7 & 0 \\
s^2 & -3 & 11 & \\
s^1 & \dfrac{32}{3} & 0 & \\
s^0 & 7 & 0 &
\end{array}
$$

可见，第一列元素的符号改变两次，与用 ε 代替零的方法得到的结论是一致的。

【例 4.15】　已知系统的特征方程为 $s^3+3s^2+3s+9=0$，试判断系统的稳定性。

解　按照前面给定的方法构造罗斯-霍尔维茨阵列，有

$$
\begin{array}{lll}
s^3 & 1 & 3 \\
s^2 & 3 & 9 \qquad \text{出现全零行} \\
s^1 & (0 \quad 0) \quad \nearrow \quad \text{用 } s^2 \text{行构造辅助多项式 } 3s^2+9，\text{对辅助} \\
& 6 \quad 0 \qquad\qquad \text{多项式求导得 } 6s，\text{以 } 6、0 \text{ 代替全零行。} \\
s^0 & 3 \quad 0
\end{array}
$$

通过观察第一列元素可知，元素符号未改变，说明系统在 s 平面的右半平面无极点。解辅助方程 $3s^2+9=0$，得 $s_{1,2}=\pm\sqrt{3}\mathrm{j}$，这表明系统在虚轴上有一对共轭单极点，由此可以判断系统临界稳定。

【例 4.16】　用罗斯-霍尔维茨判据来判断例 4.10 中 k 取何值时系统稳定。

解　系统的特征方程为 $s^2+3s+2-k=0$，构造的罗斯-霍尔维茨阵列为

$$
\begin{array}{lll}
s^2 & 1 & 2-k \\
s^1 & 3 & 0 \\
s^0 & 2-k & 0
\end{array}
$$

如果系统稳定，需要第一列的元素全部为正，这要求

$$
2-k>0
$$

即当 $k<2$ 时，系统是稳定的。

4.5　Matlab 在系统函数分析中的应用

4.5.1　连续时间系统的变换域分析

描述连续时间系统的系统函数 $H(s)$ 的一般表示形式为

$$
H(s)=\frac{b_m s^m+b_{m-1}s^{m-1}+\cdots+b_1 s+b_0}{s^n+a_{n-1}s^{n-1}+\cdots+a_1 s+a_0}
$$

其对应的零/极点形式的系统函数为

$$
H(s)=\frac{b_m(s-z_1)(s-z_2)\cdots(s-z_m)}{(s-p_1)(s-p_2)\cdots(s-p_n)}
$$

式中，系统函数 $H(s)$ 共有 n 个极点 $(p_1,p_2,\cdots,p_n)$ 和 m 个零点 $(z_1,z_2,\cdots,z_m)$。

把零点、极点画在 s 平面中得到的图称为零/极点图，人们可以通过零/极点分布图来判断系统的特性。当系统函数的极点位于 s 左半平面时，系统稳定；当系统函数的极点是虚轴上的单阶极点时，系统临界稳定；当系统函数的极点位于 s 右半平面时，或者是虚轴上的高阶极点时，系统不稳定。

　　Matlab 语言提供了系统函数和零点、极点之间的相互转换等语句,也提供了如下系统频率特性的语句。

　　tf2zp:从系统函数 $H(s)$ 的一般形式求出其零点和极点。

　　zp2tf:从零点、极点求出系统函数 $H(s)$ 的一般式。

　　freqs:由系统函数 $H(s)$ 的一般形式求其幅频特性和相频特性。

　　sys=tf(b,a):由分子多项式、分母多项式构成系统函数 $H(s)$。

　　Z=tzero(sys):求系统函数 $H(s)$ 的零点。

　　P=pole(sys):求系统函数 $H(s)$ 的极点。

　　pzmap(sys):绘制系统函数 $H(s)$ 的零/极点图。

　　bode(b,a):绘制系统函数 $H(s)$ 的波特图。

　　impulse(sys):由系统函数 $H(s)$ 绘制冲激响应曲线。

　　step(sys):由系统函数 $H(s)$ 绘制阶跃响应曲线。

4.5.2　Matlab 在连续时间系统变换域分析中的应用实例

【例 4.17】　三阶低通滤波器特性为:$H(\mathrm{j}\omega)=\dfrac{1}{(\mathrm{j}\omega)^3+2\,(\mathrm{j}\omega)^2+3(\mathrm{j}\omega)+4}$

(1)求幅频特性 $|H(\mathrm{j}\omega)|$ 和相频特性 $\varphi(\omega)$;

(2)求该系统的单位冲激响应 $h(t)$。

解　(1)求幅频特性和相频特性。

程序如下:

```
ss401a. m
w=0:0.01:5;
H=1./((j*w).^3+2*(j*w).^2+3*j*w+4);   %三阶低通滤波器的频率特性
subplot(1,2,1);
plot(w,abs(H));                          %绘制幅频特性曲线
title('幅频特性曲线');grid;axistight;
subplot(1,2,2);
plot(w,angle(H));                        %绘制相频特性曲线
title('相频特性曲线');grid;axistight;
```

其运行结果如图 4-11 所示。

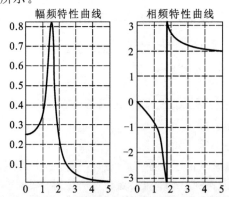

图 4-11　例 4.17 的幅频特性和相频特性求解结果

(2)求单位冲激响应。

程序如下：

ss401b.m

```
b=[1];              %分子多项式系数
a=[1234];           %分母多项式系数
impulse(b,a);       %冲激响应 h(t)
```

程序的运行结果如图 4-12 所示。

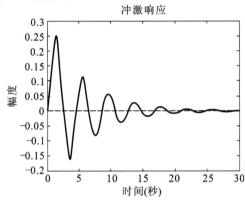

冲激响应

图 4-12　例 4.17 的单位冲激响应求解结果

【**例 4.18**】　试对抽样函数 Sa(t)进行脉冲采样，即

$$f(t)=\text{Sa}(t)p(t)$$

式中，$p(t)$的波形如图 4-13 所示。

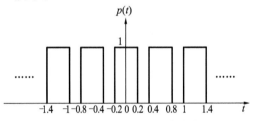

图 4-13　例 4.18 中采样脉冲波形

解　程序如下：

ss402.m

```
t=-3*pi：0.01：3*pi;          %定义时间范围向量
s=sinc(t/pi);                 %计算 Sa(t)函数
subplot(3,1,1),plot(t,s);     %绘制 Sa(t)的波形
p=zeros(1,length(t));         %预定义 p(t)的初始值为 0
for i=16：-1：-16
p=p+rectpuls(t+0.6*i,0.4);    %利用矩形脉冲函数 rectpuls 的平移来产生宽度为
                                0.4、幅度为 1 的矩形脉冲序列 p(t)
end
subplot(3,1,2),stairs(t,p);   %用阶梯图表示矩形脉冲
axis([-101001.2]);
f=s.*p;
subplot(3,1,3),plot(t,f);     %绘制 f(t)=Sa(t)*p(t)的波形
```

上述程序的运行结果如图 4-14 所示。

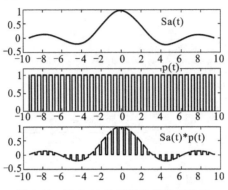

图 4-14 例 4.18 的采样信号求解结果

【例 4.19】 由系统函数 $H(s) = \dfrac{s}{s^2 + 2s + 101}$,求零/极点图和阶跃响应。

解 程序如下:

```
ss403.m
b=[1 0];                      %系统函数分子多项式系数
a=[1 2 101];                  %系统函数分母多项式系数
%零/极点图
figure(1)
pzmap(a,b);
%阶跃响应图
figure(2)
step(b,a);
```

上述程序的运行结果如图 4-15 所示。

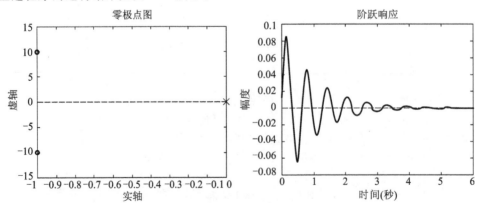

图 4-15 例 4.19 的零/极点图和阶跃响应求解结果

【例 4.20】 某卫星角度跟踪天线控制系统的系统函数为

$$H(s) = \frac{13750}{20s^4 + 174s^3 + 2268s^2 + 13400s + 13750}$$

试画出其零/极点图,并求其冲激响应 $h(t)$。

解 程序如下：

```
Ss403.m
b=[13750];                              %系统函数分母多项式系数
a=[2017422681340013750];                %系统函数分子多项式系数
subplot(1,2,1);
pzmap(b,a);                             %绘制零/极点图
subplot(1,2,2);
impulse(b,a);                           %冲激响应 h(t)
```

上述程序的运行结果如图 4-16 所示。

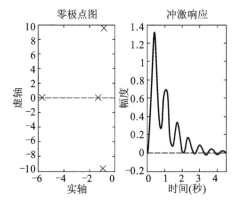

图 4-16　例 4.20 的求解结果

【例 4.21】 已知某系统的系统函数为 $H(s)=\dfrac{0.2s^2+0.3s+1}{s^2+0.4s+1}$，试求其频率特性。

解 程序如下：

```
Ss406
b=[0.2  0.3  1];
a=[1  0.4  1];
w=logspace(-1,1);                       %频率范围
freqs(num,den,w)                        %画出频率响应曲线
```

上述程序的运行结果如图 4-17 所示。

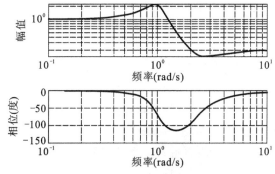

图 4-17　例 4.21 的频率响应曲线

4.5.3 连续信号的变换域分析实验

(1)设计一个巴特沃斯(Butterworth)低通滤波器,其通带截止频率 $f_p=1.5$ kHz,阻带截止频率 $f_s=1.8$ kHz,通带最大衰减 1 dB,阻带最大衰减 30 dB。

(2)将第 1 章例 1.9 中的乘积信号 $f(t)=\cos\pi t+\cos2\pi t$ 通过上面的巴特沃斯滤波器后,会得到什么样的结果?

(3)某导弹自动跟踪系统框图如图 4-18 所示,其系统函数为

$$H(s)=\frac{5s^2+15}{s^3+4s^2+9s+10}$$

请画出它的零/极点图,并求其阶跃响应。

图 4-18 题(3)的系统框图

小　结

本章主要介绍了线性连续系统的频域和复频域的分析方法,以及系统稳定性的判别方法,同时介绍了信号传输不失真的条件。主要内容有以下几点。

一、用傅里叶变换求响应

1.用傅里叶变换求响应主要是求零状态响应

用傅里叶变换求响应主要是求零状态响应,其分析步骤如下。

(1)求激励信号 $e(t)$ 的傅里叶变换 $E(j\omega)$,即

$$\mathscr{F}\{e(t)\}=E(j\omega)$$

(2)求单位冲击响应 $h(t)$ 的傅里叶变换 $H(j\omega)$,即 $\mathscr{F}\{h(t)\}=H(j\omega)$。其中,$H(j\omega)$ 称为系统函数或频率响应函数(简称频响),它的定义式为

$$H(j\omega)=\frac{R(j\omega)}{E(j\omega)}=\frac{\text{零状态响应的傅里叶变换}}{\text{激励的傅里叶变换}}$$

(3)求频域的零状态响应 $R(j\omega)$,有

$$R(j\omega)=E(j\omega)H(j\omega)$$

(4)求时域的零状态响应 $r(t)$,即求 $R(j\omega)$ 的傅里叶反变换,有

$$r(t)=\mathscr{F}^{-1}\{R(j\omega)\}$$

2.用傅里叶变换求响应的优缺点

用傅里叶变换求响应的优缺点如下。

(1)优点:瞬态过程自动计入,避免求解复杂的时域微分方程。

(2)缺点:反变换困难,因而只适用于简单电路中的信号分析与求解。

3.信号通过线性系统不产生波形失真的条件

信号通过线性系统不产生波形失真的理想条件如下。

(1)系统的幅频特性在整个频率范围内为一常数。

(2)系统的相频特性是一条通过原点的直线。

二、线性系统的复频域分析

在系统的复频域分析中,常用两种方法求系统的全响应。

(1)先求出系统零输入响应和零状态响应的拉普拉斯变换 $Y_{zi}(s)$ 及 $Y_{zs}(s)$,将它们分别取拉普拉斯反变换后得到系统的全响应 $y(t)$。

(2)对微分方程做拉普拉斯变换(包含初始状态及输入信号),得到输出信号的拉普拉斯变换 $Y(s)$ 与输入信号的拉普拉斯变换 $X(s)$ 之间的关系式,通过对 $Y(s)$ 取拉普拉斯反变换,即可求出系统的全响应 $y(t)$。

描述系统时域模型的是微分方程,描述系统复频域模型的是系统函数 $H(s)$。在线性系统的复频域分析中,求系统函数 $H(s)$ 是非常关键的一步。在给定系统的微分方程的情况下,求系统函数 $H(s)$ 一般采用以下方法。

(1)对微分方程 $\sum\limits_{i=0}^{n} a_i y^{(i)}(t) = \sum\limits_{j=0}^{m} b_j x^{(j)}(t)$ 两边做拉普拉斯变换,得到代数方程为

$$\sum\limits_{i=0}^{n} a_i \left[s^i Y(s) - \sum\limits_{k=0}^{i-1} s^{i-1-k} y^{(k)}(0^-) \right] = \sum\limits_{j=0}^{m} b_j s^j X(s)$$

(2)利用激励信号 $x(t)$ 是因果信号的特点,可得

$$x(0^-) = x^{(1)}(0^-) = x^{(2)}(0^-) = \cdots = 0$$

(3)利用求零状态响应时系统初始状态为零的性质,可得

$$y(0^-) = y^{(1)}(0^-) = y^{(2)}(0^-) = \cdots = 0$$

(4)利用步骤(2)和步骤(3)来化简步骤(1)中得到的代数方程,可得到如下表达式:

$$\left(\sum\limits_{i=0}^{n} a_i s^i \right) Y(s) - \sum\limits_{i=0}^{n} a_i \left[\sum\limits_{k=0}^{i-1} s^{i-1-k} y^{(k)}(0^-) \right] = \left(\sum\limits_{j=0}^{m} b_j s^j \right) X(s)$$

整理上式,即可求得系统函数 $H(s) = \dfrac{Y(s)}{X(s)}$。

通常,系统函数 $H(s)$ 是一个关于复变量 s 的有理分式,它的极点和零点或者是位于实轴上的实数,或者是成对出现的共轭复数。相对于极点而言,零点对系统时域特性的影响是有限的,通常只会影响冲激响应各个模式分量的大小。但是极点对系统时域特性的影响是不可忽视的,具体表现在以下几点。

- 极点决定了系统单位冲激响应的模式。系统的单位冲激响应 $h(t)$ 是一系列指数函数的和,每一个指数函数对应于系统函数 $H(s)$ 的一个极点,即系统函数 $H(s)$ 的极点恰好是指数函数中变量 t 的系数。

- 系统的零输入响应 $y_{zi}(t)$ 的模式只取决于系统自身的特性,与外加的激励信号无关,因此又称为系统的自然响应。自然响应的模式仅由系统函数的极点 $p_1, p_2, \cdots, p_n$ 决定,所以又称极点 $p_1, p_2, \cdots, p_n$ 为系统的自然频率。

- 系统函数 $H(s)$ 在 s 左半平面的极点所对应的自由响应函数是衰减的,即当 $t \rightarrow +\infty$ 时,响应均趋向于 0;系统函数 $H(s)$ 在虚轴($j\omega$ 轴)上的一阶极点所对应的响应函数为稳态分量,其幅值不随时间 t 变化而变化;系统函数 $H(s)$ 在虚轴上的高阶极点或者在 s 右半平面的极点,对应的自由响应函数的幅值随时间 t 的增大而增大,即 $t \rightarrow +\infty$ 时,响应均趋向于无穷大。

三、系统稳定性的判别方法

从复频域角度考虑,根据系统函数 $H(s)$ 的极点位置的不同,因果系统可以分为稳定系统、

临界稳定系统和不稳定系统三种。

1.稳定系统

如果系统函数 $H(s)$ 的全部极点都位于 s 平面的左半平面,则当 $t \to +\infty$ 时,系统的单位冲激响应 $h(t)$ 趋向于零,满足绝对可积的条件,所以系统稳定。

2.临界稳定系统

如果系统函数 $H(s)$ 的极点位于 s 平面的虚轴上,并且只为一阶极点,那么经过充分长的时间之后,对应的单位冲激响应 $h(t)$ 趋向于一个非零的数值或者存在一个等幅振荡,则称该系统为临界稳定系统。

3.不稳定系统

如果系统函数 $H(s)$ 至少有一个极点位于 s 平面的右半平面,或者虚轴具有二阶以上的极点,那么在经过充分长的时间之后,对应的单位冲激响应 $h(t)$ 仍然增长,并不满足绝对可积条件,因此系统是不稳定系统。

通常情况下,求解高阶特征方程的根是很困难的。因此需要寻找一个无需解方程的根,就能判断系统是否稳定的方法。常用的根据特征方程的系数来判决系统是否稳定的必要条件是:特征方程的全部系数 $a_i (i = 0, 1, \cdots, n)$ 为正(或全部为负),并且 s 的幂次从 0 到 n 不缺一项。

有的特征方程的系数虽然都有相同的符号,并且不缺项,但仍然不能保证系统是稳定的。此时需要借助其他方法来判定特征方程是否有实部为正的根,罗斯-霍尔维茨判据就是解决此类问题的一种常用方法。利用罗斯-霍尔维茨判据来判断系统稳定性的具体步骤如下。

(1)列出罗斯-霍尔维茨阵列。

(2)根据罗斯-霍尔维茨定理判断系统是否稳定,即在罗斯-霍尔维茨数列中,顺次计算符号变化的次数等于方程所具有的实部为正的根的个数。

习　题

4.1　已知系统的频率响应 $H(j\omega) = \dfrac{\sin^2(3\omega)\cos\omega}{\omega^2}$,求系统的单位冲激响应。

4.2　在图 4-19 所示的 RLC 电路中,$e(t)$ 为输入电压,$r(t)$ 为输出电压,求:

(1)建立系统微分方程;

(2)求系统的频率响应 $H(j\omega)$;

(3)若 $e(t) = \sin t$,求系统的输出电压 $r(t)$。

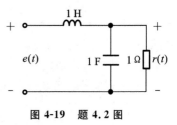

图 4-19　题 4.2 图

4.3　因果线性非时变系统的微分方程为

$$\frac{\mathrm{d}^2 r(t)}{\mathrm{d}t^2} + 6\frac{\mathrm{d}r(t)}{\mathrm{d}t} + 8r(t) = 2e(t)$$

(1)求系统的单位冲激响应;

(2)如果激励 $e(t) = te^{-2t}\varepsilon(t)$,响应为多少?

4.4　某系统的频率响应特性为 $H(j\omega) = \dfrac{\alpha - j\omega}{\alpha + j\omega}(\alpha > 0)$,求:

(1)$|H(j\omega)|$ 和 $\varphi(\omega)$;

(2)单位冲激响应 $h(t)$。

(3)当 $\alpha=1$，系统激励 $e(t)=\cos\left(\dfrac{t}{\sqrt{3}}\right)+\cos t+\cos(\sqrt{3}t)$ 时，求系统的输出 $r(t)$。

4.5　用拉普拉斯变换解微分方程 $(p+2)r(t)=\sin(\omega_0 t)\varepsilon(t)$ $(r(0^-)=1)$。

4.6　给定系统的微分方程为

$$\frac{\mathrm{d}^2 r(t)}{\mathrm{d}t^2}+3\frac{\mathrm{d}r(t)}{\mathrm{d}t}+2r(t)=\frac{\mathrm{d}e(t)}{\mathrm{d}t}+3e(t)$$

若 $e(t)=\mathrm{e}^{-3t}\varepsilon(t)$，$r(0^-)=1$，$r'(0^-)=2$，试求系统的初值 $r(0^+)$ 和 $r'(0^+)$。

4.7　如图 4-20 所示电路，电压传输函数 $H(s)=\dfrac{U_2(s)}{U_1(s)}$

$=\dfrac{2}{2s^2+s+2}$，试求 L 和 C 的值。

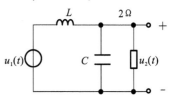

图 4-20　题 4.7 图

4.8　已知信号 $f(t)$ 满足以下方程

$$f(t)+\int_0^t f(t-\tau)\sin\tau\,\mathrm{d}\tau=\cos(t)\varepsilon(t)$$

试求 $f(t)$ 的解析表达式。

4.9　已知某线性非时变系统的微分方程为 $\dfrac{\mathrm{d}^2 r(t)}{\mathrm{d}t^2}+4\dfrac{\mathrm{d}r(t)}{\mathrm{d}t}+3r(t)=\dfrac{\mathrm{d}^2 e(t)}{\mathrm{d}t^2}$，系统初始状态为 $r(0^-)=4$，$r'(0^-)=3$，求当因果激励信号 $e(t)$ 为何值时系统的全响应为零。

4.10　某线性非时变系统，当初始状态为 $r(0^-)=1$，输入 $e(t)=\varepsilon(t)$ 时，全响应为 $r(t)=2\mathrm{e}^{-2t}$；当初始状态为 $r(0^-)=2$，输入 $e(t)=\delta(t)$ 时，全响应为 $r(t)=\delta(t)$，求该系统的微分方程。

4.11　已知系统微分方程 $\dfrac{\mathrm{d}^2 r(t)}{\mathrm{d}t^2}+2\dfrac{\mathrm{d}r(t)}{\mathrm{d}t}+r(t)=e(t)$，为使系统对单位阶跃信号 $\varepsilon(t)$ 产生的完全响应仍为 $\varepsilon(t)$，试确定系统的初始状态 $r(0^-)$ 和 $r'(0^-)$。

4.12　在图 4-21 所示电路中，起始状态为零，激励信号 $e(t)=\mathrm{e}^{-2t}\varepsilon(t)$，试求响应 $u_\mathrm{L}(t)$ 及其初值 $u_\mathrm{L}(0^+)$ 和终值 $u_\mathrm{L}(+\infty)$。

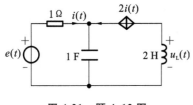

图 4-21　题 4.12 图

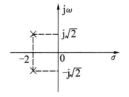

图 4-22　题 4.13 图

4.13　已知系统函数 $H(s)$ 的零/极点分布如图 4-22 所示，单位冲激响应 $h(t)$ 的初值 $h(0^+)=5$，激励 $e(t)=\cos\left(\dfrac{\sqrt{2}}{2}t\right)$，求正弦稳态响应。

4.14　某因果线性非时变系统，已知：

(1)其系统函数是有理的，且仅有两个极点 $p_1=-2$，$p_2=4$；

(2)当激励 $e(t)=1$ 时，响应 $r(t)=0$；

(3)单位冲激响应的初值 $h(0^+)=4$。

试确定系统的系统函数。

4.15 一因果线性非时变系统可由以下微分方程描述：

$$\frac{d^3 r(t)}{dt^3} + (1+\alpha)\frac{d^2 r(t)}{dt^2} + \alpha(\alpha+1)\frac{dr(t)}{dt} + \alpha^2 r(t) = e(t)$$

(1) 如果 $g(t) = \frac{dh(t)}{dt} + h(t)$，试问 $G(s)$ 有几个极点？

(2) 欲使系统稳定，求 α 的取值范围。

4.16 描述一因果线性非时变系统的输入 $x(t)$ 与输出 $y(t)$ 的关系的微分方程为

$$\frac{dy(t)}{dt} + 10y(t) = \int_{-\infty}^{+\infty} x(\tau)z(t-\tau)d\tau - x(t)$$

式中，$z(t) = e^{-t}\varepsilon(t) + 3\delta(t)$，试求：

(1) 该系统的系统函数 $H(s)$；

(2) 系统的单位冲激响应。

4.17 已知系统的特征方程如下，试求系统稳定的 K 值范围。

(1) $s^3 + 4s^2 + 4s + K = 0$；　　　　　(2) $s^3 + 5s^2 + (K+8)s + 10 = 0$；

(3) $s^4 + 9s^3 + 20s^2 + Ks + K = 0$；　　(4) $s^5 + 2s^4 + 9s^3 + 3s^2 + Ks + K = 0$。

第5章 离散时间系统的时域分析

5.1 引言

实际系统中存在的绝大多数物理过程或物理量,都是在时间和幅值上连续的模拟信号。例如,描述每天温度变化的信号、讲话声音的信号等。模拟信号属于连续时间信号,连续时间信号不能用数字计算机直接处理,需要通过采样、数模(A/D)转换等处理技术转换成离散时间信号,然后才能用于计算机处理。

离散时间信号可以通过对连续时间信号采样得到,采样时间间隔既可以是均匀的,也可以是非均匀的。在实际应用中,为了方便起见,一般都采用均匀采样的方法。同样,本书中只讨论均匀采样的情况。连续时间信号经采样得到了离散时间信号(见图 5-1(a)),离散时间信号自变量的取值是离散的,即它只在一系列互相分离的时间点上才有定义,而在其他的时间点上没有定义。受制于硬件电路,连续时间信号的采样值不能任意取值,必须经过量化处理,即用最接近采样值的预设值中的一个来表示。这种经过量化的离散时间信号称为数字信号,它的幅值常用二进制表示,常用的数字通信信号、计算机信号都是数字信号(见图 5-1(b))。

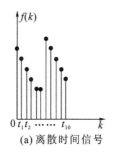
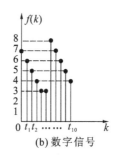

图 5-1　离散时间信号和数字信号

如果一个系统的输入信号和输出信号都是离散信号,那么这个系统就是离散时间系统。数字计算机和数字通信系统都是典型的离散时间系统,它们都可以采用大规模集成电路实现,从而实现系统的小型化和微型化,并降低系统的成本。这也是离散时间系统在近几十年迅速发展的主要原因之一。

由于离散时间系统的输入信号和输出信号在时间上都是离散的,因此描述连续时间系统的微分方程不适用于离散时间系统。离散时间系统在时域中常用差分方程来描述。如果系统是线性非时变的,则采用线性常系数差分方程来描述。线性常系数差分方程的形式与微分方程的形式类似,时域求解方法也可以借鉴微分方程的解法。它的系统响应也可以分为自由响应和强迫响应、零输入响应和零状态响应等。但是在时域中解高阶的线性常系数差分方程时,求解特征方程的特征根变得很困难,导致整个算法变得烦琐、复杂,因此引入了和连续时间系统中广泛使用的拉普拉斯变换与傅里叶变换类似的变换域的方法来解差分方程。在离散时间系统中,常用的变换域方法包括 Z 变换、离散傅里叶变换、离散余弦变换等多种正交变换方法。

从第 5.2 节起,首先讲解采样信号与采样定理;其次讨论离散时间信号的基本运算和典型的离散时间信号;然后讨论描述离散时间系统的数学模型——差分方程;最后讨论线性常系数差分方程的时域解法和卷积和的概念。关于 Z 变换的概念及性质和离散时间系统的变换域分析法将在第 6 章讨论。

5.2　采样信号与采样定理

离散时间系统的输入信号和输出信号都是离散信号。但在实际应用中存在的往往是连续信号,连续时间信号需要转化成离散时间信号才能用离散时间系统处理。这样才能充分利用离散时间系统精度高、可靠性好、便于集成化和小型化的特点,发挥离散时间系统优势的作用。

离散信号可以从某些不连续的事件中获取,也可以通过每隔一定时间间隔对一个连续信号进行测量而获得。比如环境温度是一个连续变化的量,如果每隔一定时间测量一次温度,经过多次测量就可以获得一个离散的温度值的样本,将样本进行量化处理,就转换成离散系统可以处理的数字信号。这种数字信号经过数字通信系统的处理和传输,其性能指标要比经过模拟通信系统处理的高很多,因此这种信号处理方式得到了广泛的应用。

如果用 $f(t)$ 表示连续信号,用 $f_s(t)$ 表示对 $f(t)$ 采样,那么有两个问题摆在我们面前:

(1)原始信号 $f(t)$ 的频谱和它的采样信号 $f_s(t)$ 的频谱之间有何联系?

(2)在什么条件下,采样信号 $f_s(t)$ 可以保留原始信号 $f(t)$ 的全部信息,即在什么条件下,可以由采样信号 $f_s(t)$ 无失真地恢复回原始的连续信号 $f(t)$?

有关这两个问题的解答,将是本节要讨论的两个重点内容。

5.2.1　采样信号

信号的采样是由采样器来实现的,而采样器一般由电子开关组成,如图 5-2(a)所示。其中,输入信号用 $f(t)$ 表示,输出信号用 $f_s(t)$ 表示。开关每隔时间间隔 T 接通输入信号和接地各一次,接通输入信号的持续时间为 τ。输入信号 $f(t)$ 和输出信号 $f_s(t)$ 之间的关系如图 5-2(b)所示。

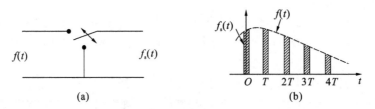

图 5-2　信号的采样示意图

由图 5-2 可知,所谓的"采样"就是利用开关函数 $s(t)$ 与连续信号 $f(t)$ 相乘,来采集一系列样值 $f_s(t)$ 的过程,即

$$f_s(t) = f(t)s(t) \tag{5-1}$$

在式(5-1)中，$f_s(t)$ 通常称为"采样信号"。式(5-1)所描述的采样过程可以用图 5-3 所示的乘法模型来表示，其中开关函数 $s(t)$ 用一个矩形脉冲序列(亦称为采样脉冲序列)来表示，其波形如图 5-4 所示。

图 5-3　采样的乘法模型　　　　图 5-4　采样脉冲序列

在图 5-4 中，采样脉冲序列的脉冲宽度为 τ、幅度为 1，采样脉冲的间隔均为 T，所以是均匀采样。这里 T 称为采样周期，它的倒数 $f_s = \dfrac{1}{T}$ 被称为采样频率，$\omega_s = 2\pi f_s = \dfrac{2\pi}{T}$ 称为采样角频率。

5.2.2　采样信号的频谱

令连续信号 $f(t)$ 的傅里叶变换为 $F(j\omega)$，则有 $f(t) \leftrightarrow F(j\omega)$；采样脉冲序列 $s(t)$ 的傅里叶变换为 $S(j\omega)$，则有 $s(t) \leftrightarrow S(j\omega)$。由式(5-1)可知，采样信号 $f_s(t)$ 是连续信号 $f(t)$ 和采样脉冲序列 $s(t)$ 的乘积，根据频域卷积定理得采样信号 $f_s(t)$ 的频谱 $F_s(j\omega)$ 为

$$F_s(j\omega) = \frac{1}{2\pi}[F(j\omega) * S(j\omega)] \tag{5-2}$$

因为 $s(t)$ 是周期信号，根据周期信号的傅里叶变换性质，可得采样脉冲序列的傅里叶变换为

$$S(j\omega) = 2\pi \sum_{n=-\infty}^{+\infty} s_n \delta(\omega - n\omega_s) \tag{5-3}$$

式中，ω_s 是采样角频率；s_n 是信号 $s(t)$ 傅里叶级数的系数，

$$s_n = \frac{1}{T} \int_{-\frac{T}{2}}^{\frac{T}{2}} s(t) e^{-jn\omega_s t} dt \tag{5-4}$$

把式(5-3)代入式(5-2)，有

$$F_s(j\omega) = \sum_{n=-\infty}^{+\infty} [F(j\omega) * s_n \delta(\omega - n\omega_s)]$$
$$= \sum_{n=-\infty}^{+\infty} s_n F[j(\omega - n\omega_s)] \tag{5-5}$$

由式(5-5)可知，采样信号的频谱 $F_s(j\omega)$ 是连续信号的频谱 $F(j\omega)$ 的波形以采样角频率 ω_s 为间隔，经过周期重复得到的，重复过程中 $F(j\omega)$ 的幅度被 $s(t)$ 的傅里叶级数的系数 s_n 加权。由于 s_n 只是 n 的函数，所以在连续信号的频谱 $F(j\omega)$ 重复的过程中，不会改变 $F(j\omega)$ 波形的形状。

由式(5-4)可知，加权系数 s_n 取决于采样脉冲序列的波形，下面讨论两种典型的采样脉冲序列。

1. 矩形脉冲采样

在这种情况下，采样脉冲信号的波形是矩形，矩形脉冲信号可以用 $p(t)$ 来表示。设矩形

脉冲采样的脉冲宽度为 τ，幅度为 E，采样周期为 T_s，则采样角频率为 ω_s。由于采样信号 $f_s(t)$ 是连续信号 $f(t)$ 和矩形脉冲信号 $p(t)$ 的乘积，又因为采样脉冲具有一定的宽度，所以采样信号 $f_s(t)$ 在采样期间，脉冲顶部不是平的，而是随着连续信号 $f(t)$ 的改变而变化的，如图 5-5 所示。这种采样又称为"自然采样"。本章只讨论自然采样的情况。

矩形脉冲信号 $p(t)$ 的傅里叶级数的系数 p_n 为

$$p_n = \frac{1}{T} \int_{-\frac{\tau}{2}}^{\frac{\tau}{2}} p(t) e^{-jn\omega_s t} dt$$

$$= \frac{1}{T} \int_{-\frac{\tau}{2}}^{\frac{\tau}{2}} E e^{-jn\omega_s t} dt = \frac{E\tau}{T} Sa\left(\frac{n\omega_s t}{2}\right) \tag{5-6}$$

将式(5-6)代入式(5-5)，可得

$$F_s(j\omega) = \frac{E\tau}{T} \sum_{n=-\infty}^{+\infty} Sa\left(\frac{n\omega_s \tau}{2}\right) F[j(\omega - n\omega_s)] \tag{5-7}$$

此时，采样信号 $f_s(t)$ 的频谱 $F_s(j\omega)$ 是由矩形脉冲的频谱 $F(j\omega)$ 以间隔 ω_s、幅度包络以 $Sa\left(\frac{n\omega_s \tau}{2}\right)$ 为规律变化重复出现的结果，具体如图 5-5 所示。

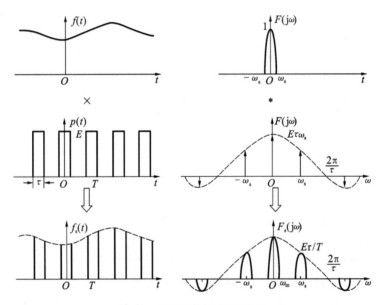

图 5-5　矩形采样信号的频谱

2. 冲激采样

如果令图 5-5 所示的矩形采样脉冲的宽度 $\tau \to 0$，矩形脉冲的面积亦趋于 0，结果是矩形脉冲变成了一条幅度为 1 的位于原脉冲中心线的直线，它可以表示成冲激函数 $\delta(t)$ 及其周期延拓的叠加，即

$$s(t) = p(t) = \delta_T(t) = \sum_{n=-\infty}^{+\infty} \delta(t - nT)$$

这种用周期为 T 的冲激序列 $\delta_T(t)$ 作为采样脉冲的采样过程，称为"冲激采样"或"理想采样"。其中采样信号 $f_s(t)$ 是连续信号 $f(t)$ 和冲激序列 $\delta_T(t)$ 的乘积，即

$$f_s(t) = f(t)\,\delta_T(t)$$

式中，$f_s(t)$ 由一系列冲激函数构成，冲激函数的间隔为 T，幅度为对应的连续信号的采样值 $f(nT)$，$f_s(t)$ 的波形如图 5-6(c)所示。采样脉冲 $\delta_T(t)$ 的傅里叶级数的系数为

$$s_n = \frac{1}{T}\int_{-\frac{T}{2}}^{\frac{T}{2}} \delta_T(t)\mathrm{e}^{-\mathrm{j}n\omega_s t}\mathrm{d}t$$

$$= \frac{1}{T}\int_{-\frac{T}{2}}^{\frac{T}{2}} \delta(t)\mathrm{e}^{-\mathrm{j}n\omega_s t}\mathrm{d}t = \frac{1}{T} \tag{5-8}$$

将式(5-8)代入式(5-5)，得到冲激采样信号的频谱为

$$F_s(\mathrm{j}\omega) = \frac{1}{T}\sum_{n=-\infty}^{+\infty} F[\mathrm{j}(\omega - n\omega_s)] \tag{5-9}$$

由式(5-9)可知，冲激采样信号 $f_s(t)$ 的频谱 $F_s(\mathrm{j}\omega)$ 是由连续信号 $f(t)$ 的频谱 $F(\mathrm{j}\omega)$ 以间隔 ω_s，幅度包络为常数 $1/T$ 重复出现的结果，具体如图 5-6 所示。

由上面的讨论可知，矩形脉冲采样和冲激采样是时域采样信号的两个特例，其中冲激采样又是矩形脉冲采样的一种极限情况(脉宽 $\tau \rightarrow 0$)。为了便于分析问题，在实际中常采用矩形脉冲采样，当脉宽 τ 比较窄时，可以近似看成冲激采样。

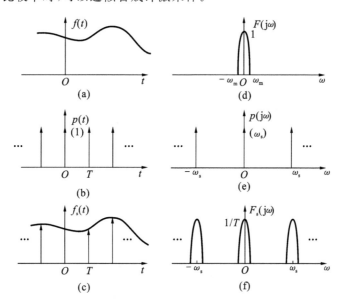

图 5-6　冲激采样信号的频谱

5.2.3　信号的重建和采样定理

采样信号 $f_s(t)$ 是从连续信号 $f(t)$ 采集的由一系列样值组成的离散序列，这三个信号的频谱之间有如下关系。

(1)采样信号 $f_s(t)$ 的频谱 $F_s(\mathrm{j}\omega)$ 是周期重复的，其重复的部分与连续信号 $f(t)$ 的频谱 $F(\mathrm{j}\omega)$ 形状相同，只是尺度有所不同。

(2)采样信号 $f_s(t)$ 的频谱 $F_s(\mathrm{j}\omega)$ 的包络是由采样脉冲序列 $s(t)$ 的频谱 $S(\mathrm{j}\omega)$ 的包络决定的。

（3）采样信号 $f_s(t)$ 的频谱 $F_s(j\omega)$ 相邻的重复部分的中心频率之间相隔一个采样频率 ω_s。

既然采样信号 $f_s(t)$ 的频谱 $F_s(j\omega)$ 是由连续信号 $f(t)$ 的频谱 $F(j\omega)$ 周期重复出现构成的，那么遵守什么样的条件、采用什么样的方法能从采样信号 $f_s(t)$ 中无失真地恢复出原始的连续信号 $f(t)$ 呢？这个问题的答案以冲激采样为例来给出。

为了讨论的方便，将冲激采样信号 $f_s(t)$ 的频谱 $F_s(j\omega)$ 重新画于图 5-7(a)中。在图 5-7(a)中，虚线框内的部分与原始的连续信号 $f(t)$ 的频谱 $F(j\omega)$ 有相同的结构，只是幅度加权 $1/T$。因此，只要将冲激采样信号 $f_s(t)$ 送入一个理想低通滤波器，就可以滤除虚线框外的部分，提取出原始的连续信号 $f(t)$ 的频谱 $F(j\omega)$，进而得到原始的连续信号 $f(t)$。这个理想低通滤波器的框图如图 5-7(b)所示。

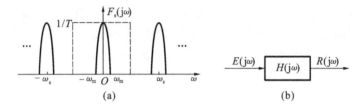

图 5-7　原始连续信号的重建

理想低通滤波器的幅频特性和相频特性如图 5-8 所示。

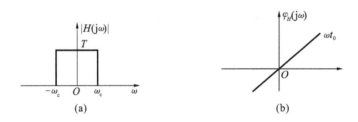

图 5-8　理想低通滤波器的频率特性

在图 5-8 中，它的幅频特性在通带内平坦，幅度都为 T，相频特性为一条通过原点的直线。为了防止混叠，截止频率 ω_c 应满足

$$\omega_m < \omega_c < \omega_s - \omega_m \tag{5-10}$$

式中，ω_m 是原始的连续信号频谱中的最高频率。这个理想低通滤波器的系统函数 $H(j\omega)$ 为

$$H(j\omega) = \begin{cases} T & (|\omega| < \omega_c) \\ 0 & (|\omega| > \omega_c) \end{cases} \tag{5-11}$$

滤波器的输入信号 $e(t)$ 是采样信号 $f_s(t)$，有

$$e(t) = f_s(t)$$
$$E(j\omega) = F_s(j\omega)$$

则在低通滤波器的输出端，有

$$R(j\omega) = E(j\omega)H(j\omega) = F_s(j\omega)H(j\omega) = F(j\omega) \tag{5-12}$$

采用上述方法即可分离出原始连续信号 $f(t)$ 的频谱 $F(j\omega)$。

由上面的讨论可知，要想重建或者恢复原始的连续信号 $f(t)$，采样信号的频谱 $F_s(j\omega)$ 中两个相邻的组成部分不能互相混叠（见图 5-9），一旦混叠，即使是理想低通滤波器，也无法提取原始连续信号的完整频谱,就无法重建原始的连续信号 $f(t)$。

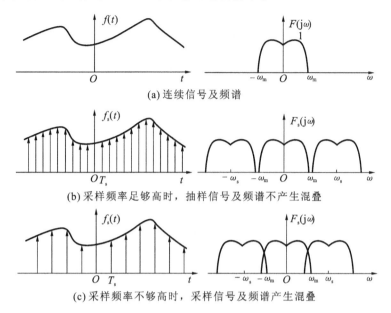

(a) 连续信号及频谱

(b) 采样频率足够高时,抽样信号及频谱不产生混叠

(c) 采样频率不够高时,采样信号及频谱产生混叠

图 5-9　采样信号频谱的混叠

要使采样后的信号频谱 $F_s(j\omega)$ 不产生混叠,原始连续信号 $f(t)$ 和采样脉冲序列 $s(t)$ 需满足以下条件。

(1)连续信号 $f(t)$ 的频谱 $F(j\omega)$ 的频带宽度是有限的,即连续信号 $f(t)$ 的频率分量 ω 满足,

$$\omega < \omega_m \tag{5-13}$$

式中,ω_m 是有限值,代表原始连续信号频谱 $F(j\omega)$ 中的最高角频率。

(2)抽样角频率 ω_s 至少是原始连续信号 $f(t)$ 的最高角频率 ω_m 的 2 倍,即

$$\omega_s \geqslant 2\omega_m \tag{5-14}$$

令 f_m 为原始连续信号 $f(t)$ 所包含的最高频率,则它的 2 倍为

$$2f_m = \frac{\omega_m}{\pi} \tag{5-15}$$

根据条件(2),最小的采样频率 f_s 应满足

$$f_s = 2f_m \tag{5-16}$$

则称 $2f_m$ 为奈奎斯特(Nyquist)采样频率(或者香农采样频率),而它的倒数 $\frac{1}{2f_m} = \frac{1}{T_s}$ 称为奈奎斯特采样间隔(或者香农采样间隔)。

根据以上讨论,归纳均匀采样定理如下:如果一个带宽有限信号的频谱的最高频率为 f_m,那么这个限带信号可以由它的以不低于 $\frac{1}{2f_m}$ 时间间隔进行采样的采样值唯一确定。将此采样信号通过截止频率为 ω_c 的理想低通滤波器(ω_c 满足 $\omega_m \leqslant \omega_c \leqslant \omega_s - \omega_m$)后,可以无失真地恢复出原始连续信号 $f(t)$。这个定理又称为香农采样定理。

在由采样信号 $f_s(t)$ 恢复原始连续信号 $f(t)$ 的实际应用中,要注意以下两点。

（1）香农采样定理中提到的理想低通滤波器在实际中是不可实现的，因为理想低通滤波器的频率特性（见图 5-8）要求通带、阻带截然分开，并且阻带的输出为零，这违背了系统的因果律。而非理想低通滤波器幅频特性中的截止部分不够陡直（见图 5-10 的虚线），导致滤波器的输出端除了含有原始连续信号 $f(t)$ 的完整频谱部分 $F(j\omega)$ 外，还夹杂有相邻部分的一些频率分量（见图 5-10 的阴影）。这样，重建的信号与原始的连续信号 $f(t)$ 会有差别。这个问题的解决办法有两个。

①提高采样频率 f_s，加大采样信号频谱 $F_s(j\omega)$ 中相邻部分的间隔。

②提高低通滤波器的阶数，加大阻带部分的衰减。

这样，低通滤波器的输出端就会只含有需要的频谱成分 $F(j\omega)$，进而能无失真地恢复出原始连续信号 $f(t)$。

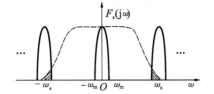

图 5-10　非理想低通滤波器的影响

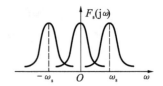

图 5-11　非限带信号对采样的影响

（2）实际传输信号的频谱不一定会严格限定在某个频率范围内，有可能会随着频率的增加其幅度会随之衰减。这样就不满足条件（1）的要求：连续信号的频带宽度是有限的，这一条件，导致的结果是在采样信号的频谱 $F_s(j\omega)$ 中，相邻的组成部分之间会有重叠，即混叠（见图 5-11）。在采样信号频谱 $F_s(j\omega)$ 有混叠的情况下，利用低通滤波器很难无失真地滤除需要的频率成分。但是，一般情况下，信号的有效频带宽度是有限的，在某个范围之外的频率分量可以忽略不计。因此，只要适当提高采样频率 f_s，同时滤波器的截止特性有一定的陡度，还是能够把所需的信号提取出来的。

5.3　离散时间信号

离散时间信号简称离散信号，它的获取方式不仅局限于连续信号采样这一种。某些离散信源也可以直接输出离散信号，比如数字计算机系统的输入信号和输出信号，以及各种直接给出的时间序列。因此，不能把离散信号简单地理解成连续信号的采样。

离散信号只在某些离散的时间点上取值，它在时间上是不连续的，是一个离散的数值序列。通常，这些离散的时间点的间隔是均匀的。如果以 T 表示相邻两个时间点的间隔，那么信号只在离散的时间点 $t=0,\pm T,\pm 2T,\cdots,\pm nT$ 被定义。正像经常用 $x(t)$ 表示连续信号一样，离散信号可以用 $x(nT)$ 来表示。又因为离散时间点的间隔均匀为 T，所以可以直接用 $x(n)$ 来表示离散信号。这里，n 表示各函数值在序列中出现的序号。离散信号 $x(n)$ 既可以写成与 n 有关的函数表达式（闭式），又可以逐个列出 $x(n)$ 的取值。通常称对应某个序号 n 的函数值为信号在第 n 个样点的"样值"。

离散信号的波形是坐标平面中的一系列点。为了醒目起见，离散信号常常画成一条条垂直于横轴的线段，线段的端点才是真正的函数值，可以将序列取值的大小与线段的长短相对应。有时为了方便观察,会将它们的端点连接起来。但是必须知道,$x(n)$仅对 n 为整数值才有意义,n 为非整数值时,$x(n)$没有意义。

5.3.1　离散信号的基本运算

与连续时间系统分析类似,在分析离散系统时,经常要对离散信号进行运算,常用的有两个序列之间的相加(相减)、相乘运算,还包括对序列自身进行的移位、反褶、标乘、尺度倍乘等运算。下面就逐个讨论离散信号的基本运算。

1. 两个序列的相加(相减)

用 $x_1(n)$ 和 $x_2(n)$ 分别表示两个序列,这两个序列的相加(相减)指的是这两个序列相同、序号对应的数值逐项相加(相减),从而构成一个新的序列 $x(n)$,即

$$x(n)=x_1(n)\pm x_2(n) \tag{5-17}$$

两个序列相加的运算符号如图 5-12(a)所示。

2. 两个序列的相乘

两个序列 $x_1(n)$ 和 $x_2(n)$ 相乘,指的是这两个序列相同、序号对应的数值逐项相乘,从而构成一个新的序列 $x(n)$,即

$$x(n)=x_1(n)x_2(n) \tag{5-18}$$

两个序列相乘的运算符号如图 5-12(b)所示。

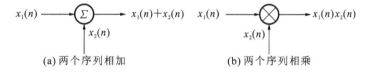

图 5-12　两个序列之间的运算符号表示

3. 序列的移位

序列的移位类似于连续信号的延时,可以向左、右(或前、后)两个方向进行。如果序列 $x(n)$ 逐项依次向右(向后)移动 m 位,得到的新序列 $z(n)$ 称为序列 $x(n)$ 的延时,即

$$z(n)=x(n-m) \tag{5-19}$$

如果序列 $x(n)$ 向左(向前)移动 m 位,则得到的新序列 $z(n)$ 为

$$z(n)=x(n+m) \tag{5-20}$$

序列移位的运算符号如图 5-13(a)所示。

4. 序列的反褶

将序列 $x(n)$ 的自变量 n 更换为 $-n$,得到的新序列 $z(n)$ 就是原序列 $x(n)$ 的反褶,即

$$z(n)=x(-n) \tag{5-21}$$

5. 序列的标乘

将序列 $x(n)$ 的每个样值同乘以常数 a 所形成的新序列 $z(n)$ 是原序列 $x(n)$ 的标乘,其运算符号如图 5-13(b)所示。

6. 序列的尺度倍乘

序列 $x(n)$ 的尺度倍乘是指通过对自变量 n 施以加权来实现 $x(n)$ 波形的压缩或扩展的方

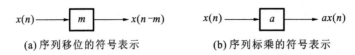

(a) 序列移位的符号表示　　　　　　　(b) 序列标乘的符号表示

图 5-13　序列移位和序列标乘的符号表示

法。如果权值是正整数 a $(a>1)$，那么构成的新序列 $x(an)$ 的波形是原序列 $x(n)$ 的波形压缩；如果权值是 $1/a$，那么新序列 $x(\frac{n}{a})$ 的波形是原序列 $x(n)$ 的波形扩展。注意，这时要按规律除去某些点或补齐相应的零值。所以，这种运算也称为序列的"重排"。

【例 5.1】 若 $x(n)$ 的波形如图 5-14(a)所示，画出 $x(2n)$ 和 $x(0.5n)$ 的波形。

解　$x(2n)$ 的波形如图 5-14(b)所示，它只包含原有 $x(n)$ 波形中 n 为偶数时所对应的样值，n 为奇数时所对应的样值已不存在。因此，$x(2n)$ 的波形是 $x(n)$ 的波形压缩。$x(0.5n)$ 的波形如图 5-14(c)所示，其中 n 为奇数时对应的样值为零，n 为偶数时各点取得 $x(n)$ 的波形中依次对应的样值，因此 $x(0.5n)$ 的波形是 $x(n)$ 的波形扩展。

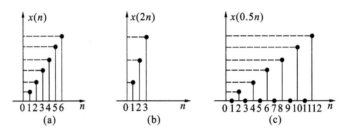

图 5-14　例 5.1 的波形

5.3.2　典型的离散时间信号

1. 单位函数 $\delta(n)$

单位函数又称为"单位采样""单位样值信号""单位脉冲"或"单位冲激"。它的定义是

$$\delta(n)=\begin{cases}1 & (n=0)\\ 0 & (n\neq0)\end{cases} \tag{5-22}$$

式中，单位函数 $\delta(n)$ 只在 $n=0$ 处取单位值 1，其余样点取值都为零，其波形如图 5-15 所示。在离散时间系统中，它的作用类似于连续时间系统中的单位冲激函数 $\delta(t)$。但是二者有着重要的区别，$\delta(t)$ 在 $t=0$ 时脉宽趋向于零，幅度却是无限大；而 $\delta(n)$ 在 $n=0$ 处取值是有限的，其值为 1。

2. 单位阶跃序列 $\varepsilon(n)$

单位阶跃序列 $\varepsilon(n)$ 的定义为

$$\varepsilon(n)=\begin{cases}1 & (n\geqslant0)\\ 0 & (n<0)\end{cases} \tag{5-23}$$

式中，单位阶跃序列 $\varepsilon(n)$ 当 n 为非负值时，取值为 1；当 n 为负值时，取值为 0，其波形如图 5-16 所示。在离散时间系统中，单位阶跃序列 $\varepsilon(n)$ 的作用类似于连续时间系统中的单位阶跃信号 $\varepsilon(t)$。但应注意，$\varepsilon(t)$ 在 $t=0$ 处发生跳变，其值往往不予定义；而 $\varepsilon(n)$ 在 $n=0$ 处的取值明确定义为 1。

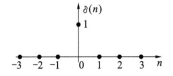

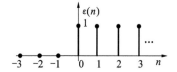

图 5-15　单位函数 $\delta(n)$ 的波形　　　　图 5-16　单位阶跃序列 $\varepsilon(n)$ 的波形

【例 5.2】　试用单位函数 $\delta(n)$ 表示单位阶跃序列 $\varepsilon(n)$。

解　因为单位函数 $\delta(n)$ 及其移位的定义如下：

$$\delta(n)=\begin{cases}1 & (n=0)\\0 & (n\neq0)\end{cases},\delta(n-1)=\begin{cases}1 & (n=1)\\0 & (n\neq1)\end{cases},\delta(n-2)=\begin{cases}1 & (n=2)\\0 & (n\neq2)\end{cases},\cdots,\delta(n-m)=\begin{cases}1 & (n=m)\\0 & (n\neq m)\end{cases}$$

显然单位阶跃序列 $\varepsilon(n)$ 可以看作单位函数 $\delta(n)$ 及其移位的叠加，即

$$\varepsilon(n)=\sum_{m=0}^{+\infty}\delta(n-m)$$

【例 5.3】　试用单位阶跃序列 $\varepsilon(n)$ 表示单位函数 $\delta(n)$。

解　由单位阶跃序列 $\varepsilon(n)$ 的定义可知，有

$$\varepsilon(n)=\begin{cases}1 & (n\geqslant0)\\0 & (n<0)\end{cases},\qquad \varepsilon(n-1)=\begin{cases}1 & (n\geqslant1)\\0 & (n<1)\end{cases}$$

则二者的差 $\varepsilon(n)-\varepsilon(n-1)$ 为

$$\varepsilon(n)-\varepsilon(n-1)=\begin{cases}0 & (n>0)\\1 & (n=0)\\0 & (n<0)\end{cases}$$

即

$$\delta(n)=\varepsilon(n)-\varepsilon(n-1)$$

3. 矩形序列 $G_k(n)$

矩形序列 $G_k(n)$ 的定义为

$$G_k(n)=\begin{cases}1 & (0\leqslant n\leqslant k-1)\\0 & (n>0,n\geqslant k)\end{cases} \tag{5-24}$$

式中，矩形序列 $G_k(n)$ 从 $n=0$ 到 $n=k-1$ 取值为 1，其余各点取值为 0，其波形如图 5-17 所示。矩形序列类似于连续时间系统中的矩形脉冲，它与阶跃序列的关系为

$$G_k(n)=\varepsilon(n)-\varepsilon(n-k) \tag{5-25}$$

4. 斜变序列 $n\varepsilon(n)$

斜变序列 $n\varepsilon(n)$ 的定义为

$$x(n)=n\varepsilon(n) \tag{5-26}$$

其波形如图 5-18 所示。它类似于连续时间系统中的单位斜变函数 $f(t)=t\varepsilon(t)$。

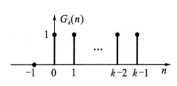

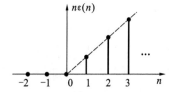

图 5-17　矩形序列的波形　　　　图 5-18　斜变序列的波形

5. 正弦序列

正弦序列的定义为

$$x(n) = \sin(n\omega_0) \tag{5-27}$$

式中，ω_0 为正弦序列的频率，它表示正弦序列值周期性重复的速率。例如，$\omega_0 = \dfrac{2\pi}{20}$ 表示正弦序列值每隔 20 个重复一次，其波形如图 5-19(a) 所示；若 $\omega_0 = \dfrac{2\pi}{12}$，表示正弦序列值每隔 12 个重复一次，其波形如图 5-19(b) 所示。注意，并不是所有的正弦序列都有周期性，它的周期性根据 $\dfrac{2\pi}{\omega_0}$ 取值的不同，可分以下三种情况讨论。

(1) $\dfrac{2\pi}{\omega_0}$ 为整数时，正弦序列有周期性，其周期为 $\dfrac{2\pi}{\omega_0}$。

(2) $\dfrac{2\pi}{\omega_0}$ 不为整数但为有理数时，正弦序列仍有周期性，其周期为大于 $\dfrac{2\pi}{\omega_0}$ 的整数。

(3) $\dfrac{2\pi}{\omega_0}$ 不为有理数时，正弦序列没有周期性。

相应的余弦序列定义为

$$x(n) = \cos(n\omega_0) \tag{5-28}$$

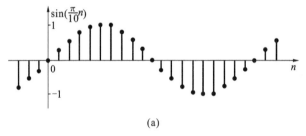

(a)

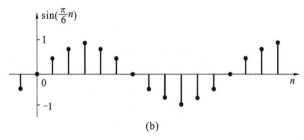

(b)

图 5-19 正弦序列的波形

6. 指数序列

指数序列的定义为

$$x(n) = a^n \varepsilon(n) \tag{5-29}$$

指数序列的敛散性取决于 $|a|$，当 $|a| > 1$ 时，序列发散；当 $|a| < 1$ 时，序列是收敛的。指数序列取值的正负取决于 a 的正负，当 $a > 0$ 时，序列取值全部为正；当 $a < 0$ 时，序列交替取正值和负值。指数序列的波形如图 5-20 所示。

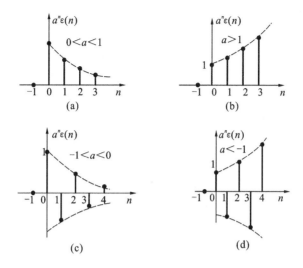

图 5-20　指数序列的波形

7. 复指数序列

取值为复数的序列称为复序列，它的每个序列值都可以是复数，有实部与虚部。复序列中最常见的是复指数序列，其定义为

$$x(n) = \mathrm{e}^{\mathrm{j}\omega_0 n} = \cos(\omega_0 n) + \mathrm{j}\sin(\omega_0 n) \tag{5-30}$$

复指数序列的极坐标形式为

$$x(n) = |x(n)| \, \mathrm{e}^{\mathrm{j}\arg[x(n)]} \tag{5-31}$$

如式(5-30)的复指数序列的极坐标形式的参数为

$$|x(n)| = 1$$
$$\arg[x(n)] = \omega_0 n$$

5.3.3　离散信号的分解

任一连续时间信号都可以分解成单位冲激信号 $\delta(t)$ 及延时的加权和。类似地，任一离散时间信号 $x(n)$ 也可以表示成单位序列 $\delta(n)$ 及其移位的加权和，即

$$x(n) = \sum_{m=-\infty}^{+\infty} x(m)\delta(n-m) \tag{5-32}$$

其证明如下。

因为

$$\delta(n-m) = \begin{cases} 1 & (n=m) \\ 0 & (n \neq m) \end{cases}$$

则

$$x(m)\delta(n-m) = \begin{cases} x(n) & (n=m) \\ 0 & (n \neq m) \end{cases}$$

所以，式(5-32)成立。

5.4 离散时间系统的数学模型及模拟

离散时间系统的输入和输出都是离散信号。按照系统性能的不同,离散时间系统可以分为线性离散系统和非线性离散系统、时变离散系统和非时变离散系统等。实际应用中,我们只讨论常见的线性离散系统、非时变离散系统。

1. 线性离散系统

与线性连续时间系统一样,线性离散系统也满足均匀性和可加性。设某一离散时间系统,当输入为 $x_1(n)$ 时,其对应的输出为 $y_1(n)$;当输入为 $x_2(n)$ 时,其对应的输出为 $y_2(n)$;当输入为 $x_1(n)$ 和 $x_2(n)$ 的线性组合时,对应的输出同样为 $y_1(n)$ 和 $y_2(n)$ 的线性组合,即:

令

$$y_1(n) = f(x_1(n)), \quad y_2(n) = f(x_2(n))$$

则

$$c_1 y_1(n) + c_2 y_2(n) = f(c_1 x_1(n) + c_2 x_2(n))$$

2. 非时变离散系统

若离散系统的响应与激励施加于系统的时刻无关,则称此系统为非时变离散系统。设某离散时间系统的激励 $x(n)$ 对应的响应为 $y(n)$,则当激励经历延时 N 出现时,对应的响应也延时 N 出现,即:

若

$$y(n) = f(x(n))$$

则

$$y(n-N) = f(x(n-N))$$

5.4.1 离散时间系统的数学描述

与连续时间系统用微分方程来描述不同,离散时间系统用差分方程来描述。差分方程式的各项除了包含激励 $x(n)$ 和响应 $y(n)$ 外,还包含它们的移位序列。与用线性常系数微分方程描述线性非时变连续系统类似,线性非时变离散系统常用线性常系数差分方程来描述。线性常系数差分方程的通式为

$$\sum_{k=0}^{N} a_k y(n-k) = \sum_{r=0}^{M} b_r x(n-r) \tag{5-33}$$

式中,a_k $(k=0,1,2,\cdots,N)$ 和 b_r $(r=0,1,2,\cdots,M)$ 都是实常数。差分方程的阶数取决于方程中响应序列 $y(n)$ 序号的最高值和最低值之间的差值,因此式(5-33)代表的是 N 阶线性常系数差分方程。式中,响应序列的序号自 n 开始,以递减的方式给出,称此种形式的差分方程为后向差分方程。描述同一个离散系统的差分方程也可以写成另一种形式,即

$$\sum_{k=0}^{N} a_k y(n+k) = \sum_{r=0}^{M} b_r x(n+r) \tag{5-34}$$

式中,响应序列的序号自 n 开始,以递增的方式给出,称此种形式的差分方程为前向差分方程。在使用差分方程时,需要注意以下三点:

（1）前向差分方程与后向差分方程之间可以相互转换。

（2）需要有 n 个独立的初始条件才能求解 n 阶差分方程。

（3）如果是因果的离散时间系统,那么 $N \geqslant M$。

下面举例说明如何从离散时间系统中导出描述该系统的差分方程。

【例 5.4】　假定每对大兔子每个月生育一对小兔子,而新生的小兔子要隔一个月才有生育能力。现假设最初一个月只有一对大兔子,并且兔子不会死亡,问在第 n 个月时,一共有几对兔子?

解　此问题是著名的费班纳西(Fibonacci)数列问题。

令 $y(n)$ 表示第 n 个月兔子对的数量,$y(n-1)$ 表示第 $n-1$ 个月兔子对的数量,$y(n-2)$ 表示第 $n-2$ 个月兔子对的数量。则在第 n 个月时,兔子对的数量由两部分组成:一部分是新生的小兔子,一部分是原有的兔子。新生小兔子对的数量取决于有生育能力的兔子对的数量。在第 n 个月,有 $y(n-2)$ 对兔子有生育能力,所以共有 $y(n-2)$ 对兔子是新生的。而原有兔子的数量是 $y(n-1)$ 对,则第 n 个月兔子对的数量是

$$y(n) = y(n-1) + y(n-2)$$

改写上式,得

$$y(n) - y(n-1) - y(n-2) = 0$$

由题意可知,$y(0) = 0$,$y(1) = 1$,采用迭代法将初值代入差分方程,得

$$y(2) = 1, \quad y(3) = 2, \quad y(4) = 3, \quad y(5) = 5, \cdots$$

所以数列 $y(n)$ 可以写成 $\{0, 1, 1, 2, 3, 5, 8, 13, \cdots\}$

【例 5.5】　某个人每个月月初存入银行 $x(n)$ 元,银行每月存款的利率为 a。试确定第 n 个月月初,此人在银行的钱款总数 $y(n)$。

解　第 n 个月的钱款总数由三部分组成:其一是第 $n-1$ 个月的存款余额 $y(n-1)$;其二是第 $n-1$ 个月的存款产生的利息 $ay(n-1)$;其三是第 n 个月月初的存款 $x(n)$,则第 n 个月月初,此人在银行的钱款总数 $y(n)$ 为

$$y(n) = ay(n-1) + y(n-1) + x(n)$$

整理得

$$y(n) - (1+a)y(n-1) = x(n)$$

【例 5.6】　在图 5-21 所示的电阻梯形网络中,每个支路的电阻都是 R,每个节点对地的电压为 $v(n)$ $(n = 0, 1, 2, \cdots, N)$。试写出第 n 个节点电压 $v(n)$ 的差分方程式。

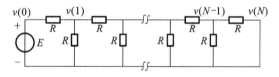

图 5-21　例 5.6 中电阻梯形网络

解　对于第 n 个节点,运用 KCL,可得

$$\frac{v(n)}{R} = \frac{v(n-1) - v(n)}{R} + \frac{v(n+1) - v(n)}{R}$$

整理得

$$v(n+1)-3v(n)+v(n-1)=0$$

这是一个二阶线性常系数差分方程,其边界条件有两个,即 $v(0)=E$、$v(N)=0$,借助这两个边界条件就可求得 $v(n)$ 的解。

由以上例题可知,差分方程是一种处理离散变量的函数关系的数学工具,而离散变量并不局限于时间变量。另外,与微分方程一样,差分方程的求解也需要一定的初始条件,所需初始条件的个数等于差分方程的阶数。

5.4.2　离散时间系统的模拟

描述连续时间系统的微分方程涉及加法、乘法和积分三种运算,可以分别用加法器、标量乘法器和积分器三种运算单元模拟。同样,描述离散时间系统的差分方程涉及的运算也有三种,分别是加法、乘法和延时运算。其中,加法和乘法运算与连续时间系统的相同,其运算符号的示意图如图 5-12(a)、(b)所示,而延时器的输出要比输入向后延时一个时间间隔 T。如果初始条件为零,延时器的运算符号的示意图如图 5-22(a)所示;如果初始条件不为零,延时器的输出应送入其后的加法器,初始条件 $y(0)$ 则是加法器的另一个输入,此种延时运算符号的示意图如图 5-22(b)所示。

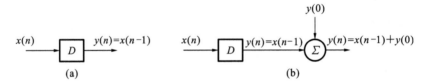

图 5-22　延时器的运算符号表示

下面从最简单的一阶差分方程入手,讨论如何用这三种基本的运算单元模拟离散时间系统。

设描写某系统的一阶前向差分方程为

$$y(n+1)+ay(n)=x(n) \tag{5-35}$$

为了画图方便,可将此前向差分方程改写为

$$y(n+1)=-ay(n)+x(n) \tag{5-36}$$

与前向差分方程式(5-36)描述的离散时间系统相对应的模拟框图如图 5-23(a)所示。

若为后向差分方程,即

$$y(n)+ay(n-1)=x(n) \tag{5-37}$$

则可以改写为

$$y(n)=-ay(n-1)+x(n) \tag{5-38}$$

与后向差分方程式(5-38)描述的离散时间系统相对应的模拟框图如图 5-23(b)所示。

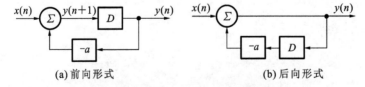

图 5-23　一阶离散时间系统的模拟框图

比较前向差分方程和后向差分方程的模拟框图,可知这两个系统无本质差别,只是取出输出信号的位置有所不同。前向差分方程描述的离散时间系统的输出 $y(n)$ 取自延时器的输出端;而后向差分方程描述的离散时间系统的输出 $y(n)$ 取自延时器的输入端。

可以将上述讨论的一阶离散时间系统的模拟框图扩展到二阶系统。设描述某二阶离散时间系统的差分方程为

$$y(n+2)+a_1 y(n+1)+a_0 y(n)=x(n) \tag{5-39}$$

上式可以改写为

$$y(n+2)=-a_1 y(n+1)-a_0 y(n)+x(n) \tag{5-40}$$

式(5-40)描述的系统模拟框图如图 5-24 所示。

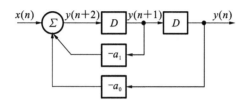

图 5-24　二阶离散时间系统的模拟框图(激励无移位)

如果二阶离散时间系统的激励不仅包含激励 $x(n)$,而且包含它的移位序列 $x(n+1)$,即

$$y(n+2)+a_1 y(n+1)+a_0 y(n)=b_1 x(n+1)+b_0 x(n) \tag{5-41}$$

此种情况与连续时间系统类似,需引入辅助函数 $q(n)$,使得

$$q(n+2)+a_1 q(n+1)+a_0 q(n)=x(n) \tag{5-42}$$

则输出序列 $y(n)$ 为

$$y(n)=b_1 q(n+1)+b_0 q(n) \tag{5-43}$$

其模拟框图如图 5-25 所示。

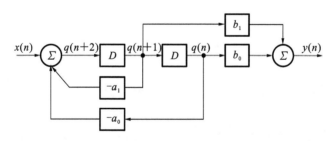

图 5-25　二阶离散时间系统的模拟框图(激励有移位)

同理,离散时间系统的模拟框图可以推广到 N 阶系统,本书对此不做深入讨论,感兴趣的读者可以阅读参考文献[1]第 7 章的相关内容。

【例 5.7】　某个离散时间系统可用以下的差分方程来描述:

$$y(n+2)-3y(n-1)+2y(n)=x(n+1)$$

试画出此系统的模拟框图。

解　此题可以采用两种方法求解。

(1)利用辅助函数 $q(n)$。

根据式(5-42)和式(5-43),有

$$\begin{cases} x(n)=q(n+2)-3q(n+1)+2q(n) \\ y(n)=q(n+1) \end{cases}$$

比照图 5-25 可以画出其模拟框图，如图 5-26 所示。

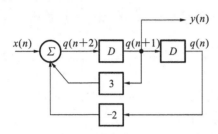

图 5-26   例 5.7 的模拟框图(利用辅助函数)

(2)令 $n=k-1$，于是描述系统的差分方程可以改写为

$$y(k+1)-3y(k)+2y(k-1)=x(k)$$

如果 $y(n)$ 为无限序列，n 和 k 都是 $[-\infty,+\infty]$ 区间的自然数，把上式中的 k 改回 n，等式仍然成立。如果 $y(n)$ 为有限序列，则需考虑序列的起点和终点有序数 1 的差别，把上式中的 k 改回 n，等式仍然成立。于是有

$$y(n+1)-3y(n)+2y(n-1)=x(n)$$

其模拟框图如图 5-27 所示。

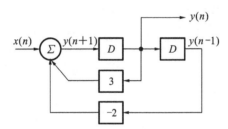

图 5-27   例 5.7 的模拟框图(无辅助函数)

5.5   线性常系数差分方程的时域解

N 阶线性常系数差分方程的一般形式为

$$\sum_{k=0}^{N} a_k y(n-k) = \sum_{r=0}^{M} b_r x(n-r) \tag{5-44}$$

式中，a_k $(k=0,1,2,\cdots,N)$ 和 b_r $(r=0,1,2,\cdots,M)$ 是常数。

形如式(5-44)的线性常系数差分方程的常用解法如下。

1. 迭代法

迭代法以激励或响应的初始值为起点，依次代入差分方程，求得响应的离散值。迭代法的优点是简单、概念清晰；缺点是只能得到有限项的数值解，不能直接给出解的完整解析表达式，即迭代法无法直接给出闭式解答。迭代法适用于低阶差分方程的求解，迭代法解差分方程的例子详见第 5.4 节中的例 5.4。

2. 时域经典法

类似于微分方程的时域经典解法,线性常系数差分方程的经典解法要先求齐次解和特解,然后代入预先给定的边界条件求其中的待定系数。这种方法物理意义明确,能够清楚地说明各响应分量之间的关系,但求解过程烦琐,在实际中较少使用。

3. 分别求零输入响应和零状态响应

和连续时间系统中的全响应为零输入响应和零状态响应之和类似,离散时间系统的全响应 $y(n)$ 也是零输入响应 $y_{zi}(n)$ 和零状态响应 $y_{zs}(n)$ 之和,即

$$y(n) = y_{zi}(n) + y_{zs}(n) \tag{5-45}$$

式中,零输入响应 $y_{zi}(n)$ 可以利用迭代法、求齐次解等方法来求得;零状态响应 $y_{zs}(n)$ 可以利用卷积和来求解。这里的卷积和类似于连续时间系统的卷积,卷积和方法在离散时间系统分析中占有重要的地位,亦简称为离散卷积。关于卷积和将在本节后面详细讨论。

4. 变换域方法(z 域分析法)

与在连续时间系统中利用傅里叶变换和拉普拉斯变换求解线性常系数微分方程类似,离散时间系统中的线性常系数差分方程也可以用变换域方法求解,常用的有 Z 变换、离散傅里叶变换、离散余弦变换等。本书第 6 章将重点讨论 Z 变换的定义和离散时间系统的 z 域分析法。

前面提到的线性常系数差分方程的零输入响应和零状态响应的解法,优点是物理概念清楚,缺点是计算卷积和的过程较为麻烦,但由于其在离散时间系统分析中的重要作用,本节后面将重点讨论零输入响应、卷积和及零状态响应等内容。

5.5.1　离散时间系统的零输入响应

与连续时间系统中零输入响应的定义类似,离散时间系统中的零输入响应是指系统的激励为零,仅由初始状态引起的响应。它可以用迭代法求解,也可以利用差分方程的齐次解法求得。迭代法的例子已在例 5.4 中给出,下面重点讨论用齐次解法求系统的零输入响应的步骤。

形如式(5-44)的线性常系数差分方程对应的齐次方程为

$$\sum_{k=0}^{N} a_k y(n-k) = 0 \tag{5-46}$$

齐次方程 $\sum_{k=0}^{N} a_k y(n-k) = 0$ 的解就是差分方程 $\sum_{k=0}^{N} a_k y(n-k) = \sum_{r=0}^{M} b_r x(n-r)$ 的齐次解。

为了方便起见,从最简单的一阶齐次方程入手来讨论齐次解的求法。一阶齐次方程可以写为

$$y(n) - \beta y(n-1) = 0 \tag{5-47}$$

式(5-47)可以改写为

$$\beta = \frac{y(n)}{y(n-1)}$$

式中, $y(n)$ 和 $y(n-1)$ 的比值为 β ,这说明序列 $y(n)$ 是一个等比数列,则 $y(n)$ 的数学表示式为

$$y(n) = C\beta^n \tag{5-48}$$

式中,系数 C 未知,其值由边界条件确定。

一般情况下,任意阶的差分方程,其齐次解是由形如式(5-48)的多项式组合而成的。其证明过程如下。

将一阶差分方程的齐次解 $y(n)=C\beta^n$ 代入式(5-46),得

$$\sum_{k=0}^{N} a_k C\beta^{n-k} = 0 \tag{5-49}$$

每项都除以 $C\beta^{n-N}$,得

$$a_0\beta^N + a_1\beta^{N-1} + \cdots + a_{N-1}\beta + a_N = 0 \tag{5-50}$$

式(5-50)是一元 N 次方程,有 N 个根。设 $\beta_k(k=1,2,\cdots,N)$ 是其中的一个根,则 $y(n) = C\beta_k^n$ 将是形如式(5-46)的齐次方程的根。式(5-50)称为差分方程式(5-33)的特征方程。特征方程的根 $\beta_k(k=1,2,\cdots,N)$ 称为差分方程的特征根。差分方程的齐次解的形式与特征方程的根是否重根有关,常分为以下两种。

(1)特征根为单根,即没有重根,则差分方程的齐次解为

$$C_1\beta_1^n + C_2\beta_2^n + \cdots + C_N\beta_N^n \tag{5-51}$$

式中,系数 $C_1,C_2,\cdots,C_N$ 未知,其值由边界条件确定。如果特征根为一对共轭的复数根,则对应的齐次解是等幅、增幅或衰减的正弦(余弦)序列。特征根为单根时,差分方程的齐次解见例 5.8 和例 5.9。

(2)特征方程有重根时,齐次解的形式不同于单根对应的齐次解。假设 β_1 是特征方程的 K 重根,则差分方程中,特征根 β_1 对应的齐次解的表达式由 K 项组成,即

$$C_1 n^{k-1}\beta_1^n + C_2 n^{k-2}\beta_1^n + \cdots + C_{k-1} n\beta_1^n + C_k\beta_1^n \tag{5-52}$$

式中,系数 $C_1,C_2,\cdots,C_k$ 未知,其值由边界条件确定。特征根为重根时,差分方程的齐次解见例 5.10。

【例 5.8】 试求例 5.4(费班纳西数列)中得到的差分方程的齐次解。

解 例 5.4 中建立的差分方程为

$$y(n) - y(n-1) - y(n-2) = 0$$

边界条件为 $y(1)=1$、$y(2)=1$。差分方程对应的特征方程为

$$\beta^2 - \beta - 1 = 0$$

其特征根为

$$\beta_{1,2} = \frac{1 \pm \sqrt{5}}{2}$$

于是差分方程的齐次解为

$$y(n) = C_1\beta_1^n + C_2\beta_2^n = C_1\left(\frac{1+\sqrt{5}}{2}\right)^n + C_2\left(\frac{1-\sqrt{5}}{2}\right)^n$$

将边界条件 $y(1)=1$、$y(2)=1$ 代入上式,得

$$\begin{cases} C_1\left(\dfrac{1+\sqrt{5}}{2}\right) + C_2\left(\dfrac{1-\sqrt{5}}{2}\right) = 1 \\ C_1\left(\dfrac{1+\sqrt{5}}{2}\right)^2 + C_2\left(\dfrac{1-\sqrt{5}}{2}\right)^2 = 1 \end{cases}$$

解此方程组得系数 C_1、C_2 分别为

$$C_1 = \frac{\sqrt{5}}{5}, \quad C_2 = \frac{-\sqrt{5}}{5}$$

所以差分方程的齐次解为

$$y(n) = \frac{\sqrt{5}}{5}\left(\frac{1+\sqrt{5}}{2}\right)^n - \frac{\sqrt{5}}{5}\left(\frac{1-\sqrt{5}}{2}\right)^n$$

【例 5.9】　描述某离散系统的差分方程为

$$y(n+2) - 3y(n+1) + 2y(n) = x(n+1) - 2x(n)$$

并有 $y(0)=0$、$y(1)=1$,试求该系统的零输入响应。

解　该差分方程对应的特征方程为

$$\beta^2 - 3\beta + 2 = 0$$

其特征根为

$$\beta_1 = 1, \quad \beta_2 = 2$$

所以方程的齐次解为

$$y(n) = C_1 \beta_1^n + C_2 \beta_2^n = C_1 + C_2 2^n$$

将初始条件 $y(0)=0$、$y(1)=1$ 代入上式,得

$$\begin{cases} C_1 + C_2 = 0 \\ C_1 + 2C_2 = 1 \end{cases}$$

解此方程组得系数 C_1、C_2 分别为

$$C_1 = -1, \quad C_2 = 1$$

所以,方程的齐次解,即此系统的零输入响应为

$$y(n) = -1 + 2^n$$

【例 5.10】　已知描述某系统的差分方程为

$$y(n) - 6y(n-1) + 9y(n-2) = 2x(n)$$

初始条件为 $y(0)=3$、$y(1)=3$,试求它的齐次解。

解　该差分方程对应的特征方程为

$$\beta^2 - 6\beta + 9 = 0$$

其特征根为 $\beta_{1,2} = 3$。

特征方程有一个二重根,根据式(5-52)得方程的齐次解为

$$y(n) = C_1 n3^n + C_2 3^n$$

将初始条件 $y(0)=3$、$y(1)=3$ 代入,得

$$\begin{cases} C_2 = 3 \\ 3C_1 + 3C_2 = 3 \end{cases}$$

解此方程组,得

$$\begin{cases} C_1 = -2 \\ C_2 = 3 \end{cases}$$

所以差分方程的齐次解为

$$y(n) = (3 - 2n)3^n$$

由以上讨论可知,与连续时间系统类似,离散时间系统的零输入响应由系统方程的特征根

决定。特征根为复数时,零输入响应的振幅和频率分别取决于特征根的模和辐角。系统的零输入响应是系统无外界激励时的自然响应,而系统是否稳定则取决于自然响应的振幅随自变量的变化是衰减的还是增加的。如果自然响应的幅度随自变量的增加而衰减,那么系统就稳定;如果自然响应随自变量的增加而增加,那么系统就不稳定;如果自然响应的幅度是等幅的,那么系统就处于稳定和不稳定之间的临界状态。因此,差分方程的特征根决定了系统的稳定性。

5.5.2 卷积和

在连续时间系统中,可以利用激励和单位冲激响应的卷积来求系统的零状态响应。在离散时间系统中,可以用求卷积和的方法来求离散时间系统的零状态响应。

两个序列 $x_1(n)$ 和 $x_2(n)$ 如果进行以下求和运算:

$$x(n) = \sum_{k=-\infty}^{+\infty} x_1(k)x_2(n-k) \tag{5-53}$$

则称序列 $x(n)$ 为 $x_1(n)$ 和 $x_2(n)$ 的卷积和,也称离散卷积。卷积常用"$*$"表示,即

$$x(n) = x_1(n) * x_2(n) \overset{\text{def}}{=} \sum_{k=-\infty}^{+\infty} x_1(k)x_2(n-k) \tag{5-54}$$

卷积和的代数运算与连续时间系统中卷积积分的代数运算规则类似,也满足交换律、分配率和结合律等性质。

1. 交换律

所谓交换律是指改变两个序列 $x_1(n)$ 和 $x_2(n)$ 做卷积和运算的顺序而不影响卷积和的结果,用公式表示为

$$x_1(n) * x_2(n) = x_2(n) * x_1(n) \tag{5-55}$$

即

$$\sum_{k=-\infty}^{+\infty} x_1(k)x_2(n-k) = \sum_{k=-\infty}^{+\infty} x_2(k)x_1(n-k) \tag{5-56}$$

2. 分配律

所谓分配率是指两个序列 $x_1(n)$ 和 $x_2(n)$ 相加,再与序列 $x_3(n)$ 做卷积和,等于序列 $x_1(n)$ 和序列 $x_2(n)$ 分别与序列 $x_3(n)$ 做卷积和运算再求和,即

$$[x_1(n) + x_2(n)] * x_3(n) = x_1(n) * x_3(n) + x_2(n) * x_3(n) \tag{5-57}$$

3. 结合律

卷积和的结合律用如下公式表示:

$$[x_1(n) * x_2(n)] * x_3(n) = x_1(n) * [x_2(n) * x_3(n)] \tag{5-58}$$

4. 单位序列与任意序列的卷积和

在离散时间系统中,单位序列 $\delta(n)$ 与任意序列 $x(n)$ 的卷积和仍为序列 $x(n)$,即

$$x(n) * \delta(n) = \delta(n) * x(n) = x(n) \tag{5-59}$$

对于单位序列 $\delta(n)$ 的移位序列 $\delta(n-k)$,则有

$$x(n) * \delta(n-k) = \delta(n-k) * x(n) = x(n-k) \tag{5-60}$$

式(5-60)说明,任意序列 $x(n)$ 与 $\delta(n-k)$ 的卷积和相当于把序列 $x(n)$ 移位 k。

5. 卷积和的移位性质

若序列 $x_1(n)$ 和 $x_2(n)$ 的卷积和为 $x(n)$，则它们的移位序列 $x_1(n-k_1)$ 和 $x_2(n-k_2)$ 的卷积和为 $x(n-k_1-k_2)$。

若

$$x(n)=x_1(n)*x_2(n)$$

则

$$x(n-k_1-k_2)=x_1(n-k_1)*x_2(n-k_2) \tag{5-61}$$

上述性质用定义都不难证明。计算卷积和的方法主要有以下几种。

1）定义式法

将离散序列代入式(5-54)，利用卷积和的定义求卷积。在用定义式求卷积和时，正确确定求和式上限和下限是非常重要的步骤，具体方法可参考例 5.11。求和式的上、下限的确定，也可以利用图解法。

2）图解法

与连续信号求卷积类似，离散序列用图解法计算卷积和的过程也可以分为反褶、平移、相乘和求和四个步骤。具体方法详见例 5.12。

3）列表法

由式(5-54)可知，计算两个因果序列 $x_1(n)$ 和 $x_2(n)$ 的卷积和 $x(n)$ 时，求和符号内有 $x_1(k)x_2(n-k)$，而 $x_1(k)$ 和 $x_2(n-k)$ 的序号之和恰好等于 n。如果将 $x_1(n)$ 的值排成一行，将 $x_2(n)$ 的值排成一列，如表 5-1 所示，并在表中行与列的交叉处计算相应的行与列的乘积。通过观察可知，沿表中的虚斜线上各项对应的 $x_1(n)$ 和 $x_2(n)$ 的序号之和为同一常数，由式(5-54)可知，将同一虚斜线的各项乘积求和就是卷积和。例如，沿 $x_1(0)x_2(2)$ 到 $x_1(2)x_2(0)$ 的虚斜线上各项之和即为 $x(2)$，即

$$x(2)=x_1(0)x_2(2)+x_1(1)x_2(1)+x_1(2)x_2(0)$$

表 5-1　求卷积和的序列列表

$x_2(n)$	$x_1(n)$				
	$x_1(0)$	$x_1(1)$	$x_1(2)$	$x_1(3)$	$\cdots$
$x_2(0)$	$x_1(0)x_2(0)$	$x_1(1)x_2(0)$	$x_1(2)x_2(0)$	$x_1(3)x_2(0)$	$\cdots$
$x_2(1)$	$x_1(0)x_2(1)$	$x_1(1)x_2(1)$	$x_1(2)x_2(1)$	$x_1(3)x_2(1)$	$\cdots$
$x_2(2)$	$x_1(0)x_2(2)$	$x_1(1)x_2(2)$	$x_1(2)x_2(2)$	$x_1(3)x_2(2)$	$\cdots$
$x_2(3)$	$x_1(0)x_2(3)$	$x_1(1)x_2(3)$	$x_1(2)x_2(3)$	$x_1(3)x_2(3)$	$\cdots$
$\vdots$	$\vdots$	$\vdots$	$\vdots$	$\vdots$	$\cdots$

列表法的具体步骤见例 5.13。

4）竖式乘法

竖式乘法亦称为对位相乘求和法。此法适用于有限长序列求卷积和，这种方法的实质是将图解法中的反褶与平移两个步骤用对位排列方式取代，从而可以较快地算出结果。具体方法见例 5.14。

【例 5.11】 已知离散时间序列 $x_1(n) = \left(\dfrac{1}{3}\right)^n \varepsilon(n)$、$x_2(n) = 1$ 和 $x_3(n) = \varepsilon(n)$，试用定义式法求两个序列的卷积和：(1)$x_1(n) * x_2(n)$；(2)$x_1(n) * x_3(n)$。

解 （1）根据式(5-54)卷积和的定义，有

$$x_1(n) * x_2(n) = \sum_{k=-\infty}^{+\infty} x_1(k) x_2(n-k) = \sum_{k=-\infty}^{+\infty} \left(\frac{1}{3}\right)^k \varepsilon(k) \times 1$$

式中，当 $k < 0$ 时，$\varepsilon(k) = 0$；当 $k \geqslant 0$ 时，$\varepsilon(k) = 1$，所以求和的下限可以改写为 0。这样上式可以改写为

$$x_1(n) * x_2(n) = \sum_{k=-\infty}^{+\infty} \left(\frac{1}{3}\right)^k = \frac{1}{1-\frac{1}{3}} = \frac{3}{2}$$

（2）根据卷积和的定义，有

$$x_1(n) * x_3(n) = \sum_{k=-\infty}^{+\infty} x_1(k) x_3(n-k) = \sum_{k=-\infty}^{+\infty} \left(\frac{1}{3}\right)^k \varepsilon(k) \varepsilon(n-k)$$

式中，$\varepsilon(k) = \begin{cases} 0 & (k<0) \\ 1 & (k \geqslant 0) \end{cases}$，$\varepsilon(n-k) = \begin{cases} 0 & (k>n) \\ 1 & (k \leqslant n) \end{cases}$

所以

$$\varepsilon(k)\varepsilon(n-k) = \begin{cases} 0 & (k>n \text{ 或 } k<0) \\ 1 & (0 \leqslant k \leqslant n) \end{cases}$$

因此，求和式的上限为 n，下限为 0，则卷积和为

$$x_1(n) * x_3(n) = \sum_{k=0}^{n} \left(\frac{1}{3}\right)^k = \frac{1-\left(\frac{1}{3}\right)^{n+1}}{1-\frac{1}{3}} = \frac{3}{2}\left[1 - \left(\frac{1}{3}\right)^{n+1}\right]$$

式中，n 显然满足 $n \geqslant 0$，所以上式可以写为

$$x_1(n) * x_3(n) = \frac{3}{2}\left[1 - \left(\frac{1}{3}\right)^{n+1}\right]\varepsilon(n)$$

【例 5.12】 已知两个序列

$$x_1(n) = \begin{cases} 1 & (n=0,1) \\ 0 & (\text{其他}) \end{cases}, \quad x_2(n) = \begin{cases} n & (n=0,1,2) \\ 0 & (\text{其他}) \end{cases}$$

试用图解法求 $x_1(n)$ 和 $x_2(n)$ 的卷积和 $x(n) = x_1(n) * x_2(n)$。

解 将序列 $x_1(n)$ 和 $x_1(n)$ 的自变量换为 k，得 $x_1(k)$ 和 $x_2(k)$，然后将 $x_2(k)$ 反褶得 $x_2(-k)$。$x_1(k)$、$x_2(k)$ 和 $x_2(-k)$ 的波形分别如图 5-28(a)、图 5-28(b) 和图 5-28(c) 所示。

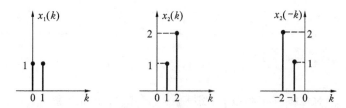

图 5-28 例 5.12 中序列 $x_1(k)$、$x_2(k)$ 和 $x_2(-k)$ 的波形

因为 $x_1(n)$ 和 $x_2(n)$ 都是因果序列,根据卷积和的定义,有

$$x(n) = x_1(n) * x_2(n) = \sum_{k=0}^{n} x_1(k) x_2(n-k)$$

式中,卷积和序列 $x(n)$ 也是个因果序列,所以当 $n<0$ 时,$x(n)=0$。当 $n=0,1,2,\cdots$ 时,$x_2(-k)$ 向右平移 n,得到 $x_2(n-k)$,如图 5-29 所示。对于 n 的每个取值,计算乘积 $x_1(k) x_2(n-k)$,将结果代入上式求和即得序列 $x(n)$。

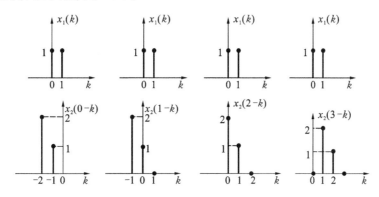

图 5-29　例 5.12 中序列的移位

由图 5-29 可知

$$x(0)=1\times 0=0, \quad x(1)=1\times 1+1\times 0=1,$$
$$x(2)=1\times 2+1\times 1=3, \quad x(3)=1\times 0+1\times 2=2$$
$$x(n)=0 \quad (n\geqslant 4)$$

$x(n)$ 的波形如图 5-30 所示。

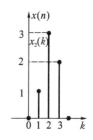

图 5-30　例 5.12 卷积和波形

【例 5.13】　用列表法求例 5.12 中序列 $x_1(n)$ 和 $x_1(n)$ 的卷积和 $x(n)=x_1(n) * x_2(n)$。

解　根据表 5-1,将序列 $x_1(n)$ 和 $x_2(n)$ 的值排列成表,如表 5-2 所示。

表 5-2　例 5.13 求卷积和的序列列表

$x_2(n)$	$x_1(n)$	
	$x_1(0)$	$x_1(1)$
$x_2(0)$	0	0
$x_2(1)$	1	1
$x_2(2)$	2	2

则 $x_1(n)$ 和 $x_1(n)$ 的卷积和 $x(n)$ 为

$$x(n)=\begin{cases} 0 & (n\leqslant 0) \\ 1 & (n=1) \\ 3 & (n=2) \\ 2 & (n=3) \\ 0 & (n\geqslant 4) \end{cases}$$

【例 5.14】 已知两序列 $x_1(n) = \begin{cases} 1 & (n=0) \\ 1 & (n=1) \\ 0 & (其他) \end{cases}$, $x_2(n) = \begin{cases} 0 & (n=0) \\ 1 & (n=1) \\ 2 & (n=2) \\ 0 & (其他) \end{cases}$, 求 $x_1(n)$ 和 $x_1(n)$ 的

卷积和 $x(n)$。

解 先将序列 $x_1(n)$ 和 $x_1(n)$ 的值排成两行,各自 n 的最高值对齐,即

$$
\begin{array}{rrr}
x_1(n): & 1 & 1 \\
x_2(n): \times & 1 & 2 \\
\hline
& 2 & 2 \\
+ \quad 1 & 1 & \\
\hline
x(n): 1 & 3 & 2
\end{array}
$$

把逐个样值对应相乘但不要进位,然后把同一列上的乘积值对位求和即可得到 $x(n)$:

$$
x(n) = \begin{cases} 0 & (n \leqslant 0) \\ 1 & (n=1) \\ 3 & (n=2) \\ 2 & (n=3) \\ 0 & (n \geqslant 4) \end{cases}
$$

由上述步骤可知,竖式乘法的实质是将图解法中的反褶与平移两步用对位排列方式代替。比较而言,竖式乘法比较简单。

通过比较上述四个例子可知,图解法、列表法和竖式乘法求得的卷积和的结果是一个数值序列,很难写成闭合函数表达式。为了解决这个问题,需要熟记常用序列的卷积和公式,现将常用序列的卷积和公式列于表 5-3 中,需要时可以查表使用。

表 5-3　常用卷积和公式

$x_1(n)$	$x_2(n)$	$x_1(n) * x_2(n) = x_2(n) * x_1(n)$
$\delta(n)$	$x(n)$	$x(n)$
γ^n	$\varepsilon(n)$	$(1-\gamma^{n+1})/(1-\gamma)$
$e^{\lambda nT}$	$\varepsilon(n)$	$(1-e^{\lambda(n+1)T})/(1-e^{\lambda T})$
$\varepsilon(n)$	$\varepsilon(n)$	$n+1$
γ_1^n	γ_2^n	$(\gamma_1^{n+1} - \gamma_2^{n+1})/(\gamma_1 - \gamma_2), \quad (\gamma_1 \neq \gamma_2)$
$e^{\lambda nT}$	$e^{\lambda nT}$	$(e^{\lambda_1(n+1)T} - e^{\lambda_2(n+1)T})/(e^{\lambda_1 T} - e^{\lambda_2 T}), \quad (\lambda_1 \neq \lambda_2)$
γ^n	n	$(n+1)\gamma^n$
$e^{\lambda nT}$	n	$(n+1)e^{\lambda nT}$
n	n	$n(n-1)(n+1)/6$
$e^{anT}\cos(\beta nT + \theta)$	$e^{\lambda nT}$	$\dfrac{\{e^{a(n+1)T}\cos[(\beta(n+1)T+\theta-\varphi)] - e^{\lambda(n+1)T}\cos(\theta-\varphi)\}}{\sqrt{e^{2aT} + e^{2\lambda T} - 2e^{(\lambda+a)T}\cos(\beta T)}}$ 式中,$\varphi = \arctan\{e^{aT}\sin(\beta T)/[e^{aT}\cos(\beta T) - e^{\lambda T}]\}$

5.5.3　离散时间系统的零状态响应

在离散时间系统中,可以用求卷积和的方法来求离散时间系统的零状态响应 $y_{zs}(n)$。由式(5-32)可知,任意离散信号 $x(n)$ 都可以分解成单位序列 $\delta(n)$ 及其延时的加权和,即

$$x(n) = \sum_{m=-\infty}^{+\infty} x(m)\delta(n-m)$$

设激励为单位序列 $\delta(n)$ 时,系统的零状态响应为 $h(n)$;设激励为 $\delta(n-m)$ 时,系统的零状态响应为 $h(n-m)$。由线性离散系统的齐次性可知,激励为 $x(m)\delta(n-m)$ 时系统的零状态响应为 $x(m)h(n-m)$。又根据系统的可加性,当激励为 $\sum_{m=-\infty}^{+\infty} x(m)\delta(n-m)$ 时,系统总的零状态响应 $y_{zs}(n)$ 为

$$y_{zs}(n) = \sum_{m=-\infty}^{+\infty} x(m)h(n-m) \tag{5-62}$$

式中,激励为单位序列 $\delta(n)$ 时,系统的零状态响应为 $h(n)$,称为系统的单位函数响应。通过比较式(5-62)和卷积和的定义式,可知离散时间系统的零状态响应就是系统激励 $x(n)$ 与单位函数响应 $h(n)$ 的卷积和,即

$$y_{zs}(n) = x(n) * h(n) = h(n) * x(n) \tag{5-63}$$

由此可见,离散时间系统求零状态响应的过程与连续时间系统的求解过程是类似的,只不过是用离散序列代替了连续系统中的时间连续信号,同时将积分运算换成求和运算。

由两个或多个子系统组合而成的复合系统的单位函数响应与子系统的组合形式有关,常用的有并联和级联两种形式。

(1)由两个子系统并联组成的复合系统,其单位函数响应 $h(n)$ 是两个子系统的单位函数响应 $h_1(n)$ 和 $h_2(n)$ 的和(见图 5-31),即

$$h(n) = h_1(n) + h_2(n)$$

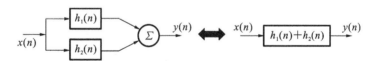

图 5-31　子系统并联的单位函数响应

(2)由两个子系统级联组成的复合系统,其单位函数响应 $h(n)$ 是两个子系统单位函数响应 $h_1(n)$ 和 $h_2(n)$ 的卷积和(见图 5-32),即

$$h(n) = h_1(n) * h_2(n)$$

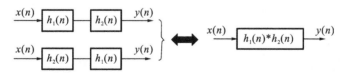

图 5-32　子系统级联的单位函数响应

5.6 Matlab 在离散时间系统分析中的应用

5.6.1 离散时间系统时域分析的基本函数

(1)求差分方程零状态响应时,其调用格式为

$$y = \text{filter}(b, a, x)$$

式中,x 为输入信号行向量;$a = [a_0, a_1, \cdots, a_N]$ 为差分方程输出变量的系数向量;$b = [b_0, b_1, \cdots, b_M]$ 为输入变量的系数向量。

(2)求单位响应 $h(n)$ 时,其调用格式为

$$h = \text{impz}(b, a)$$

(3)求离散卷积和时,其调用格式为

$$y = \text{conv}(h, x)$$

式中,h 为单位响应序列值;x 为输入序列值。h 和 x 分别用于存储 $h(n)$ 和 $x(n)$ 的行向量。

5.6.2 离散时间系统时域分析实例

【例 5.15】 已知差分方程 $y(n) - 3y(n-1) = e(n)$,求:

(1)当 $e(n) = 2^n \varepsilon(n)$ 时,系统的零状态响应;

(2)当 $e(n) = \delta(n)$ 时,系统的单位冲激响应。

程序如下:

```
Ss501. m
b=[1];a=[1-3];                    %差分方程的系数
n=0:4;                            %序列的个数
fn=2.^n;                          %输入序列
y1=filter(b,a,fn);                %零状态响应
y2=impz(b,a,5);                   %单位响应
subplot(1,2,1);
stem(n,y1,'filled');
title('零状态响应');
grid on
subplot(1,2,2);
stem(n,y2,'filled');
title('单位冲激响应');
grid on
```

运行结果如图 5-33 所示。

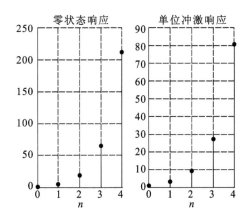

图 5-33　例 5.15 的求解结果

【例 5.16】　若 $f(n)=0.8^{n-5}\varepsilon(n-5)$，$n$ 的取值从 5 到 30，$h(n)=R_{10}(n)$，求 $y(n)=f(n)*h(n)$

程序如下：

```
Ss502.m
nf＝5:30;Nf＝length(nf);              %确定 f(n)的序号向量和区间长度
f＝0.8.^(nf－5);                       %确定 f(n)序列值
nh＝0:9;Nh＝length(nh);              %确定 h(n)的序号向量和区间长度
h＝ones(1,Nh);                        %确定 h(n)序列值
left＝nf(1)＋nh(1);                    %确定卷积序列的起点
right＝nf(Nf)＋nh(Nh);               %确定卷积序列的终点
y＝conv(f,h);                          %计算 f(n)和 x(n)的卷积
subplot(3,1,1),stem(nf,f,'filled');   %绘制 f(n)的图形
axis([0 40 0 1]);
subplot(3,1,2),stem(nh,h,'filled');   %绘制 x(n)的图形
axis([0 40 0 1.1]);
subplot(3,1,3),stem(left:right,y,'filled');  %绘制 y(n)的图形
axis([0 40 0 5]);
```

运行结果如图 5-34 所示。

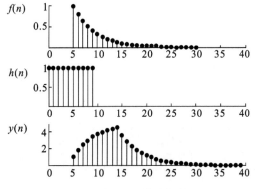

图 5-34　例 5.16 的求解结果

187

5.6.3 离散时间系统的时域分析实验

已知差分方程 $y(n)-3y(n-1)=e(n)$，求：

(1)当 $e(n)=\delta(n)$ 时，系统的单位冲激响应 $h(n)$；

(2)当 $e(n)=3^n\delta(n)$ 时，系统的零状态响应。

小　　结

本章首先讲解了采样信号与采样定理；其次讨论了离散时间信号的基本运算和典型的离散信号；然后讨论了描述离散时间系统的数学模型——差分方程；最后讨论了线性常系数差分方程的时域解法和卷积和的概念。

一、采样信号与采样定理

1.采样信号

利用开关函数 $s(t)$ 与连续信号 $f(t)$ 相乘来采集一系列样值 $f_s(t)$ 的过程，即 $f_s(t)=f(t)s(t)$，$f_s(t)$ 通常称为"采样信号"。

采样信号 $f_s(t)$ 是由连续信号 $f(t)$ 采集的一系列样值组成的离散序列，这三个信号的频谱之间具有如下关系。

(1)采样信号 $f_s(t)$ 的频谱 $F_s(j\omega)$ 是周期重复的，其重复的部分与连续信号 $f(t)$ 的频谱 $F(j\omega)$ 形状相同，只是尺度有所不同。

(2)采样信号 $f_s(t)$ 的频谱 $F_s(j\omega)$ 的包络是由采样脉冲序列 $s(t)$ 的频谱 $S(j\omega)$ 的包络决定的。

(3)采样信号 $f_s(t)$ 的频谱 $F_s(j\omega)$ 相邻的重复部分的中心频率之间相隔一个采样频率 ω_s。采样信号的频谱 $F_s(j\omega)$ 是连续信号的频谱 $F(j\omega)$ 的波形以采样角频率 ω_s 为间隔，经过周期重复得到的，重复过程中 $F(j\omega)$ 的幅度被 $s(t)$ 的傅里叶级数的系数 s_n 加权。

2.香农采样定理

如果一个带宽有限信号的频谱的最高频率为 f_m，那么这个带宽有限信号可以由它的以不低于 $\dfrac{1}{2f_m}$ 时间间隔进行采样的采样值唯一确定。将此采样信号通过截止频率为 ω_c 的理想低通滤波器（ω_c 满足 $\omega_m\leqslant\omega_c\leqslant\omega_s-\omega_m$）后，可以无失真地恢复出原始信号 $f(t)$。

二、离散时间信号

1.离散时间信号的基本运算

(1)两个序列的相加（相减）：$x(n)=x_1(n)+x_2(n)$；

(2)两个序列的相乘：$x(n)=x_1(n)x_2(n)$；

(3)序列的移位：$z(n)=x(n-m)$；

(4)序列的反褶：$z(n)=x(-n)$；

(5)序列的尺度倍乘：$z(n)=x(an)$。

2.典型的离散时间信号

(1)单位函数 $\delta(n)$：$\delta(n)=\begin{cases}1 & (n=0)\\0 & (n\neq0)\end{cases}$；

（2）单位阶跃序列 $\varepsilon(n)$：$\varepsilon(n)=\begin{cases}1 & (n\geqslant0)\\ 0 & (n<0)\end{cases}$；

（3）矩形序列 $G_k(n)$：$G_k(n)=\begin{cases}1 & (0\leqslant n\leqslant k-1)\\ 0 & (n>0,n\geqslant k)\end{cases}$；

（4）斜变序列 $n\varepsilon(n)$：$x(n)=n\varepsilon(n)$；

（5）正弦序列：$x(n)=\sin(n\omega_0)$；

（6）指数序列：$x(n)=a^n\varepsilon(n)$；

（7）复指数序列：$x(n)=e^{j\omega_0 n}=\cos(\omega_0 n)+j\sin(\omega_0 n)$。

3. 离散时间信号的分解

任一离散时间信号 $x(n)$ 也可以表示成单位序列 $\delta(n)$ 及其移位的加权和，即

$$x(n)=\sum_{m=-\infty}^{+\infty}x(m)\delta(n-m)$$

三、离散时间系统的数学模型及模拟

1. 离散时间系统的数学描述

线性非时变离散时间系统常用线性常系数差分方程来描述，其线性常系数差分方程的通式为

$$\sum_{k=0}^{N}a_k y(n-k)=\sum_{r=0}^{M}b_r x(n-r)$$

2. 离散时间系统的模拟

描述离散时间系统的差分方程涉及的运算有三种，分别是加法、乘法和延时运算。其符号表示如图 5-35 所示。

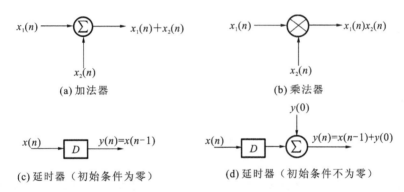

（a）加法器　　　　　　　　　　　（b）乘法器

（c）延时器（初始条件为零）　　　（d）延时器（初始条件不为零）

图 5-35　离散时间系统的运算关系

四、线性常系数差分方程的时域解

1. 线性常系数差分方程的常用解法

线性常系数差分方程的常用解法有如下几种。

（1）迭代法：以激励或响应的初始值为起点，依次代入差分方程，求得响应的离散值。

（2）时域经典法：先求齐次解和特解，然后代入预先给定的边界条件求其中的待定系数。

（3）分别求零输入响应和零状态响应，离散时间系统的全响应 $y(n)$ 是零输入响应 $y_{zi}(n)$ 和零状态响应 $y_{zs}(n)$ 之和，即 $y(n)=y_{zi}(n)+y_{zs}(n)$。其中，$y_{zi}(n)$ 可以利用迭代法、求齐次解等方法求得；$y_{zs}(n)$ 可以利用卷积和求解。

（4）变换域方法（z 域分析法）：线性常系数差分方程用变换域方法将时域的差分方程转换成变换域的代数方程。

2. 离散时间系统的零输入响应

离散时间系统中的零输入响应是指系统的激励为零时，仅由初始状态引起的响应。它可以用迭代法求解，也可以利用差分方程的齐次解求得。齐次解的形式与特征方程的根是否重根有关，常分为以下两种。

（1）特征根为单根，即没有重根，则差分方程的齐次解为

$$C_1 \beta_1^n + C_2 \beta_2^n + \cdots + C_N \beta_N^n$$

（2）特征方程有重根时，假设 β_1 是特征方程的 k 重根，特征根 β_1 对应的齐次解的表达式由 k 项组成，即

$$C_1 n^{k-1} \beta_1^n + C_2 n^{k-2} \beta_1^n + \cdots + C_{k-1} n \beta_1^n + C_k \beta_1^n$$

式中，系数 $C_1, C_2, \cdots, C_k$ 未知，其值由边界条件确定。

3. 卷积和

序列 $x(n)$ 为 $x_1(n)$ 和 $x_2(n)$ 的卷积和，$x(n)$ 的定义为

$$x(n) = x_1(n) * x_2(n) \overset{\text{def}}{=\!=\!=} \sum_{k=-\infty}^{+\infty} x_1(k) x_2(n-k)$$

卷积和的代数运算与连续时间系统中卷积积分的代数运算规则类似，也满足交换律、分配率和结合律等性质。

（1）交换律：$x_1(n) * x_2(n) = x_2(n) * x_1(n)$

（2）分配律：$[x_1(n) + x_2(n)] * x_3(n) = x_1(n) * x_3(n) + x_2(n) * x_3(n)$

（3）结合律：$[x_1(n) * x_2(n)] * x_3(n) = x_1(n) * [x_2(n) * x_3(n)]$

（4）单位序列与任意序列的卷积和：$x(n) * \delta(n) = \delta(n) * x(n) = x(n)$

（5）卷积和的移位性质：$x(n-k_1-k_2) = x_1(n-k_1) * x_2(n-k_2)$

4. 计算卷积和的方法

计算卷积和的方法主要有以下四种。

1）定义式法

利用卷积和的定义求卷积，正确确定求和式上限和下限是关键。

2）图解法

与连续时间信号求卷积类似，离散序列用图解法计算卷积和的过程也可以分为反褶、平移、相乘和求和四步。

3）列表法

将 $x_1(n)$ 的值排成一行；将 $x_2(n)$ 的值排成一列，并在表中行与列的交叉处计算相应的行与列的乘积。通过观察可知，沿表中虚斜线上各项对应的 $x_1(n)$ 和 $x_2(n)$ 的序号之和为同一常数，将同一虚斜线的各项乘积求和就是卷积和。

4）竖式乘法

竖式乘法亦称为"对位相乘求和"法。此法适用于有限长序列求卷积和，这种方法的实质是将图解法中的反褶与平移两步用对位排列方式取代，从而可以较快地算出结果。

5.离散时间系统的零状态响应

在离散时间系统中,可以用求卷积和的方法来求离散时间系统的零状态响应 $y_{zs}(n)$,即

$$y_{zs}(n) = \sum_{m=-\infty}^{+\infty} x(m)h(n-m) = x(n) * h(n)$$

由两个或多个子系统组合而成的复合系统的单位函数响应与子系统的组合形式有关,常用的有并联和级联两种形式。

(1)由两个子系统并联组成的复合系统,其单位函数响应 $h(n)$ 是两个子系统的单位函数响应 $h_1(n)$ 和 $h_2(n)$ 的和,即 $h(n)=h_1(n)+h_2(n)$。

(2)由两个子系统级联组成的复合系统,其单位函数响应 $h(n)$ 是两个子系统单位函数响应 $h_1(n)$ 和 $h_2(n)$ 的卷积和,即 $h(n)=h_1(n)*h_2(n)$。

习　题

5.1　试绘出下列离散信号的波形。

(1)$(-0.5)^{n-1}\varepsilon(n)$;
　　　(2)$\varepsilon(n)+\sin\left(\dfrac{n\pi}{6}\right)\varepsilon(n)$;

(3)$n[\varepsilon(n+2)-\varepsilon(n-2)]$;
　　　(4)$-2^n[\varepsilon(n-1)-\varepsilon(n-5)]$。

5.2　写出图 5-36 所示序列图形的函数表达式。

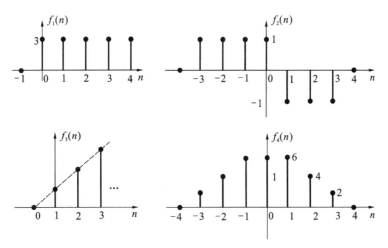

图 5-36　题 5.2 图

5.3　使用归纳法写出下列离散右边序列的函数表达式。

(1)$\{1,-1,1,-1,\cdots\}$;
　　　(2)$\left\{0,\dfrac{1}{3},\dfrac{2}{4},\dfrac{3}{5},\dfrac{4}{6},\cdots\right\}$;

(3)$\{-3,-2,1,6,13,22,\cdots\}$;
　　　(4)$\{1^2+2,3^2+4,5^2+6,\cdots\}$。

5.4　已知图 5-37 所示的电路参数 $C=1\,\mathrm{F}$,$R_1=R_2=1\,\Omega$,离散信号 $e(nT)$ 经 D/A 转换为一阶梯形模拟信号激励的 RC 电路,$y(nT)$ 为 $y(t)$ 在离散时间 nT 处的值所组成的序列,试写出描述 $y(nT)$ 与 $e(nT)$ 之间关系的差分方程。

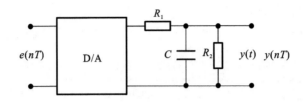

图 5-37　题 5.4 图

5.5　试列出图 5-38 所示模拟框图对应的离散系统差分方程。

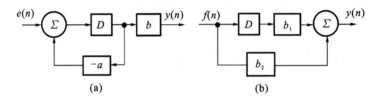

图 5-38　题 5.5 图

5.6　试绘出下列离散系统的直接模拟框图。

$(1)y(n+1)+0.3y(n)=-f(n+1)+3f(n)$；

$(2)y(n+2)+2y(n+1)+3y(n)=f(n+1)$；

$(3)y(n+2)+4y(n+1)+5y(n)=e(n-1)$；

$(4)y(n)=3e(n)+5e(n-2)$。

5.7　已知下列差分方程及初始状态，试求零输入响应。

$(1)y(n+1)+3y(n)=e(n),y(0)=1$；

$(2)y(n+2)+4y(n+1)+3y(n)=e(n),y(0)=1,y(1)=2$；

$(3)y(n+2)+4y(n)=e(n),y(0)=4,y(1)=0$；

$(4)y(n+2)+2y(n+1)+2y(n)=e(n),y(0)=0,y(1)=1$。

5.8　已知下列齐次差分方程及初始状态，试求零输入响应。

$(1)y(n)+0.5y(n-1)=0,y(-1)=1$；

$(2)y(n)+5y(n-1)+6y(n-2)=0,y(-1)=1,y(-2)=1$；

$(3)y(n)+4y(n-1)+4y(n-2)=0,y(0)=1,y(-1)=1$；

$(4)y(n)+6y(n-1)+11y(n-2)+6y(n-3)=0,y(1)=1,y(2)=2,y(3)=4$。

5.9　求下列差分方程所示系统的单位函数响应。

$(1)y(n+3)-2\sqrt{2}y(n+2)+2y(n+1)=f(n)$；

$(2)y(n+2)+y(n)=f(n)$；

$(3)y(n+2)-y(n)=f(n+1)-f(n)$；

$(4)y(n+2)+2y(n+1)+2y(n)=f(n+2)+f(n+1)$。

5.10　求图 5-39 所示系统的单位函数响应。

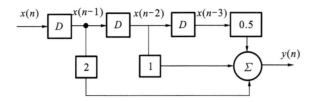

图 5-39　题 5.10 图

5.11　试证明单位阶跃序列响应 $y_\varepsilon(n)$ 与单位函数响应 $h(n)$ 存在如下关系。

(1) $y_\varepsilon(n) = \sum\limits_{j=0}^{n} h(j)$；　　　　　　　　(2) $h(n) = y_\varepsilon(n) - y_\varepsilon(n-1)$。

5.12　已知单位函数响应和激励如下,试用卷积和的图解法求零状态响应序列的前七项。

(1) $h(n) = \cos\dfrac{n\pi}{2}\varepsilon(n)$, $e(n) = n\varepsilon(n)$；

(2) $h(n) = \dfrac{1}{2}\left[1 - (-1)^{n-1}\right]\varepsilon(n-1)$, $e(n) = n\varepsilon(n)$。

5.13　试证明下列卷积关系成立。

(1) $\delta(n-n_1) * \delta(n-n_2) = \delta(n-n_1-n_2)$；

(2) 若 $e(n) * h(n) = y(n)$, 则 $e(n-n_1) * h(n-n_2) = y(n-n_1-n_2)$。

5.14　已知下列差分方程和激励,试求系统的零状态响应。

(1) $y(n+1) + 3y(n) = e(n+1)$, $e(n) = 2^n\varepsilon(n)$；

(2) $y(n+1) + 3y(n-1) = e(n-1)$, $e(n) = 2^n\varepsilon(n)$；

(3) $y(n+2) + 5y(n+1) + 4y(n) = e(n)$, $e(n) = 3^n\varepsilon(n)$；

(4) $y(n) + 2y(n-1) + 2y(n-2) = e(n-1) + 2e(n-2)$, $e(n) = \delta(n-1)$。

5.15　已知某离散系统的差分方程及初始状态如下：

$$y(n+2) - \frac{5}{6}y(n+1) + \frac{1}{6}y(n) = \varepsilon(n+1) - 2\varepsilon(n), \quad y(0) = y(1) = 1$$

试求：(1) 零输入响应、零状态响应及全响应；

　　　(2) 判断系统是否稳定；

　　　(3) 绘出该系统的框图。

5.16　某人每年年初在银行存款一次,第 1 年存款 1 万元,以后每年年初将上一年所得利息和本金,以及新增 1 万元存入当年,银行利息为 5%。试列出描述此过程的差分方程,并求解第 10 年年底在银行的总存款额。

5.17　某球由 8 m 高度自由落下,每次弹跳起高度为前次的 3/4,试列出描述此过程的差分方程,并求解第 2 次至第 8 次弹跳起的高度。

第6章　离散时间系统的 z 域分析

6.1　引言

　　由前面的讨论可知,描述连续时间系统的数学工具是微分方程。对于常见的线性非时变连续时间系统,用线性常系数微分方程来描述。高阶微分方程虽然可以通过求零状态响应和零输入响应来求全响应,但求解过程仍较复杂。为了避免时域求解线性常系数微分方程的复杂过程,常通过傅里叶变换或拉普拉斯变换,把时域的问题转换到频域或复频域进行处理,即把时域的微分方程求解问题转换成频域或复频域的代数方程求解问题。求得变换域的解后,做相应的反变换即可得到系统的时域解。在求解微分方程时,由于用傅里叶变换将时域的微分方程转换成频域的代数方程后,只能求得系统的零状态响应,无法直接求零输入响应,并且求傅里叶反变换的过程也较麻烦,因此频域分析方法的使用受到了限制。而用拉普拉斯变换将差分方程转换成复频域的代数方程后,不但能求系统的零状态响应,还能求系统的零输入响应,进而获得系统的全响应,因此在求系统响应时一般采用拉普拉斯变换。在进行信号的频谱分析、求系统的频率响应和求系统的传输特性时,则需要采用傅里叶变换从时域转换到频域来进行处理。实际上,拉普拉斯变换是傅里叶变换从频域到复频域的推广。

　　与连续时间系统类似,在线性非时变离散时间系统中,描述离散时间系统的数学工具是线性常系数差分方程。同样,求解高阶差分方程时域解的过程也较复杂。为了避免复杂的求解过程,也需要一种数学工具将描述离散时间系统的差分方程转换成变换域中的代数方程,再在变换域求解相对简单的代数方程,然后做反变换即得到系统的时域解。在离散信号与系统的研究和分析中,Z 变换是一种非常重要的数学工具,它把离散时域的问题转换到 z 域处理,即从时域中的差分方程转换成 z 域里的代数方程来求解系统响应。离散时间系统的变换域解法,除了 Z 变换以外,还可以用离散傅里叶变换(DFT)对离散时间系统进行频域分析。离散傅里叶变换因其有快速算法,可以方便计算机处理离散信号,但它不是通常意义的傅里叶变换,需要另外重新加以定义。

　　本章只讨论离散时间系统的 z 域分析与处理方法,其余的变换域处理方法请参考数字信号处理等相关教材。

6.2　Z 变换的定义及其收敛域

6.2.1　Z 变换定义的引出

　　Z 变换的定义可以借助采样信号的拉普拉斯变换引出。设连续因果信号 $x(t)$ 经间隔时间 T 的均匀冲激采样后,得到的采样信号为 $x_s(t)$,则

$$x_s(t) = x(t)\delta_T(t) = \sum_{n=-\infty}^{+\infty} x(nT)\delta_T(t - nT)$$

对上式取双边拉普拉斯变换,得

$$X_s(s) = \mathscr{L}\{x_s(t)\} = \int_{-\infty}^{+\infty} \sum_{n=-\infty}^{+\infty} x(nT)\delta(t - nT)\mathrm{e}^{-st}\,\mathrm{d}t$$

交换积分和求和的次序,并将 $\mathscr{L}\{\delta(t-nT)\}=\mathrm{e}^{-snT}$ 代入上式,可得

$$X_s(s) = \mathscr{L}\{x_s(t)\} = \sum_{n=-\infty}^{+\infty} x(nT)\mathrm{e}^{-snT} \tag{6-1}$$

令 $z=\mathrm{e}^{sT}$,z 为复变量,则上式成为复变量 z 的函数,即

$$X(z) = \sum_{n=-\infty}^{+\infty} x(nT)z^{-n}$$

因为执行的是均匀采样,所以 $x(nT)$ 可以写成 $x(n)$,代入上式得

$$X(z) = \sum_{n=-\infty}^{+\infty} x(n)z^{-n} \tag{6-2}$$

式(6-2)中,复变函数 $X(z)$ 称为序列 $x(n)$ 的 Z 变换,记作 $\mathscr{Z}\{x(n)\}$。

6.2.2　Z 变换的定义

与拉普拉斯变换的定义类似,离散序列的 Z 变换也可以分为单边 Z 变换和双边 Z 变换,形如式(6-2)的 Z 变换为双边 Z 变换,而单边 Z 变换的定义为

$$X(z) = \sum_{n=0}^{+\infty} x(n)z^{-n} \tag{6-3}$$

显然,如果序列 $x(n)$ 是因果序列,那么它的双边 Z 变换和单边 Z 变换相同;否则双边 Z 变换和单边 Z 变换是不同的。

由式(6-2)和式(6-3)可知,序列 $x(n)$ 的实质是将序列展开成关于复变量 z^{-1} 的幂级数,其系数就是序列 $x(n)$ 的值。由前面的讨论可知,连续时间系统中的多数信号都是因果信号,因此连续时间系统中着重讨论单边拉普拉斯变换;在离散时间系统中,也是以离散因果信号为主的,但非因果信号也有一定的应用范围,因此,本章在着重讨论单边 Z 变换的同时,兼顾讨论双边 Z 变换。在本书中,如无特别说明,一般 Z 变换指的是单边 Z 变换。

6.2.3　Z 变换的收敛域

无论是单边 Z 变换还是双边 Z 变换,都是复变量 z^{-1} 的无穷级数,因此只有级数收敛,Z 变换才有意义。对于任意有界序列 $x(n)$,使其 Z 变换收敛的所有 z 值的集合,称为 $x(n)$ 的 Z 变换 $X(z)$ 的收敛域。

与拉普拉斯变换类似,离散序列与其单边 Z 变换的数学表达式一一对应,其单边收敛域也是唯一的。但是对于双边 Z 变换,不同序列在不同的收敛条件下,它们的双边 Z 变换表达式是有可能不相同的,详见例 6.1。

【例 6.1】　分别求序列 $x_1(n)=a^n\varepsilon(n)$ 和 $x_2(n)=-a^n\varepsilon(-n-1)$ 的双边 Z 变换,并给出其收敛域。

解　根据双边 Z 变换的定义,$x_1(n)$ 双边 Z 变换为

$$X_1(z) = \sum_{n=-\infty}^{+\infty} x_1(n)z^{-n} = \sum_{n=0}^{+\infty} a^n z^{-n} = \sum_{n=0}^{+\infty} (az^{-1})^n$$

式中,只有当 $|az^{-1}|<1$,即 $|z|>|a|$ 时,级数 $\sum_{n=0}^{+\infty}(az^{-1})^n$ 才收敛,即

$$X_1(z) = \frac{1}{1-az^{-1}} = \frac{z}{z-a} \quad (|z|>|a|)$$

对于 $x_2(n)$,其双边 Z 变换为

$$X_2(z) = \sum_{n=-\infty}^{+\infty} x_2(n)z^{-n} = -\sum_{n=-\infty}^{-1} a^n z^{-n} \xlongequal{m=-n} -\sum_{m=1}^{+\infty} (a^{-1}z)^m$$

式中,只有当 $|a^{-1}z|<1$,即 $|z|<|a|$ 时,级数 $\sum_{m=1}^{+\infty}(a^{-1}z)^m$ 收敛,即

$$X_2(z) = -\frac{a^{-1}z}{1-a^{-1}z} = \frac{z}{z-a} \quad (|z|<|a|)$$

在例 6.1 中,不同的序列 $x_1(n)$ 和 $x_2(n)$ 的双边 Z 变换的表达式相同,只是收敛域有所不同。因此,为了唯一确定 Z 变换所对应的离散序列,不仅要给出序列的 Z 变换式,而且必须同时标出它的收敛域。在其收敛域内,序列 $x(n)$ 的 Z 变换 $X(z)$ 是解析的。

根据级数收敛的判定定理,式(6-2)表示的级数收敛的充分条件是其满足绝对可和条件,即

$$\sum_{n=-\infty}^{+\infty} |x(n)z^{-n}| < +\infty \tag{6-4}$$

根据幂级数收敛半径的比值判定法和根值判定法,即如果幂级数 $\sum_{n=0}^{+\infty} c_n z^n$ 满足

$$\lim_{n\to+\infty}\left|\frac{c_{n+1}}{c_n}\right|=r \quad \text{或} \quad \lim_{n\to+\infty}\sqrt[n]{|c_n|}=r$$

则级数 $\sum_{n=0}^{+\infty} c_n z^n$ 的收敛半径 $R=\frac{1}{r}$。

下面利用上述判定方法讨论几类常见序列的 Z 变换的收敛域问题。

1. 有限长序列

有限长序列 $x(n)$ 只在长度有限的区间内($n_1<n<n_2$)的序列值不为零,此时序列的 Z 变换为

$$X(z) = \sum_{n=n_1}^{n_2} x(n)z^{-n}$$

式中,因为是有限项级数,所以只要级数的各项都存在且为有限值,则它们的和,即序列的 Z 变换收敛。因此有限长序列 $x(n)$,对于任意的 z,只要满足 $0<|z|<+\infty$,级数收敛并且 Z 变换存在。对于 $|z|=+\infty$ 和 $|z|=0$ 两种极端情况,则要根据 n_1 和 n_2 的取值情况分以下几种情况讨论。

(1) $n_2 \geqslant n_1 > 0$,或 $n_2 > n_1 \geqslant 0$,收敛区为 $0<|z|\leqslant+\infty$,包含 $+\infty$,不包含 0;

(2) $n_1 \leqslant n_2 < 0$,或 $n_1 < n_2 \leqslant 0$,收敛区为 $0\leqslant|z|<+\infty$,包含 0,不包含 $+\infty$;

(3) $n_1 < 0, n_2 > 0$,收敛区为 $0<|z|<+\infty$,既不包含 0,又不包含 $+\infty$;

(4)$n_1=n_2=0$,收敛区为 $0 \leqslant |z| \leqslant +\infty$,既包含 0,又包含 $+\infty$。

【例 6.2】　分别求以下有限长序列的双边 Z 变换:

(1)$x_1(n)=\delta(n)$;　　　　(2)$x_2(n)=\varepsilon(n+2)-\varepsilon(n-2)$。

解　(1)$x_1(n)$ 的 Z 变换为

$$X_1(z) = \sum_{n=-\infty}^{+\infty} x_1(n)z^{-n} = \sum_{n=-\infty}^{+\infty} \delta(n)z^{-n} = 1$$

式中,$\delta(n)$ 只在 $n=0$ 点取值不为零,即 $n_1=n_2=0$,所以它的收敛域既包含 0,又包含 $+\infty$,为 $0 \leqslant |z| \leqslant +\infty$,是整个 z 平面。

(2)$x_2(n)$ 的 Z 变换为

$$X_2(z) = \sum_{n=-\infty}^{+\infty} x_2(n)z^{-n} = \sum_{n=-2}^{1} z^{-n} = z^2 + z + 1 + z^{-1}$$

式中,$x_2(n)$ 样值不为零的起点 $n_1=-2<0$,终点 $n_2=1>0$,所以它的收敛域既不包含 0,又不包含 $+\infty$,为 $0<|z|<+\infty$。

2. 右边序列

右边序列 $x(n)=\begin{cases} 1 & (n \geqslant n_1) \\ 0 & (n<n_1) \end{cases}$,只在 $n \geqslant n_1$ 时取值不为零,是有始无终的序列,对应的 Z 变换为

$$X(z) = \sum_{n=n_1}^{+\infty} x(n)z^{-n} \tag{6-5}$$

这是一个关于 z^{-1} 的无穷幂级数的和,下面根据 n_1 的正负分三种情况讨论它的收敛域。

(1)$n_1<0$,则式(6-5)中的求和式可以分成以下两部分,即

$$X(z) = \sum_{n=n_1}^{-1} x(n)z^{-n} + \sum_{n=0}^{+\infty} x(n)z^{-n}$$

式中,右边的第一项为 $\sum_{n=n_1}^{-1} x(n)z^{-n}$,利用有限长序列的收敛域的判定方法,可知其收敛域为 $0 \leqslant |z| < +\infty$;第二项为 $\sum_{n=0}^{+\infty} x(n)z^{-n}$,它是关于 z^{-1} 的无穷幂级数,其收敛半径可以用根值判定法。设 $\lim\limits_{n \to +\infty} \sqrt[n]{|x(n)|} = r$,则级数 $\sum\limits_{n=0}^{+\infty} x(n)z^{-n}$ 的收敛半径为 $R = \dfrac{1}{r}$,即 $|z^{-1}| < R = \dfrac{1}{r}$ 或 $|z| > \dfrac{1}{R} = r$ 时,级数 $\sum\limits_{n=0}^{+\infty} x(n)z^{-n}$ 收敛。

只有第一项和第二项同时收敛,右边序列 $x(n)$ 的 Z 变换才存在,其收敛域的公共部分是

$$\lim_{n \to +\infty} \sqrt[n]{|x(n)|} = \frac{1}{R} < |z| < +\infty$$

所以,当 $n_1<0$ 时,右边序列 $x(n)$ 的收敛域为

$$\lim_{n \to +\infty} \sqrt[n]{|x(n)|} < |z| < +\infty$$

这是一个以原点为圆心的圆的外部区域,但不包含 $+\infty$,圆的半径取决于序列 $x(n)$。

(2) $n_1 > 0$，则式(6-5)中的求和式可以分成以下两部分，即

$$X(z) = \sum_{n=0}^{+\infty} x(n)z^{-n} - \sum_{n=0}^{n_1-1} x(n)z^{-n}$$

式中，右边的第一项为 $\sum_{n=0}^{+\infty} x(n)z^{-n}$，由前面的讨论可知，其收敛域为 $|z| > \lim_{n \to +\infty} \sqrt[n]{|x(n)|}$；第

二项为 $\sum_{n=0}^{n_1-1} x(n)z^{-n}$，它是有限长序列，它的收敛域为 $0 < |z| \leqslant +\infty$。第一项和第二项的公共

收敛域为

$$\lim_{n \to +\infty} \sqrt[n]{|x(n)|} < |z| \leqslant +\infty$$

这是一个以原点为圆心的圆的外部区域，可以包含 $+\infty$，圆的半径同样取决于 $x(n)$。

(3) $n_1 = 0$，右边序列 $x(n)$ 的 Z 变换为

$$X(z) = \sum_{n=0}^{+\infty} x(n)z^{-n}$$

它的收敛域为 $|z| > \lim_{n \to +\infty} \sqrt[n]{|x(n)|}$，这是一个以原点为圆心的圆的外部区域，可以包含 $+\infty$，圆的半径同样取决于 $x(n)$。

由前面的讨论可知，右边序列 $x(n)$ 的收敛域总是位于某个以原点为圆心的圆的外部（见图 6-1(a)），圆的半径与序列 $x(n)$ 有关。如果起点 $n_1 \geqslant 0$，则应包含无穷远点，即

$$\lim_{n \to +\infty} \sqrt[n]{|x(n)|} < |z| \leqslant +\infty$$

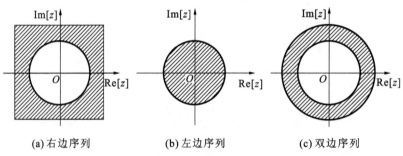

(a) 右边序列　　　　(b) 左边序列　　　　(c) 双边序列

图 6-1 Z 变换的收敛域（用阴影表示）

如果 $n_1 < 0$，则不包含无穷远点，即

$$\lim_{n \to +\infty} \sqrt[n]{|x(n)|} < |z| < +\infty$$

3. 左边序列

左边序列 $x(n) = \begin{cases} 1 & (n \leqslant n_1) \\ 0 & (n > n_1) \end{cases}$，只在 $n \leqslant n_1$ 时，取值不为零，是无始有终的序列，它对应的

Z 变换为

$$X(z) = \sum_{n=-\infty}^{n_1} x(n)z^{-n}$$

令 $m = -n$，则上式变为

$$X(z) = \sum_{m=-n_1}^{+\infty} x(-m)z^m$$

再将变量 m 改写成 n，得

$$X(z) = \sum_{n=-n_1}^{+\infty} x(-n) z^n$$

式中，$x(-n)$ 是右边序列，$\sum_{n=-n_1}^{+\infty} x(-n) z^n$ 是关于 z 的无穷项幂级数，但仍可以参考右边序列的收敛域，有

（1）$n_1 \leqslant 0$，则 $-n_1 \geqslant 0$，利用上面关于右边序列收敛域（$n_1 \geqslant 0$ 时）的讨论，有

$$\lim_{n \to +\infty} \sqrt[n]{|x(-n)|} < |z^{-1}| \leqslant +\infty$$

上式可以改写为

$$0 \leqslant |z| < \lim_{n \to +\infty} \sqrt[n]{|x(-n)|}$$

即

$$|z| < \lim_{n \to +\infty} \sqrt[n]{|x(-n)|}$$

式中，左边序列的 Z 变换的收敛域是某个以原点为圆心的圆的内部，包含 $z=0$ 点，圆的半径与左边序列 $x(n)$ 有关。

（2）$n_1 > 0$，则 $-n_1 < 0$，利用上面关于右边序列收敛域（$n_1 < 0$ 时）的讨论，有

$$\lim_{n \to +\infty} \sqrt[n]{|x(-n)|} < |z^{-1}| < +\infty$$

上式可以改写为

$$0 < |z| < \lim_{n \to +\infty} \sqrt[n]{|x(-n)|}$$

式中，左边序列的 Z 变换的收敛域是某个以原点为圆心的圆的内部，但不包含原点，圆的半径与左边序列 $x(n)$ 有关。

总结：由上述讨论可知，左边序列 $x(n)$ 的收敛域总是位于某个以原点为圆心的圆的内部（见图 6-1(b)），圆的半径与左边序列 $x(n)$ 有关。如果起点 $n_1 \leqslant 0$，则收敛域包含原点，即

$$|z| < \lim_{n \to +\infty} \sqrt[n]{|x(-n)|}$$

如果 $n_1 > 0$，则不包含原点，即

$$0 < |z| < \lim_{n \to +\infty} \sqrt[n]{|x(-n)|}$$

4. 双边序列

双边序列在 n 从 $-\infty$ 到 $+\infty$ 范围内的取值都不为零，可以看成是由左边序列和右边序列组合而成的，因此它的 Z 变换可以由左边序列的 Z 变换和右边序列的 Z 变换叠加得到，由此得双边序列的 Z 变换为

$$X(z) = \sum_{n=-\infty}^{+\infty} x(n) z^{-n} = \sum_{n=-\infty}^{-1} x(n) z^{-n} + \sum_{n=0}^{+\infty} x(n) z^{-n}$$

式中，等式右边的第一项是左边序列的 Z 变换，其收敛域应在以原点为圆心的圆的内部，设圆的半径为 R_2，则第一项的收敛域为

$$0 \leqslant |z| < R_2$$

等式右边的第二项是右边序列的 Z 变换，其收敛域是以原点为圆心的圆的外部，设此圆

的半径为 R_1,则第二项的收敛域为

$$R_1 < |z| \leqslant +\infty$$

所以,双边序列的收敛区间应该是第一项和第二项的收敛域的公共部分。因此,双边序列的 Z 变换是否存在,取决于 R_1 和 R_2 之间的相对大小。

(1)当 $R_1 < R_2$ 时,二者的收敛域存在环形的公共部分 $R_1 < |z| \leqslant R_2$,就是双边序列 Z 变换的收敛域(见图 6-1(c))。

(2)当 $R_1 > R_2$ 时,二者的收敛域不存在公共部分,所以双边序列的 Z 变换不存在。

6.2.4 典型序列的 Z 变换

下面讨论几个典型序列的 Z 变换。

1)单位函数 $\delta(n)$ 的 Z 变换

根据式(6-3),$\delta(n)$ 的 Z 变换为

$$\mathscr{Z}\{\delta(n)\} = \sum_{n=-\infty}^{+\infty} \delta(n)z^{-n} = 1 \tag{6-6}$$

单位函数 $\delta(n)$ 的 Z 变换与冲激函数 $\delta(t)$ 的拉普拉斯变换类似,都为常数 1,其收敛区间为整个 z 平面。

2)单位阶跃序列 $\varepsilon(n)$ 的 Z 变换

根据 Z 变换的定义,$\varepsilon(n)$ 的 Z 变换为

$$\mathscr{Z}\{\varepsilon(n)\} = \sum_{n=-\infty}^{+\infty} \varepsilon(n)z^{-n} = \sum_{n=0}^{+\infty} z^{-n}$$

这是一个等比级数,公比为 z^{-1},它的敛散性取决于 z^{-1}。

(1)$|z^{-1}| < 1$,即 $|z| > 1$ 时,级数收敛,$\varepsilon(n)$ 的 Z 变换为

$$\mathscr{Z}\{\varepsilon(n)\} = \frac{1}{1-z^{-1}} = \frac{z}{z-1} \quad (|z| > 1) \tag{6-7}$$

(2)$|z| \leqslant 1$ 时,此级数发散,所以 $\varepsilon(n)$ 的 Z 变换不存在。

3)单边指数序列 $\alpha^n \varepsilon(n)$ 的 Z 变换

根据 Z 变换的定义,序列 $\alpha^n \varepsilon(n)$ 的 Z 变换为

$$\mathscr{Z}\{\alpha^n \varepsilon(n)\} = \sum_{n=-\infty}^{+\infty} \alpha^n \varepsilon(n)z^{-n} = \sum_{n=0}^{+\infty} \alpha^n z^{-n} = \sum_{n=0}^{+\infty} (\alpha z^{-1})^n$$

这是一个公比为 αz^{-1} 的等比级数,只有当 $|\alpha z^{-1}| < 1$ 或 $|z| > |\alpha|$ 时,级数收敛,此时序列 $\alpha^n \varepsilon(n)$ 的 Z 变换存在,即

$$\mathscr{Z}\{\alpha^n \varepsilon(n)\} = \frac{1}{1-\alpha z^{-1}} = \frac{z}{z-\alpha} \quad (|z| > |\alpha|)$$

6.3 Z 变换的基本性质

由 Z 变换的定义可以推出 Z 变换的很多性质,这些性质大多与拉普拉斯变换的性质相对应,也能够反映离散时间信号的时域特性和 z 域特性之间的相互关系。下面介绍其主要性质。

6.3.1 线性特性

如果 Z 变换能同时满足齐次性和叠加性,则说 Z 变换具有线性性质。设序列 $x_1(n)$ 和 $x_2(n)$ 的 Z 变换分别为 $\mathscr{Z}\{x_1(n)\}=X_1(z)$ 和 $\mathscr{Z}\{x_2(n)\}=X_2(z)$,$a$ 和 b 为常数,则它们的线性组合的 Z 变换为

$$\mathscr{Z}\{ax_1(n)+bx_2(n)\}=aX_1(z)+bX_2(z) \tag{6-8}$$

线性性质可以用符号表示,若

$$x_1(n)\leftrightarrow X_1(z),x_2(n)\leftrightarrow X_2(z)$$

则

$$ax_1(n)+bx_2(n)\leftrightarrow aX_1(z)+bX_2(z) \tag{6-9}$$

Z 变换的线性性质可以利用 Z 变换的定义很容易证明,在此从略。

注意:新序列 $ax_1(n)+bx_2(n)$ 的 Z 变换收敛域是序列 $x_1(n)$ 和 $x_2(n)$ 的 Z 变换收敛域的公共部分,但在某些特殊的情况下,$x_1(n)$ 和 $x_2(n)$ 的线性组合中某些零点与极点相抵消,收敛域则有可能扩大。

【例 6.3】 求序列 $3\delta(n)+2\varepsilon(n)$ 的双边 Z 变换,并给出其收敛域。

解 根据 Z 变换的线性性质,有

$$\mathscr{Z}\{3\delta(n)+2\varepsilon(n)\}=\mathscr{Z}\{3\delta(n)\}+\mathscr{Z}\{2\varepsilon(n)\}$$
$$=3+2\frac{z}{z-1}=\frac{5z-3}{z-1}$$

因为 $\delta(n)$ 的 Z 变换收敛域为整个 z 平面,$\varepsilon(n)$ 的 Z 变换收敛域为 $|z|>1$,所以序列 $3\delta(n)+2\varepsilon(n)$ 的 Z 变换的收敛域应该为二者收敛域的公共部分,即 $|z|>1$。

【例 6.4】 利用线性性质分别求单边序列 $\sin(\alpha nT)\varepsilon(n)$ 和 $\cos(\alpha nT)\varepsilon(n)$ 的 Z 变换。

解 根据欧拉公式,有

$$\sin(\alpha nT)=\frac{e^{j\alpha nT}-e^{-j\alpha nT}}{2j},\cos(\alpha nT)=\frac{e^{j\alpha nT}+e^{-j\alpha nT}}{2}$$

则

$$\sin(\alpha nT)\varepsilon(n)=\frac{e^{j\alpha nT}-e^{-j\alpha nT}}{2j}\varepsilon(n)$$

$$\cos(\alpha nT)\varepsilon(n)=\frac{e^{j\alpha nT}+e^{-j\alpha nT}}{2}\varepsilon(n)$$

因为序列 $e^{j\alpha nT}\varepsilon(n)$ 和 $e^{-j\alpha nT}\varepsilon(n)$ 都是单边指数序列,它们的 Z 变换分别为

$$\mathscr{Z}\{e^{j\alpha nT}\varepsilon(n)\}=\frac{z}{z-e^{j\alpha T}} \quad (|z|>|e^{j\alpha T}|=1)$$

$$\mathscr{Z}\{e^{-j\alpha nT}\varepsilon(n)\}=\frac{z}{z-e^{-j\alpha T}} \quad (|z|>|e^{-j\alpha T}|=1)$$

根据 Z 变换的线性性质,$\sin(\alpha nT)\varepsilon(n)$ 的 Z 变换为

$$\mathscr{Z}\{\sin(\alpha nT)\varepsilon(n)\}=\mathscr{Z}\left\{\frac{1}{2j}[e^{j\alpha nT}\varepsilon(n)-e^{-j\alpha nT}\varepsilon(n)]\right\}$$
$$=\frac{1}{2j}\mathscr{Z}\{e^{j\alpha nT}\varepsilon(n)\}-\mathscr{Z}\{e^{-j\alpha nT}\varepsilon(n)\}$$

$$= \frac{1}{2j}\left(\frac{z}{z-e^{j\alpha T}} - \frac{z}{z-e^{-j\alpha T}}\right)$$

$$= \frac{z\sin(\alpha T)}{z^2 - 2z\cos(\alpha T) + 1} \quad (|z| > 1)$$

同理，$\cos(\alpha nT)\varepsilon(n)$ 的 Z 变换为

$$\mathcal{Z}\{\cos(\alpha nT)\varepsilon(n)\} = \mathcal{Z}\left\{\frac{1}{2}\left[e^{j\alpha nT}\varepsilon(n) + e^{-j\alpha nT}\varepsilon(n)\right]\right\}$$

$$= \frac{1}{2}\left(\frac{z}{z-e^{j\alpha T}} + \frac{z}{z-e^{-j\alpha T}}\right)$$

$$= \frac{z^2 - z\cos(\alpha T)}{z^2 - 2z\cos(\alpha T) + 1} \quad (|z| > 1)$$

6.3.2 移序(移位)特性

移序特性又称移位特性，它用于描述移位后序列的 Z 变换与原序列 Z 变换之间的关系。单边 Z 变换和双边 Z 变换的移位特性是不同的，序列左移(超前)和右移(延时)的 Z 变换也有区别。下面分别讨论之。

1. 双边 Z 变换

若序列 $x(n)$ 是双边序列，其双边 Z 变换为 $\mathcal{Z}\{x(n)\} = X(z)$，设 m 为任意正整数，则 $x(n)$ 左移序列 $x(n+m)$ 和右移序列 $x(n-m)$ 的双边 Z 变换分别为

$$\mathcal{Z}\{x(n+m)\} = z^m X(z) \tag{6-10}$$

$$\mathcal{Z}\{x(n-m)\} = z^{-m} X(z) \tag{6-11}$$

式(6-10)和式(6-11)用符号表示，若

$$x(n) \leftrightarrow X(z)$$

则

$$x(n+m) \leftrightarrow z^m X(z)$$

$$x(n-m) \leftrightarrow z^{-m} X(z)$$

如果 $x(n)$ 是双边序列，则它移位序列的 Z 变换的收敛域仍然是环形区域，不会发生变化；如果 $x(n)$ 不是双边序列，则它移位序列的 Z 变换与原序列相比，只是在 $z=0$ 和 $z=+\infty$ 处零点和极点的情况发生变化。双边 Z 变换移位性质的证明较简单，在此不加以证明。

2. 单边 Z 变换

双边序列和因果序列的单边 Z 变换的移位性质是有区别的，并且还与移位的方向有关。下面分别讨论之。

1)双边序列

若序列 $x(n)$ 是双边序列，则其单边 Z 变换 $X(z)$ 为

$$\mathcal{Z}\{x(n)\varepsilon(n)\} = X(z)$$

(1)$x(n)$ 的左移序列 $x(n+m)$ 的单边 Z 变换为

$$\mathcal{Z}\{x(n+m)\varepsilon(n)\} = z^m\left[X(z) - \sum_{n=0}^{m-1} x(n)z^{-n}\right] \tag{6-12}$$

证明 根据单边 Z 变换的定义，有

$$\mathscr{Z}\{x(n+m)\varepsilon(n)\} = \sum_{n=0}^{+\infty} x(n+m) z^{-n}$$

$$= \sum_{n=0}^{+\infty} x(n+m) z^{-(n+m)} z^{m}$$

令 $k=n+m$，将其代入上式，有

$$\mathscr{Z}\{x(n+m)\varepsilon(n)\} = z^{m} \sum_{k=m}^{+\infty} x(k) z^{-k}$$

$$= z^{m}\Big[\sum_{k=0}^{+\infty} x(k) z^{-k} - \sum_{k=0}^{m-1} x(k) z^{-k}\Big]$$

上式中，令 $k=n$，则有

$$\mathscr{Z}\{x(n+m)\varepsilon(n)\} = z^{m}\Big[X(z) - \sum_{n=0}^{m-1} x(n) z^{-n}\Big]$$

(2) $x(n)$ 的右移序列 $x(n-m)$ 的单边 Z 变换为

$$\mathscr{Z}\{x(n-m)\varepsilon(n)\} = z^{-m}\Big[X(z) + \sum_{n=-m}^{-1} x(n) z^{-n}\Big] \qquad (6\text{-}13)$$

式(6-13)的证明可参考式(6-12)，在此从略。

双边序列 Z 变换也可以用符号表示，设 $x(n)$ 是双边序列，其单边 Z 变换 $X(z)$ 为

$$x(n)\varepsilon(n) \leftrightarrow X(z)$$

则其左移序列和右移序列的 Z 变换分别为

$$x(n+m)\varepsilon(n) \leftrightarrow z^{m}\Big[X(z) - \sum_{n=0}^{m-1} x(n) z^{-n}\Big]$$

$$x(n-m)\varepsilon(n) \leftrightarrow z^{-m}\Big[X(z) + \sum_{n=-m}^{-1} x(n) z^{-n}\Big]$$

当 $m=1$ 时，双边序列的左移序列和右移序列的 Z 变换分别为

$$x(n+1)\varepsilon(n) \leftrightarrow z[X(z) - x(0)] = zX(z) - zx(0)$$

$$x(n-1)\varepsilon(n) \leftrightarrow z^{-1}[X(z) + zx(-1)] = z^{-1}X(z) + x(-1)$$

当 $m=2$ 时，双边序列的左移序列和右移序列的 Z 变换分别为

$$x(n+2)\varepsilon(n) \leftrightarrow z^{2}X(z) - z^{2}x(0) - zx(1)$$

$$x(n-2)\varepsilon(n) \leftrightarrow z^{-2}X(z) + z^{-1}x(-1) + x(-2)$$

2) 因果序列

当 $n<0$ 时，因果序列 $x(n)$ 的样值为零，所以因果序列的右移序列的单边 Z 变换为

$$x(n-m)\varepsilon(n-m) \leftrightarrow z^{-m}X(z) \qquad (6\text{-}14)$$

因果序列的左移序列的单边 Z 变换仍为

$$x(n+m)\varepsilon(n) \leftrightarrow z^{m}\Big[X(z) - \sum_{n=0}^{m-1} x(n) z^{-n}\Big] \qquad (6\text{-}15)$$

【例 6.5】　利用 Z 变换的移位性质求序列 $x(n)=\delta(n-2)$ 的单边 Z 变换。

解　由于 $\delta(n)$ 的 Z 变换为

$$\mathscr{Z}\{\delta(n)\} = 1$$

根据单边 Z 变换的移位性质，有

$$\mathscr{Z}\{\delta(n-1)\}=z^{-1} \quad (0<|z|\leqslant+\infty)$$

【例 6.6】 请利用 Z 变换的移位性质,求解第 5 章例 5.4 中描述费班纳西数列问题的差分方程,其初始条件不变,仍为 $y(0)=0$、$y(1)=1$,试求输出序列 $y(n)$ 的 Z 变换。

解 费班纳西数列问题的差分方程为

$$y(n)-y(n-1)-y(n-2)=0$$

上式可以改写为

$$y(n+2)-y(n+1)-y(n)=0$$

对差分方程两边同时做单边 Z 变换,有

$$\mathscr{Z}\{y(n+2)\}-\mathscr{Z}\{y(n+1)\}-\mathscr{Z}\{y(n)\}=0$$

根据单边 Z 变换的右移性质,有

$$[z^2Y(z)-z^2y(0)-zy(1)]-[zY(z)+zy(0)]-Y(z)=0$$

将初始条件 $y(0)=0$、$y(1)=1$ 代入上式,有

$$z^2Y(z)-z-zY(z)-Y(z)=0$$

整理,得

$$(z^2-z-1)Y(z)=z$$

可得输出序列 $y(n)$ 的 Z 变换为

$$Y(z)=\frac{z}{z^2-z-1}$$

求出 $Y(z)$ 之后,再利用后面第 6.4 节将要讨论的 Z 反变换就可以算出 $y(n)$,从而可以求解差分方程。本例介绍的方法就是 z 域求解差分方程的基本思路。在后面的第 6.8 节将将对此方法进行详细讨论。

6.3.3 z 域尺度变换特性

设序列 $x(n)$ 的 Z 变换为 $X(z)$,即

$$\mathscr{Z}\{x(n)\}=X(z) \quad (R_1<|z|<R_2)$$

则序列 $x(n)$ 的指数加权序列 $a^n x(n)$ $(a\neq 0)$ 的 Z 变换为

$$\mathscr{Z}\{a^n x(n)\}=X(\frac{z}{a}) \quad (R_1<\left|\frac{z}{a}\right|<R_2) \tag{6-16}$$

证明 根据 Z 变换的定义,有

$$\mathscr{Z}\{a^n x(n)\}=\sum_{n=-\infty}^{+\infty}a^n x(n)z^{-n}=\sum_{n=-\infty}^{+\infty}x(n)(\frac{z}{a})^{-n}=X(\frac{z}{a})$$

由式(6-16)可知,序列 $x(n)$ 乘以 a^n,对应于它的 Z 变换 $X(z)$ 在 z 平面做尺度变换。当 $|a|>1$ 时,是做尺度扩展;当 $|a|<1$ 时,是做尺度压缩。

以下是常用的加权序列的 Z 变换:

$$\mathscr{Z}\{a^{-n}x(n)\}=X(az) \quad (R_1<|az|<R_2) \tag{6-17}$$

$$\mathscr{Z}\{(-1)^n x(n)\}=X(-z) \quad (R_1<|z|<R_2) \tag{6-18}$$

式(6-16)、式(6-17)和式(6-18)可用符号表示,若

$$x(n)\leftrightarrow X(z) \quad (R_1<|z|<R_2)$$

则

$$a^n x(n) \leftrightarrow X\left(\frac{z}{a}\right) \quad \left(R_1 < \left|\frac{z}{a}\right| < R_2\right)$$

$$a^{-n} x(n) \leftrightarrow X(az) \quad (R_1 < |az| < R_2)$$

$$(-1)^n x(n) \leftrightarrow X(-z) \quad (R_1 < |z| < R_2)$$

6.3.4　序列的线性加权(z 域微分)

若

$$\mathscr{Z}\{x(n)\} = X(z)$$

则

$$\mathscr{Z}\{nx(n)\} = -z \frac{\mathrm{d}X(z)}{\mathrm{d}z} \tag{6-19}$$

上式用符号表示,若

$$x(n) \leftrightarrow X(z)$$

则

$$nx(n) \leftrightarrow -z \frac{\mathrm{d}X(z)}{\mathrm{d}z}$$

证明　根据 Z 变换的定义,有

$$X(z) = \sum_{n=-\infty}^{+\infty} x(n) z^{-n}$$

式中,级数在其收敛域内绝对收敛,并且一致收敛。所以逐项求导后,得到的新级数的收敛域与原级数的收敛域相同。因此,对上式两边求导,有

$$\begin{aligned}
\frac{\mathrm{d}X(z)}{\mathrm{d}z} &= \sum_{n=-\infty}^{+\infty} x(n) \frac{\mathrm{d}z^{-n}}{\mathrm{d}z} \\
&= -\sum_{n=-\infty}^{+\infty} nx(n) z^{-n-1} \\
&= -z^{-1} \sum_{n=-\infty}^{+\infty} nx(n) z^{-n} = -z^{-1} \mathscr{Z}\{nx(n)\}
\end{aligned}$$

即

$$\mathscr{Z}\{nx(n)\} = -z \frac{\mathrm{d}X(z)}{\mathrm{d}z}$$

【例 6.7】　若已知单位阶跃序列 $\varepsilon(n)$ 的 Z 变换,试利用 z 域微分特性分别求序列 $n\varepsilon(n)$ 和 $n^2\varepsilon(n)$ 的 Z 变换。

解　单位阶跃序列 $\varepsilon(n)$ 的 Z 变换为

$$\mathscr{Z}\{\varepsilon(n)\} = \frac{z}{z-1} \quad (|z| > 1)$$

则根据 z 域微分特性,有

$$\mathscr{Z}\{n\varepsilon(n)\} = -z \frac{\mathrm{d}}{\mathrm{d}z}\left(\frac{z}{z-1}\right) = \frac{z}{(z-1)^2} \quad (|z| > 1)$$

$$\mathscr{Z}\{n^2\varepsilon(n)\} = -z\frac{\mathrm{d}}{\mathrm{d}z}\left[\frac{z}{(z-1)^2}\right] = \frac{z(z+1)}{(z-1)^3} \quad (|z|>1)$$

6.3.5 初值定理

(1)若 $x(n)$ 为因果序列,其 Z 变换 $X(z)$ 为

$$X(z) = \sum_{n=0}^{+\infty} x(n)z^{-n}$$

则 $x(n)$ 的初值 $x(0)$ 为

$$x(0) = \lim_{n\to+\infty} X(z) \tag{6-20}$$

证明 将 $x(n)$ 的 Z 变换 $X(z)$ 展开为幂级数的形式为

$$X(z) = \sum_{n=0}^{+\infty} x(n)z^{-n} = x(0)z^0 + x(1)z^{-1} + x(2)z^{-2} + \cdots$$

式中,当 $z\to+\infty$ 时,除了第一项 $x(0)$ 外,z 的负幂次项都趋向于零,所以有

$$x(0) = \lim_{n\to+\infty}\sum_{n=0}^{+\infty} x(n)z^{-n} = \lim_{n\to+\infty} X(z)$$

(2)若 $x(n)$ 为右边序列,并且当 $n<M$ 时,序列值 $x(n)=0$,则其初值 $x(M)$ 为

$$x(M) = \lim_{n\to+\infty} z^M X(z) \tag{6-21}$$

证明 将 $x(n)$ 的 Z 变换 $X(z)$ 展开为幂级数的形式,有

$$X(z) = \sum_{n=M}^{+\infty} x(n)z^{-n}$$
$$= x(M)z^{-M} + x(M+1)z^{-(M+1)} + x(M+2)z^{-(M+2)} + \cdots$$

等式两边同乘以 z^M,有

$$z^M X(z) = z^M\sum_{n=M}^{+\infty} x(n)z^{-n}$$
$$= x(M)z^0 + x(M+1)z^{-(M+1)}z^M + x(M+2)z^{-(M+2)}z^M + \cdots$$

当 $z\to+\infty$ 时,除了第一项 $x(M)$ 外,z 的负幂次项都趋向于零,所以有

$$x(M) = \lim_{n\to+\infty} z^M\sum_{n=M}^{+\infty} x(n)z^{-n} = \lim_{n\to+\infty} z^M X(z)$$

6.3.6 终值定理

设 $x(n)$ 为因果序列,其 Z 变换为

$$X(z) = \sum_{n=0}^{+\infty} x(n)z^{-n}$$

则序列 $x(n)$ 的终值为

$$\lim_{n\to+\infty} x(n) = \lim_{z\to1}\left[(z-1)X(z)\right] \tag{6-22}$$

证明 因为 $x(n+1)-x(n)$ 的 Z 变换为

$$\mathscr{Z}\{x(n+1)-x(n)\} = zX(z) - zx(0) - X(z)$$
$$= (z-1)X(z) - zx(0)$$

整理得

$$(z-1)X(z) = \sum_{n=0}^{+\infty}[x(n+1)-x(n)]z^{-n} + zx(0)$$

当 $z\to1$ 时,等式为

$$\lim_{z\to1}(z-1)X(z) = x(0) + \lim_{z\to1}\sum_{n=0}^{+\infty}[x(n+1)-x(n)]z^{-n}$$

$$= x(0) + [x(1)-x(0)] + [x(2)-x(1)] + \cdots$$

$$= x(+\infty)$$

注意,终值定理存在的充分条件是,当 $n\to+\infty$ 时,$x(n)$ 收敛,即 $X(z)$ 的极点必须位于单位圆内,或者位于单位圆 $z=\pm1$ 处的一阶极点。

当序列 $x(n)$ 未知,而其 Z 变换 $X(z)$ 已知时,无需先求出其反变换 $x(n)$,即可以利用初值定理和终值定理求出序列 $x(n)$ 的初值 $x(0)$ 和终值 $x(n\to+\infty)$。

6.3.7　时域卷积定理

已知序列 $x_1(n)$ 和 $x_2(n)$,其 Z 变换分别为

$$\mathscr{Z}\{x_1(n)\} = X_1(z), \mathscr{Z}\{x_2(n)\} = X_2(z)$$

则 $x_1(n)$ 和 $x_2(n)$ 的卷积和的 Z 变换为

$$\mathscr{Z}\{x_1(n)*x_2(n)\} = X_1(z)X_2(z) \qquad (6\text{-}23)$$

将时域卷积定理用符号表示,若

$$x_1(n)\leftrightarrow X_1(z), x_2(n)\leftrightarrow X_2(z)$$

则

$$x_1(n)*x_2(n)\leftrightarrow X_1(z)X_2(z)$$

证明　根据 Z 变换和卷积和的定义,有

$$\mathscr{Z}\{x_1(n)*x_2(n)\} = \sum_{n=-\infty}^{+\infty}[x_1(n)*x_2(n)]z^{-n}$$

$$= \sum_{n=-\infty}^{+\infty}\sum_{m=-\infty}^{+\infty}x_1(m)x_2(n-m)z^{-n}$$

$$= \sum_{m=-\infty}^{+\infty}x_1(m)\sum_{n=-\infty}^{+\infty}x_2(n-m)z^{-n}$$

$$= \sum_{m=-\infty}^{+\infty}x_1(m)z^{-m}\sum_{n=-\infty}^{+\infty}x_2(n-m)z^{-(n-m)}$$

$$= \sum_{m=-\infty}^{+\infty}x_1(m)z^{-m}X_2(z)$$

所以 $x_1(n)$ 和 $x_2(n)$ 的卷积和的 Z 变换为

$$\mathscr{Z}\{x_1(n)*x_2(n)\} = X_1(z)X_2(z)$$

由式(6-23)可知,两个序列在时域中做卷积和运算,相当于在 z 域中相乘,这个结论与拉普拉斯变换类似。同样也有 z 域卷积定理,但因其较少使用,这里不作说明。

6.4 Z反变换

与连续时间系统的复频域分析类似,离散时间系统进行 z 域分析时,也需要用 Z 反变换来求出系统的时域响应。若某序列 $x(n)$ 的 Z 变换为 $X(z)$,则 $X(z)$ 的 Z 反变换记为 $\mathscr{Z}^{-1}\{X(z)\}$。

进行 Z 反变换的直接方法是查表法,或者是利用 Z 变换的性质来求 Z 反变换。但这些方法功能有限,并不能满足实际应用的需要,所以仍需要掌握计算 Z 反变换的通用算法。

Z 反变换的计算方法通常有以下三种。

1)幂级数展开法

幂级数展开法是将 Z 变换展开成 z^{-1} 的幂级数形式,幂级数的系数的集合就是原函数的序列,详细讨论见下面内容。

2)部分分式展开法

把复杂的 Z 变换式展开成简单的部分分式之和,对部分分式做 Z 反变换,然后对这些部分分式的 Z 反变换求和即可,详细讨论见下面内容。

3)围线积分法

通过在 z 平面中进行围线积分来求 Z 反变换。由于篇幅关系,本书对此方法不做重点介绍,感兴趣的读者可阅读参考文献[1]。

6.4.1 幂级数展开法(长除法)

任意双边序列 $x(n)$ 都由因果序列 $x_{\mathrm{r}}(n)$ 和反因果序列 $x_1(n)$ 两部分组成,即

$$x(n) = x_1(n) + x_{\mathrm{r}}(n) \tag{6-24}$$

式中,

$$x_{\mathrm{r}}(n) = x(n)\varepsilon(n), \quad x_1(n) = x(n)\varepsilon(-n-1)$$

相应的双边序列 $x(n)$ 的 Z 变换也由因果序列 $x_{\mathrm{r}}(n)$ 的 Z 变换 $X_{\mathrm{r}}(z)$ 和反因果序列 $x_1(n)$ 的 Z 变换 $X_1(z)$ 两部分组成,即

$$X(z) = X_1(z) + X_{\mathrm{r}}(z) \quad (R_1 < |z| < R_2) \tag{6-25}$$

式中,

$$X_1(z) = \mathscr{Z}\{x(n)\varepsilon(-n-1)\} = \sum_{n=-\infty}^{-1} x(n)z^{-n} \quad (|z| < R_2) \tag{6-26}$$

$$X_{\mathrm{r}}(z) = \mathscr{Z}\{x(n)\varepsilon(n)\} = \sum_{n=0}^{+\infty} x(n)z^{-n} \quad (|z| > R_1) \tag{6-27}$$

由式(6-26)和式(6-27)可知,反因果序列的 Z 变换 $X_1(z)$ 是 z 的幂级数,而因果序列的 Z 变换 $X_{\mathrm{r}}(z)$ 是 z^{-1} 的幂级数。因此,在求 Z 反变换时,根据给定的收敛域就可以将 $X_1(z)$ 和 $X_{\mathrm{r}}(z)$ 展开成幂级数,级数的系数就是对应的序列值。

在实际应用中,Z 变换式多是有理函数,可以写成有理分式 $\dfrac{N(z)}{D(z)}$ 的形式。由式(6-26)可

知,反因果序列的 Z 变换 $X_l(z)$ 是 z 的幂级数。设 $X_l(z) = \dfrac{N_l(z)}{D_l(z)}$,将其分子多项式 $N_l(z)$ 和分母多项式 $D_l(z)$ 都按 z 的升幂(或按 z^{-1} 的降幂)排列,然后利用长除法,便可将 $X_l(z)$ 展开成 z 的幂级数,其系数就是相应的反因果序列值。由式(6-27)可知,因果序列的 Z 变换 $X_r(z)$ 是 z^{-1} 的幂级数。设 $X_r(z) = \dfrac{N_r(z)}{D_r(z)}$,将其分子多项式 $N_r(z)$ 和分母多项式 $D_r(z)$ 都按 z 的降幂(或按 z^{-1} 的升幂)排列,然后利用长除法,便可将 $X_r(z)$ 展开成 z^{-1} 的幂级数,其系数就是相应的因果序列值。

【例 6.8】 已知 $X(z) = \dfrac{z^2}{z^2 - z - 2}$,分别求其在以下收敛域的 Z 反变换。

(1) $|z| < 1$;　　　　(2) $|z| > 2$;　　　　(3) $1 < |z| < 2$。

解　(1)因为 $X(z)$ 的收敛域为 $|z| < 1$,所以序列 $x(n)$ 是反因果序列,这时将 $X(z)$ 的分子多项式和分母多项式都按照 z 的升幂排列,有

$$X(z) = \frac{z^2}{-2 - z + z^2}$$

长除,得

$$
\begin{array}{r}
-\dfrac{1}{2}z^2 + \dfrac{1}{4}z^3 - \dfrac{3}{8}z^4 + \cdots \\[4pt]
-2 - z + z^2 \overline{\smash{)}\, z^2 \phantom{+ \dfrac{1}{2}z^3 - \dfrac{1}{2}z^4}} \\[6pt]
z^2 + \dfrac{1}{2}z^3 - \dfrac{1}{2}z^4 \\[6pt]
\overline{\; -\dfrac{1}{2}z^3 + \dfrac{1}{2}z^4} \\[6pt]
-\dfrac{1}{2}z^3 - \dfrac{1}{4}z^4 + \dfrac{1}{4}z^5 \\[6pt]
\overline{\phantom{-\dfrac{1}{2}z^3}\; \dfrac{3}{4}z^4 - \dfrac{1}{4}z^5} \\[6pt]
\dfrac{3}{4}z^4 + \dfrac{3}{8}z^5 - \dfrac{3}{8}z^6 \\[4pt]
\vdots
\end{array}
$$

则 $X(z)$ 的幂级数展开式为

$$X(z) = \frac{z^2}{-2 - z + z^2} = \cdots - \frac{3}{8}z^4 + \frac{1}{4}z^3 - \frac{1}{2}z^2 + 0z$$

所以序列 $x(n)$ 为

$$x(n) = \left\{ \cdots, -\frac{3}{8}, \frac{1}{4}, \frac{1}{2}, \overset{\overset{\displaystyle n=-1}{\downarrow}}{0} \right\}$$

(2)因为 $X(z)$ 的收敛域为 $|z| > 2$,所以序列 $x(n)$ 是因果序列,这时将 $X(z)$ 的分子多项式和分母多项式都按照 z 的降幂排列,有

$$X(z) = \frac{z^2}{z^2 - z - 2}$$

长除,得

$$
z^2-z-2 \overline{\smash{\big)}\ z^2} \quad \frac{1+z^{-1}+3z^{-2}+5z^{-3}+\cdots}{}
$$

$$
\begin{array}{r}
z^2-z-2 \\
\hline
z+2 \\
z-1-2z^{-1} \\
\hline
3+2z^{-1} \\
3-3z^{-1}-6z^{-2} \\
\hline
5z^{-1}+6z^{-2} \\
\vdots
\end{array}
$$

所以原序列 $x(n)$ 为

$$
x(n)=\{\ \overset{\underset{\downarrow}{n=0}}{1}\ ,1,3,5,\cdots\}
$$

(3)因为 $X(z)$ 的收敛域为环形区域 $1<|z|<2$,所以序列 $x(n)$ 是双边序列。将 $X(z)$ 展开为部分分式,有

$$
X(z)=\frac{z^2}{z^2-z-2}=\frac{z^2}{(z+1)(z-2)}=\frac{\frac{2}{3}z}{z-2}+\frac{\frac{1}{3}z}{z+1}
$$

上式中的第一项对应反因果序列的 Z 变换 $X_l(z)$,第二项对应因果序列的 Z 变换 $X_r(z)$,即

$$
X_l(z)=\frac{\frac{2}{3}z}{z-2}\quad(|z|<2)
$$

$$
X_r(z)=\frac{\frac{1}{3}z}{z+1}\quad(|z|>1)
$$

将 $X_l(z)$ 和 $X_r(z)$ 分别展开为 z 和 z^{-1} 的幂级数,有

$$
X_l(z)=\frac{\frac{2}{3}z}{-2+z}=\cdots-\frac{1}{24}z^4-\frac{1}{12}z^3-\frac{1}{6}z^2-\frac{1}{3}z=-\frac{1}{3}\sum_{n=-\infty}^{-1}2^{n+1}z^{-n}
$$

$$
X_r(z)=\frac{\frac{1}{3}z}{z+1}=\frac{1}{3}-\frac{1}{3}z^{-1}+\frac{1}{3}z^{-2}-\frac{1}{3}z^{-3}+\cdots=\frac{1}{3}\sum_{n=0}^{+\infty}(-1)^n z^{-n}
$$

原序列 $x(n)$ 为

$$
x(n)=-\frac{1}{3}\sum_{n=-\infty}^{-1}2^{n+1}z^{-n}+\frac{1}{3}\sum_{n=0}^{+\infty}(-1)^n z^{-n}
$$

$$
=-\frac{2^{n+1}}{3}\varepsilon(-n-1)+\frac{(-1)^n}{3}\varepsilon(n)
$$

注意:在用幂级数法求 Z 反变换时,一般只能得到序列的有限项,只有在极少数的情况

下，才能得到序列的闭合表达式。

6.4.2　部分分式展开法

与拉普拉斯反变换类似，Z 变换式也可以利用部分分式展开法来求 Z 反变换。部分分式展开法先将复杂的 Z 变换式化成多个简单的部分分式和的形式，这些部分分式多为易于求 Z 反变换的基本变换式，然后再求部分分式的 Z 反变换，再将这些 Z 反变换相加求和，即可得到原序列 $x(n)$。

与拉普拉斯反变换不同的是，Z 反变换的基本变换式为 $\dfrac{z}{z-a}$、$\dfrac{z}{(z-a)^2}$ 等形式，它们的分母上都有 z。为了保证 $X(z)$ 分解后的部分分式为基本变换式形式，通常先将 Z 变换式 $X(z)$ 除以 z，再将 $\dfrac{X(z)}{z}$ 展开为部分分式，然后再乘以 z。这样，可以保证将 Z 变换式 $X(z)$ 展开成基本变换式之和。后续的步骤和拉普拉斯反变换类似，也要根据 $X(z)$ 的极点情况进行讨论。

1. $X(z)$ 只含有一阶极点

如果 $X(z)$ 有 m 个一阶极点 a_1、a_2、……、a_m，则 $\dfrac{X(z)}{z}$ 的部分分式和为

$$\frac{X(z)}{z}=\frac{A_0}{z}+\frac{A_1}{z-a_1}+\cdots+\frac{A_m}{z-a_n}=\sum_{i=0}^{m}\frac{A_i}{z-a_i} \tag{6-28}$$

式中，$a_0=0$，则系数 A_i 为

$$A_i=(z-a_i)\frac{X(z)}{z}\bigg|_{z=a_i} \tag{6-29}$$

将式(6-29)求得的系数 A_i 代入式(6-28)，等式两边再同乘以 z，得

$$X(z)=A_0+\sum_{i=1}^{m}\frac{A_i z}{z-a_i} \tag{6-30}$$

根据给定的 Z 变换的收敛域，上式被分成了因果序列的 Z 变换 $X_r(z)$ 和反因果序列的 Z 变换 $X_1(z)$ 两部分，再利用以下基本变换式

$$\delta(n)\leftrightarrow1 \tag{6-31}$$

$$a^n\varepsilon(n)\leftrightarrow\frac{z}{z-a}\quad(|z|>|a|) \tag{6-32}$$

$$-a^n\varepsilon(-n-1)\leftrightarrow\frac{z}{z-a}\quad(|z|<|a|) \tag{6-33}$$

即可求得 $X(z)$ 的原序列 $x(n)$。

【例 6.9】 试用部分分式展开法求例 6.8 中 Z 变换式的 Z 反变换。

解　$X(z)$ 的极点有两个，分别是 $a_1=-1$ 和 $a_2=2$，将 $\dfrac{X(z)}{z}$ 展开，得

$$\frac{X(z)}{z}=\frac{z}{z^2-z-2}=\frac{z}{(z+1)(z-2)}=\frac{A_1}{z+1}+\frac{A_2}{z-2}$$

根据式(6-29)分别计算系数 A_1 和 A_2，有

$$A_1=(z+1)\frac{X(z)}{z}\bigg|_{z=-1}=\frac{z}{z-2}\bigg|_{z=-1}=\frac{1}{3}$$

$$A_2 = (z-2)\frac{X(z)}{z}\bigg|_{z=2} = \frac{z}{z+1}\bigg|_{z=2} = \frac{2}{3}$$

将系数 A_1 和 A_2 代入 $\frac{X(z)}{z}$，有

$$\frac{X(z)}{z} = \frac{\frac{1}{3}}{z+1} + \frac{\frac{2}{3}}{z-2}$$

等式两边同乘以 z，得

$$X(z) = \frac{\frac{1}{3}z}{z+1} + \frac{\frac{2}{3}z}{z-2}$$

(1)收敛域为 $|z|<1$，位于圆的内部，所以原序列 $x(n)$ 是反因果序列，根据式(6-33)，得

$$x(n) = \left[\frac{1}{3}(-1)^n + \frac{2}{3}\cdot 2^n\right]\varepsilon(n)$$

(2)收敛域为 $|z|>2$，位于圆的外部，所以原序列 $x(n)$ 是因果序列，根据式(6-32)，得

$$x(n) = -\left[\frac{1}{3}(-1)^n + \frac{2}{3}\cdot 2^n\right]\varepsilon(-n-1)$$

(3)收敛域为 $1<|z|<2$，位于圆环区域，所以原序列 $x(n)$ 是双边序列。根据收敛域 $|z|>1$，部分分式中的第一项 $\frac{\frac{1}{3}z}{z+1}$ 对应因果序列的 Z 变换；根据收敛域 $|z|<2$，部分分式中的第二项 $\frac{\frac{2}{3}z}{z-2}$ 对应反因果序列的 Z 变换。由式(6-32)式(6-33)可得原序列 $x(n)$ 为

$$x(n) = \frac{1}{3}(-1)^n\varepsilon(n) - \frac{2}{3}\cdot 2^n\varepsilon(-n-1)$$

$$= -\frac{2^{n+1}}{3}\varepsilon(-n-1) + \frac{1}{3}(-1)^n\varepsilon(n)$$

由上例可知，用部分分式展开法能得到原序列的闭合解。

2. $X(z)$ 有共轭一阶极点

如果 $X(z)$ 有一对共轭一阶极点，即 $a_{1,2} = c\pm jd = \alpha e^{\pm j\beta}$，则

$$\frac{X(z)}{z} = \frac{K_1}{z-c-jd} + \frac{K_1^*}{z-c+jd} \tag{6-34}$$

式中，K_1 与 K_1^* 互为共轭复数，若 $K_1 = |K_1|e^{j\theta}$，则 $K_1^* = |K_1|e^{-j\theta}$。系数 K_1 可利用式(6-29)计算，而 $X(z)$ 可以展开成如下部分分式的和式：

$$X(z) = \frac{|K_1|e^{j\theta}z}{z-\alpha e^{j\beta}} + \frac{|K_1|e^{-j\theta}z}{z-\alpha e^{-j\beta}} \tag{6-35}$$

(1)若 $X(z)$ 的收敛域为 $|z|>\alpha$，则原序列 $x(n)$ 为因果序列，即

$$x(n) = 2|K_1|\alpha^n\cos(\beta n+\theta)\varepsilon(n) \tag{6-36}$$

(2)若 $X(z)$ 的收敛域为 $|z|<\alpha$，则原序列 $x(n)$ 为反因果序列，即

$$x(n) = -2|K_1|\alpha^n\cos(\beta n+\theta)\varepsilon(-n-1) \tag{6-37}$$

【例 6.10】 试用部分分式展开法求 $X(z)=\dfrac{3z^2}{z^2+z+1}$ 的原右边序列。

解　$X(z)$ 有一对共轭一阶极点，分别为 $a_{1,2}=-\dfrac{1}{2}\pm j\dfrac{\sqrt{3}}{2}=e^{\pm j\frac{2}{3}\pi}$，则

$$\frac{X(z)}{z}=\frac{K_1}{z-e^{j\frac{2}{3}\pi}}+\frac{K_1^*}{z-e^{-j\frac{2}{3}\pi}}$$

系数 K_1 为

$$K_1=(z-e^{j\frac{2}{3}\pi})\frac{X(z)}{z}\bigg|_{z=e^{j\frac{2}{3}\pi}}=\frac{3z}{z-e^{-j\frac{2}{3}\pi}}\bigg|_{z=e^{j\frac{2}{3}\pi}}$$

$$=\sqrt{3}(\frac{\sqrt{3}}{2}+\frac{j}{2})=\sqrt{3}e^{j\frac{\pi}{6}}$$

系数 K_1^* 为 K_1 的共轭，即 $K_1^*=\sqrt{3}e^{-j\frac{\pi}{6}}$。将 $X(z)$ 展开成部分分式和，即

$$X(z)=\frac{\sqrt{3}e^{j\frac{\pi}{6}}z}{z-e^{j\frac{2}{3}\pi}}+\frac{\sqrt{3}e^{-j\frac{\pi}{6}}z}{z-e^{-j\frac{2}{3}\pi}}$$

根据式(6-36)得原序列 $x(n)$ 为

$$x(n)=2\sqrt{3}\cos(\frac{2}{3}\pi n+\frac{1}{6}\pi)\varepsilon(n)$$

3. $X(z)$ 有重极点

如果 $X(z)$ 除了有 m 个一阶极点 a_1、a_2、$\cdots\cdots$、a_m 外，还含有一个 r 阶极点 a_q，则 $X(z)$ 可以展开为如下部分分式和

$$X(z)=A_0+\sum_{i=1}^{m}\frac{A_iz}{z-a_i}+\sum_{j=1}^{r}\frac{A_jz}{(z-a_q)^j} \tag{6-38}$$

式中，系数 $A_i(i=0,1,2,\cdots,m)$ 根据式(6-29)计算，系数 $A_j(j=1,2,\cdots,r)$ 可以根据下面公式计算，即

$$A_j=\frac{1}{(r-j)!}\left[\frac{d^{r-j}}{dz^{r-j}}(z-a_q)^r\frac{X(z)}{z}\right]_{z=a_q} \tag{6-39}$$

将求得的系数 $A_j(j=1,2,\cdots,r)$ 代入式(6-38)，即可将 $X(z)$ 展开成部分分式的和式，然后根据给定的收敛域及如下关系式求 Z 反变换。

(1)当收敛域为 $|z|>|a|$ 时，$\dfrac{z}{(z-a)^{m+1}}$ 对应的原序列为

$$\frac{n(n-1)\cdots(n-m+1)}{m!}a^{n-m}\varepsilon(n)\leftrightarrow\frac{z}{(z-a)^{m+1}} \tag{6-40}$$

(2)当收敛域为 $|z|<|a|$ 时，$\dfrac{z}{(z-a)^{m+1}}$ 对应的原序列为

$$-\frac{n(n-1)\cdots(n-m+1)}{m!}a^{n-m}\varepsilon(-n-1)\leftrightarrow\frac{z}{(z-a)^{m+1}} \tag{6-41}$$

【例 6.11】 试用部分分式展开法求 $X(z)=\dfrac{2z^2}{\left(z-\dfrac{1}{2}\right)^2(z-1)}$ 在 $|z|>1$ 区域内对应的原序列 $x(n)$。

解 $X(z)$ 有一个一阶极点 $z=1$，还有一个二阶极点 $z=\dfrac{1}{2}$，则

$$\frac{X(z)}{z} = \frac{A_1}{z-1} + \frac{A_2}{z-1/2} + \frac{A_3}{(z-1/2)^2}$$

系数 A_1 根据式(6-29)计算，即

$$A_1 = (z-1)\frac{X(z)}{z}\bigg|_{z=1} = \frac{2z}{(z-1/2)^2}\bigg|_{z=1} = 8$$

系数 A_2 和 A_3 根据式(6-39)计算，即

$$A_2 = \left[\frac{\mathrm{d}}{\mathrm{d}z}\left(z-\frac{1}{2}\right)^2 \frac{X(z)}{z}\right]_{z=1/2} = \left[\frac{\mathrm{d}}{\mathrm{d}z}\frac{2z}{(z-1)}\right]_{z=1/2} = -8$$

$$A_3 = \left[\left(z-\frac{1}{2}\right)^2 \frac{X(z)}{z}\right]_{z=1/2} = \left[\frac{2z}{(z-1)}\right]_{z=1/2} = -2$$

将系数 A_1、A_2 和 A_3 代入 $\dfrac{X(z)}{z}$，可得

$$\frac{X(z)}{z} = \frac{8}{z-1} - \frac{8}{z-1/2} - \frac{2}{(z-1/2)^2}$$

即

$$X(z) = \frac{8z}{z-1} - \frac{8z}{z-1/2} - \frac{2z}{(z-1/2)^2}$$

式中，各项对应的原序列为

$$8\varepsilon(n) \leftrightarrow \frac{8z}{z-1}$$

$$-8\left(\frac{1}{2}\right)^n \varepsilon(n) \leftrightarrow -\frac{8z}{z-1/2}$$

$$-4n\left(\frac{1}{2}\right)^n \varepsilon(n) \leftrightarrow -\frac{2z}{(z-1/2)^2}$$

所以，原序列 $x(n)$ 为

$$x(n) = 8\varepsilon(n) - 8\left(\frac{1}{2}\right)^n \varepsilon(n) - 4n\left(\frac{1}{2}\right)^n \varepsilon(n)$$

$$= \left\{8 - 4\left[n\left(\frac{1}{2}\right)^n + 2\left(\frac{1}{2}\right)^n\right]\right\}\varepsilon(n)$$

6.5 Z 变换与拉普拉斯变换的关系

至此，已讨论了连续时间系统分析常用的傅里叶变换和拉普拉斯变换，以及离散时间系统分析常见的 Z 变换。其中 Z 变换与傅里叶变换虽然分属不同的变换，但彼此之间也有密切的联系，并且在一定的条件下，它们彼此可以互相转换。下面讨论离散信号的 Z 变换与连续信号的拉普拉斯变换之间的关系。

6.5.1 s 平面与 z 平面之间的映射关系

在第 6.2 节的讨论中给出了理想采样信号 $x_s(t)$ 的拉普拉斯变换为

$$X_s(s) = \mathscr{L}\{x_s(t)\} = \sum_{n=-\infty}^{+\infty} x(nT)\mathrm{e}^{-nsT}$$

比较上式与 Z 变换的定义 $X(z) = \sum_{n=-\infty}^{+\infty} x(n)z^{-n}$（式(6-2)），可知复变量 z 与 s 之间有如下关系

$$z = \mathrm{e}^{sT} \tag{6-42}$$

或

$$s = \frac{1}{T}\ln z$$

上式说明，如果把 Z 变换中的变量 z 换成 e^{sT}，则序列 $x(n)$ 的 Z 变换就转化为对应的采样信号 $x_s(t)$ 的拉普拉斯变换，其中 T 是序列重复的时间间隔，即周期。相应地，重复频率 $\omega_s = \dfrac{2\pi}{T}$。

为了便于讨论 s 平面与 z 平面之间的映射关系，将 s 用直角坐标形式表示，而 z 用极坐标形式表示，有

$$\begin{cases} s = \sigma + \mathrm{j}\omega \\ z = r\mathrm{e}^{\mathrm{j}\theta} \end{cases} \tag{6-43}$$

将式(6-43)代入式(6-42)，有

$$r\mathrm{e}^{\mathrm{j}\theta} = \mathrm{e}^{(\sigma+\mathrm{j}\omega)T} = \mathrm{e}^{\sigma T}\mathrm{e}^{\mathrm{j}\omega T}$$

由上式可得

$$\begin{cases} r = \mathrm{e}^{\sigma T} = \mathrm{e}^{\frac{2\pi\sigma}{\omega_s}} \\ \theta = \omega T = \dfrac{2\pi\omega}{\omega_s} \end{cases} \tag{6-44}$$

由式(6-44)可知，s 平面与 z 平面之间的映射关系如下。

(1) s 平面上的整个虚轴（$\sigma=0$，$s=\mathrm{j}\omega$）映射到 z 平面的单位圆（$r=1$）内，右半平面的点（$\sigma>0$）映射到 z 平面单位圆的圆外（$r>1$），左半平面的点（$\sigma<0$）映射到 z 平面单位圆的内部（$r<1$），如图 6-2 所示。

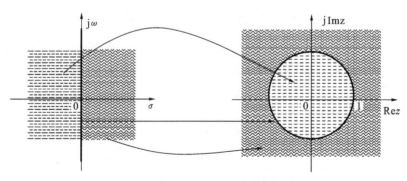

图 6-2　z 平面与 s 平面的映射关系(一)

(2) s 平面上的实轴（$\omega=0$，$s=\sigma$）映射到 z 平面是正实轴（$\theta=0$），平行于实轴的直线

(ω 为常数)映射到 z 平面是从原点发出的辐射线(θ 为常数),而通过 $\mathrm{j}\dfrac{k\omega_s}{2}$ ($k=\pm1,\pm3,\cdots$)平行于实轴的直线映射到 z 平面是负实轴($\theta=\pi$),如图 6-3 所示。

(3)从 z 平面向 s 平面的映射并不是单值的,因为 $\mathrm{e}^{\mathrm{j}\theta}$ 是以 ω_s 为周期的周期函数,而 s 平面上的点沿着虚轴移动时,对应的 z 平面上的点沿单位圆做周期性旋转,s 平面上的点每平移 ω_s,z 平面上的点沿单位圆转一圈。

(a)s平面的实轴映射为z平面的正实轴

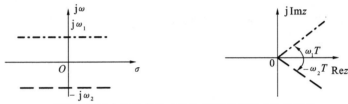

(b)s平面平行于实轴的直线映射为z平面始于原点的辐射线

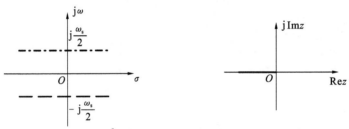

(c)s平面通过$\pm\mathrm{j}\dfrac{k\omega_s}{2}$平行于实轴的直线映射为$z$平面的负实轴

图 6-3 z 平面与 s 平面的映射关系(二)

6.5.2 直接从拉普拉斯变换像函数求 Z 变换

前面讨论了 z 平面和 s 平面之间的映射关系,知道了两个变换之间的关系,就可以直接从连续信号的拉普拉斯变换的像函数求对应的离散信号的 Z 变换,而不必经过:求拉普拉斯反变换得原始连续信号→信号采样→求 Z 变换,这样一系列复杂的过程。下面重点讨论单边 Z 变换与单边拉普拉斯变换之间的关系。

若已知连续信号 $x(t)$ 的拉普拉斯变换为 $X(s)$,则信号 $x(t)$ 可由 $X(s)$ 的拉普拉斯反变换得到,即

$$x(t)=\frac{1}{2\pi\mathrm{j}}\int_{\sigma-\infty}^{\sigma+\infty}X(s)\mathrm{e}^{st}\,\mathrm{d}s$$

以采样间隔 T 对连续信号 $x(t)$ 进行采样后,得采样信号为 $x(nT)$ 为

$$x(nT) = \frac{1}{2\pi j} \int_{\sigma-\infty}^{\sigma+\infty} X(s) e^{nst} \mathrm{d}s \quad (n = 0, 1, 2, \cdots)$$

采样信号 $x(nT)$ 的 Z 变换为

$$X(z) = \sum_{n=0}^{+\infty} x(nT) z^{-n}$$

把 $x(nT)$ 代入上式,并交换积分与求和的次序,有

$$X(z) = \frac{1}{2\pi j} \int_{\sigma-j\infty}^{\sigma+j\infty} X(s) \sum_{n=0}^{+\infty} (e^{sT} z^{-1})^n \mathrm{d}s$$

上式只有在 $|z| > |e^{sT}|$ 时收敛,并有

$$\sum_{n=0}^{+\infty} (e^{sT} z^{-1})^n = \frac{1}{1 - e^{sT} z^{-1}} = \frac{z}{z - e^{sT}}$$

将上式代入 $X(z)$,有

$$X(z) = \frac{1}{2\pi j} \int_{\sigma-j\infty}^{\sigma+j\infty} \frac{z X(s)}{z - e^{sT}} \mathrm{d}s \tag{6-45}$$

式(6-45)即为直接从拉普拉斯变换的像函数 $X(s)$ 求相应的 Z 变换 $X(z)$ 的关系式。式(6-45)可以用复变函数积分方法来计算,亦可用留数定理来计算,即

$$X(z) = \sum_{X(s)\text{的极点}} \mathrm{Res} \left[\frac{z X(s)}{z - e^{sT}} \right] \tag{6-46}$$

式(6-46)中,如果 $X(s)$ 有一个单极点 s_1,则其留数为

$$\mathrm{Res} \left[\frac{z X(s)}{z - e^{sT}} \right] = \frac{(s - s_1) z X(s)}{z - e^{sT}} \bigg|_{s=s_1} = \frac{A_1 z}{z - e^{s_1 T}} = \frac{A_1 z}{z - z_1} \tag{6-47}$$

式(6-47)中,A_1 为 $X(s)$ 在极点 s_1 处的留数;z_1 为 $X(z)$ 的极点,有 $z_1 = e^{s_1 T}$,它由 s 平面中 $X(s)$ 的极点 s_1 映射到 z 平面中得到。

如果 $X(s)$ 有 R 个单极点($s_1, s_2, \cdots, s_R$),则其对应的 Z 变换为

$$X(z) = \sum_{r=1}^{R} \frac{A_r z}{z - e^{s_r T}} \tag{6-48}$$

式中,A_r 为 $X(s)$ 在极点 s_r 处的留数。同样 $X(z)$ 在 z 平面也有 R 个极点,分别是($e^{s_1 T}, e^{s_2 T}, \cdots, e^{s_R T}$)。

【例 6.12】 已知指数函数 $e^{-at}\varepsilon(t)$ 的拉普拉斯变换为 $\dfrac{1}{s+\alpha}$,试求采样序列 $e^{-anT}\varepsilon(nT)$ 的 Z 变换。

解 设 $x(t) = e^{-at}\varepsilon(t)$,则 $X(s) = \dfrac{1}{s+\alpha}$。$X(s)$ 只有一个一阶极点 $s = -\alpha$,而 $X(s)$ 在极点 $s = -\alpha$ 处的留数为 1,所以由式(6-48)得 $e^{-anT}\varepsilon(nT)$ 的 Z 变换为

$$X(z) = \frac{z}{z - e^{-\alpha T}}$$

6.6　离散时间系统的 z 域分析法

在连续时间系统分析中,采用拉普拉斯变换将时域中的微分方程转换成复频域的代数方

程来求解,从而避免了复杂的计算过程。与连续时间系统分析类似,在离散时间系统中,也可以采用 Z 变换将描述离散系统的差分方程转换成 z 域的代数方程来求解。在前面的例 6.6 中,已经初步了解利用 Z 变换求解差分方程的基本思路,即

(1)对差分方程两边同时做 Z 变换;

(2)利用 Z 变换的移位特性和给定的系统初始条件来求系统响应的 Z 变换;

(3)取 Z 反变换,求系统的响应。

本节将详细讨论用 Z 变换求解离散时间系统响应的方法。由于实际的激励和响应多是有始序列,因此本节讨论的 Z 变换都是单边 Z 变换和单边 Z 反变换。

在用 Z 变换求解系统响应时,常用以下两种方法。

(1)系统的零状态响应和零输入响应求解法。

这种方法类似时域响应解法,可以将系统的 z 域响应分成零输入响应和零状态响应来分别求解,二者相加即得全响应。

(2)系统响应的直接 Z 变换解法。

这种方法与用拉普拉斯变换分析连续系统类似,离散时间系统也可以用 Z 变换一次求出系统的全响应。

下面分别对这两种方法进行详细介绍。

6.6.1　离散时间系统的零输入响应与零状态响应求解法

1. 离散时间系统的零输入响应

下面以常见的二阶离散时间系统为例,讨论系统的零输入响应。假设该二阶系统用如下差分方程描述:

$$y(n+2)+a_1 y(n+1)+a_0 y(n)=b_2 x(n+2)+b_1 x(n+1)+b_0 x(n) \tag{6-49}$$

则此方程对应的齐次差分方程为

$$y(n+2)+a_1 y(n+1)+a_0 y(n)=0 \tag{6-50}$$

此时差分方程的解为系统的零输入响应,所以式(6-50)可以改写为

$$y_{zi}(n+2)+a_1 y_{zi}(n+1)+a_0 y_{zi}(n)=0 \tag{6-51}$$

对方程两边做单边 Z 变换,有

$$z^2 Y_{zi}(z)-z^2 y_{zi}(0)-z y_{zi}(1)+a_1[z Y_{zi}(z)-z y_{zi}(0)]+a_0 Y_{zi}(z)=0$$

式中,$Y_{zi}(z)=\mathscr{Z}\{y_{zi}(n)\}$。整理得

$$(z^2+a_1 z+a_0)Y_{zi}(z)-y_{zi}(0)z^2-y_{zi}(1)z-a_1 y_{zi}(0)z=0 \tag{6-52}$$

式(6-52)是一个代数方程,其中,$y_{zi}(0)$ 和 $y_{zi}(1)$ 是零输入响应的初值,其值由给定的初始状态确定;$Y_{zi}(z)$ 是系统零输入响应的 Z 变换,其表达式为

$$Y_{zi}(z)=\frac{y_{zi}(0)z^2+y_{zi}(1)z+a_1 y_{zi}(0)z}{z^2+a_1 z+a_0} \tag{6-53}$$

对式(6-53)做 Z 反变换,即可得系统的零输入响应为

$$\begin{aligned}
y_{zi}(n)&=\mathscr{Z}^{-1}\{Y_{zi}(z)\}\\
&=\mathscr{Z}^{-1}\left\{\frac{y_{zi}(0)z^2+y_{zi}(1)z+a_1 y_{zi}(0)z}{z^2+a_1 z+a_0}\right\}
\end{aligned} \tag{6-54}$$

下面讨论多阶离散时间系统的零输入响应。描述一般离散时间系统的差分方程为

$$\sum_{i=0}^{k} a_i y(n+i) = \sum_{j=0}^{m} b_j x(n+j) \tag{6-55}$$

当输入为零时,对应的齐次差分方程为

$$\sum_{i=0}^{k} a_i y_{zi}(n+i) = 0 \tag{6-56}$$

利用 Z 变换的移位特性,对其求单边 Z 变换,有

$$\sum_{i=0}^{k} a_i z^i \left[Y_{zi}(z) - \sum_{q=0}^{i-1} y_{zi}(q) z^{-q} \right] = 0 \tag{6-57}$$

对式(6-57)进行整理,得

$$\sum_{i=0}^{k} (a_i z^i) Y_{zi}(z) = \sum_{i=0}^{k} a_i z^i \sum_{q=0}^{i-1} y_{zi}(q) z^{-q}$$
$$= \sum_{i=0}^{k} a_i \sum_{q=0}^{i-1} y_{zi}(q) z^{-q+i}$$

则零输入响应的 Z 变换为

$$Y_{zi}(z) = \frac{\displaystyle\sum_{i=0}^{k} a_i \sum_{q=0}^{i-1} y_{zi}(q) z^{-q+i}}{\displaystyle\sum_{i=0}^{k} (a_i z^i)} \tag{6-58}$$

对式(6-58)进行 Z 反变换,即得系统的零输入响应为

$$y_{zi}(n) = \mathscr{Z}^{-1}\{Y_{zi}(z)\} = \mathscr{Z}^{-1}\left\{ \frac{\displaystyle\sum_{i=0}^{k} a_i \sum_{q=0}^{i-1} y_{zi}(q) z^{-q+i}}{\displaystyle\sum_{i=0}^{k} (a_i z^i)} \right\} \tag{6-59}$$

2. 离散时间系统零状态响应

在第 5 章离散时间系统的时域分析中,已经指出系统的零状态响应 $y_{zs}(n)$ 等于系统的激励序列 $x(n)$ 与系统的单位函数响应 $h(n)$ 的卷积和,即

$$y_{zs}(n) = x(n) * h(n) = h(n) * x(n)$$

设系统零状态响应 $y_{zs}(n)$ 的 Z 变换为 $Y_{zs}(z)$,激励 $x(n)$ 的 Z 变换为 $X(z)$,对上式进行 Z 变换,并根据时域卷积定理,有

$$Y_{zs}(z) = \mathscr{Z}\{h(n)\} X(z) \tag{6-60}$$

由式(6-60)可知,离散时间系统的零状态响应的 Z 变换等于系统单位函数响应的 Z 变换和激励函数的 Z 变换的乘积。

令

$$H(z) = \mathscr{Z}\{h(n)\} \tag{6-61}$$

则称 $H(z)$ 为离散时间系统的系统函数,则式(6-60)可以改写为

$$Y_{zs}(z) = H(z) X(z) \tag{6-62}$$

由式(6-62)可知,离散时间系统的零状态响应的 Z 变换等于系统函数和激励函数的 Z 变换的乘积。

下面仍以式(6-49)描述的二阶离散时间系统为例,讨论零状态响应的求解。如果激励函数 $x(n)=\delta(n)$,此激励对应的零状态响应即为系统的单位函数响应 $h(n)$,将 $\delta(n)$ 与 $h(n)$ 代入式(6-49),有

$$h(n+2)+a_1 h(n+1)+a_0 h(n)=b_2 \delta(n+2)+b_1 \delta(n+1)+b_0 \delta(n)$$

对于因果系统,当 $n<0$ 时,$h(n)=0$。对上式两边同做单边 Z 变换,并整理得

$$H(z)=\frac{b_2 z^2+b_1 z+b_0}{z^2+a_1 z+a_0} \tag{6-63}$$

假设激励 $x(n)$ 的 Z 变换为 $X(z)$,则此激励对应的零状态响应为

$$Y_{zs}(z)=\frac{b_2 z^2+b_1 z+b_0}{z^2+a_1 z+a_0}X(z) \tag{6-64}$$

对式(6-64)做 Z 反变换,即得系统的零状态响应 $y_{zs}(n)$ 为

$$
\begin{aligned}
y_{zs}(n) &=\mathscr{Z}^{-1}\{Y_{zs}(z)\} \\
&=\mathscr{Z}^{-1}\left\{\frac{b_2 z^2+b_1 z+b_0}{z^2+a_1 z+a_0}X(z)\right\}
\end{aligned}
\tag{6-65}
$$

对于式(6-55)描述的多阶离散时间系统的差分方程,令激励函数 $x(n)=\delta(n)$,此激励对应的零状态响应即为单位函数响应 $h(n)$,将 $\delta(n)$ 与 $h(n)$ 代入式(6-55),有

$$\sum_{i=0}^{k}a_i h(n+i)=\sum_{j=0}^{m}b_j \delta(n+j) \tag{6-66}$$

为了讨论方便,将式(6-66)中的激励 $\delta(n)$ 和响应 $h(n)$ 都向右移 k 位,有

$$\sum_{i=0}^{k}a_i h(n-k+i)=\sum_{j=0}^{m}b_j \delta(n-k+j) \tag{6-67}$$

因为 $\delta(n)$ 是有始信号,而系统是因果系统,所以系统的单位函数响应也是一个有始信号。对式(6-67)两边同时做单边 Z 变换,并利用 Z 变换的移位性质,有

$$\sum_{i=0}^{k}a_i H(z)z^{-k+i}=\sum_{j=0}^{m}b_j z^{-k+j} \tag{6-68}$$

式(6-68)两边同乘以 z^k,并整理得

$$\left(\sum_{i=0}^{k}a_i z^i\right)H(z)=\sum_{j=0}^{m}b_j z^j$$

则系统函数 $H(z)$ 为

$$H(z)=\frac{\displaystyle\sum_{j=0}^{m}b_j z^j}{\displaystyle\sum_{i=0}^{k}a_i z^i}=\frac{b_m z^m+b_{m-1}z^{m-1}+\cdots+b_1 z+b_0}{a_n z^n+a_{n-1}z^{n-1}+\cdots+a_1 z+a_0} \tag{6-69}$$

式(6-69)清晰地描述了系统函数 $H(z)$ 与差分方程之间的关系,因此系统函数 $H(z)$ 可由差分方程直接求出。将式(6-69)代入式(6-62),得系统的零状态响应的 Z 变换 $Y_{zs}(z)$ 为

$$Y_{zs}(z)=H(z)X(z)=\frac{\displaystyle\sum_{j=0}^{m}b_j z^j}{\displaystyle\sum_{i=0}^{k}a_i z^i}X(z) \tag{6-70}$$

对式(6-70)做 Z 反变换,即可得到系统的零状态响应 $y_{zs}(n)$ 为

$$y_{zs}(n) = \mathscr{Z}^{-1}\{Y_{zs}(z)\} = \mathscr{Z}^{-1}\left\{\frac{\sum\limits_{j=0}^{m}b_j z^j}{\sum\limits_{i=0}^{k}a_i z^i}X(z)\right\} \tag{6-71}$$

用 Z 变换求系统零状态响应的方法归纳如下。

(1) 由差分方程直接得到系统函数 $H(z)$。

(2) 将系统函数 $H(z)$ 与激励信号 $x(n)$ 的 Z 变换 $X(z)$ 相乘，得到 $Y_{zs}(z)$。

(3) 对 $Y_{zs}(z)$ 做 Z 反变换即可得到系统的零状态响应 $y_{zs}(n)$。

3. 离散时间系统的全响应

由前面的讨论可知，系统的全响应等于系统的零状态响应 $y_{zs}(n)$ 和零输入响应 $y_{zi}(n)$ 之和，即

$$y(n) = y_{zi}(n) + y_{zs}(n)$$

对于式(6-49)描述的二阶离散时间系统，其全响应 $y(n)$ 为

$$y(n) = \mathscr{Z}^{-1}\left\{\frac{y_{zi}(0)z^2 + y_{zi}(1)z + a_1 y_{zi}(0)z}{z^2 + a_1 z + a_0}\right\} + \mathscr{Z}^{-1}\left\{\frac{b_2 z^2 + b_1 z + b_0}{z^2 + a_1 z + a_0}X(z)\right\} \tag{6-72}$$

对于式(6-55)描述的多阶离散时间系统，其全响应 $y(n)$ 为

$$\begin{aligned}
y(n) &= \mathscr{Z}^{-1}\left\{\frac{\sum\limits_{i=0}^{k}a_i \sum\limits_{q=0}^{i-1}y_{zi}(q)z^{-q+i}}{\sum\limits_{i=0}^{k}a_i z^i}\right\} + \mathscr{Z}^{-1}\left\{\frac{\sum\limits_{j=0}^{m}b_j z^j}{\sum\limits_{i=0}^{k}a_i z^i}X(z)\right\} \\
&= \mathscr{Z}^{-1}\left\{\frac{\left(\sum\limits_{j=0}^{m}b_j z^j\right)X(z) + \sum\limits_{i=0}^{k}a_i \sum\limits_{q=0}^{i-1}y_{zi}(q)z^{-q+i}}{\sum\limits_{i=0}^{k}a_i z^i}\right\}
\end{aligned} \tag{6-73}$$

【例 6.13】 描述某二阶离散时间系统的差分方程为

$$y(n+2) - 2y(n+1) - 3y(n) = \varepsilon(n)$$

其初始状态为 $y_{zi}(0) = y_{zi}(1) = 0$，求此系统的全响应。

解　因为该系统的初始状态为零，由式(6-72)可知，对应的零输入响应也为零，所以系统只有零状态响应。根据式(6-69)，系统函数 $H(z)$ 为

$$H(z) = \frac{1}{z^2 - 2z - 3} = \frac{1}{(z+1)(z-3)}$$

系统的激励为单位阶跃序列 $\varepsilon(n)$，其 Z 变换为 $\dfrac{z}{z-1}$，所以系统的零状态响应的 Z 变换为

$$Y(z) = H(z)X(z) = \frac{z}{(z-1)(z-3)(z+1)}$$

上式展开成部分分式和的形式为

$$Y(z) = -\frac{1}{4}\frac{z}{z-1} + \frac{1}{8}\frac{z}{z+1} + \frac{1}{8}\frac{z}{z-3}$$

对上式做 Z 反变换，得系统的响应 $y(n)$ 为

$$y(n) = \left[-\frac{1}{4} + \frac{1}{8}(-1)^n + \frac{1}{8}3^n\right]\varepsilon(n)$$

【例 6.14】 仍采用例 6.13 中系统的差分方程

$$y(n+2) - 2y(n+1) - 3y(n) = \varepsilon(n)$$

初始状态变为 $y_{zi}(0) = 2$、$y_{zi}(1) = 1$，试求系统的零输入响应、零状态响应和全响应。

解 根据式(6-53)，得系统零输入响应的 Z 变换为

$$Y_{zi}(z) = \frac{y_{zi}(0)z^2 + y_{zi}(1)z - 2y_{zi}(0)z}{z^2 - 2z - 3}$$

将初始状态 $y_{zi}(0) = 2$、$y_{zi}(1) = 1$ 代入上式，并整理，得

$$Y_{zi}(z) = \frac{2z^2 - 3z}{z^2 - 2z - 3} = \frac{2z^2 - 3z}{(z-3)(z+1)} = \frac{3}{4}\frac{z}{z-3} + \frac{5}{4}\frac{z}{z+1}$$

对上式做 Z 反变换，得系统的零输入响应 $y_{zi}(n)$ 为

$$y_{zi}(n) = \left[\frac{3}{4}3^n + \frac{5}{4}(-1)^n\right]\varepsilon(n)$$

系统的零状态响应 $y_{zs}(n)$ 与例 6.12 中系统的零状态响应相同，为

$$y_{zs}(n) = \left[-\frac{1}{4} + \frac{1}{8}(-1)^n + \frac{1}{8}3^n\right]\varepsilon(n)$$

将零输入响应 $y_{zi}(n)$ 与零状态响应 $y_{zs}(n)$ 相加，即得到系统的全响应 $y(n)$，为

$$y(n) = \left[\frac{3}{4}3^n + \frac{5}{4}(-1)^n\right]\varepsilon(n) + \left[-\frac{1}{4} + \frac{1}{8}(-1)^n + \frac{1}{8}3^n\right]\varepsilon(n)$$

$$= \left[-\frac{1}{4} + \frac{11}{8}(-1)^n + \frac{7}{8}3^n\right]\varepsilon(n)$$

6.6.2 系统响应的直接 Z 变换解法

系统响应可以不必分为零输入响应和零状态响应来分别求解，在系统全响应的初始条件已知的情况下，可直接用一次 Z 变换求解，具体方法如下。

对于式(6-55)描述的多阶离散时间系统，对差分方程式两边同做单边 Z 变换，有

$$\sum_{i=0}^{k} a_i \mathscr{Z}\{y(n+i)\} = \sum_{j=0}^{m} b_j \mathscr{Z}\{x(n+j)\}$$

利用 Z 变换的移位特性，可得

$$\sum_{i=0}^{k} a_i \left\{ z^i \left[Y(z) - \sum_{q=0}^{i-1} y(q) z^{-q} \right] \right\} = \sum_{j=0}^{m} b_j \left\{ z^j \left[X(z) - \sum_{r=0}^{j-1} x(r) z^{-r} \right] \right\} \tag{6-74}$$

整理上式，得

$$Y(z)\sum_{i=0}^{k} a_i z^i - \sum_{i=0}^{k} a_i \left[\sum_{q=0}^{i-1} y(q) z^{-q+i} \right] = \left(\sum_{j=0}^{m} b_j z^j \right) X(z) - \sum_{j=0}^{m} b_j \left[\sum_{r=0}^{j-1} x(r) z^{-r+j} \right]$$

即

$$Y(z) = \frac{\left(\sum\limits_{j=0}^{m} b_j z^j\right) X(z) + \sum\limits_{i=0}^{k} a_i \left[\sum\limits_{q=0}^{i-1} y(q) z^{-q+i} \right] - \sum\limits_{j=0}^{m} b_j \left[\sum\limits_{r=0}^{j-1} x(r) z^{-r+j} \right]}{\sum\limits_{i=0}^{k} a_i z^i} \tag{6-75}$$

对式(6-75)做 Z 反变换，即可求得系统的全响应 $y(n)$。

$$y(n) = \mathscr{Z}^{-1}\left\{\frac{\left(\sum_{j=0}^{m} b_j z^j\right)X(z) + \sum_{i=0}^{k} a_i\left[\sum_{q=0}^{i-1} y(q)z^{-q+i}\right] - \sum_{j=0}^{m} b_j\left[\sum_{r=0}^{j-1} x(r)z^{-r+j}\right]}{\sum_{i=0}^{k} a_i z^i}\right\} \tag{6-76}$$

比较式(6-76)和式(6-73)可知,它们的分母相同,同时分子中的第一项也相同。但在以下方面又有不同。

(1)分子的第二项不同,在式(6-76)中,分子第二项使用的是系统全响应的初始值 $y(n)$,$(n=0,1,2,\cdots,k)$;而在式(6-73)中,分子第二项使用的是零输入响应的初始值 $y_{zi}(n)$ $(n=0,1,2,\cdots,k)$。

(2)直接求 Z 变换的方法使用了激励信号的初始条件,即式(6-76)中的第三项,而零输入响应和零状态响应的求解法无需使用激励信号的初始条件。

在实际应用中,这两个方法的使用取决于系统给定的初始条件。如果给出的是零输入响应的初始值,就使用式(6-73)来求解;如果给出的是系统全响应的初始值,就使用式(6-76)来求解。

注意,式(6-73)和式(6-76)形式复杂,无需死记硬背。在实际应用中,只要掌握了 Z 变换的移序特性,就可以求解系统响应。

【例 6.15】　描述某离散时间系统的差分方程为

$$y(n+2) - y(n+1) - 2y(n) = x(n+2) + 2x(n)$$

系统的初始状态为 $y(0)=2$、$y(1)=7$,试求激励为 $x(n)=\varepsilon(n)$ 时系统的全响应。

解　令 $x(n) \leftrightarrow X(z)$、$y(n) \leftrightarrow Y(z)$,对差分方程式两边同时做单边 Z 变换,并利用 Z 变换的移序特性,有

$$z^2 Y(z) - z^2 y(0) - zy(1) - [zY(z) - zy(0)] - 2Y(z) = z^2 X(z) - z^2 x(0) - zx(1) + 2X(z)$$

整理并将初始值 $y(0)=2$、$y(1)=7$ 代入上式,得

$$(z^2 - z - 2)Y(z) = z^2 + 4z + (z^2 + 2)X(z)$$

整理得

$$Y(z) = \frac{z^2 + 4z}{z^2 - z - 2} + \frac{z^2 + 2}{z^2 - z - 2}X(z)$$

将 $X(z) = \dfrac{z}{z-1}$ 代入上式,得

$$Y(z) = \frac{z^2 + 4z}{z^2 - z - 2} + \frac{z^2 + 2}{z^2 - z - 2} \cdot \frac{z}{z-1}$$

$$= \frac{z^2 + 4z}{(z-2)(z+1)} + \frac{z^3 + 2z}{(z-2)(z+1)(z-1)}$$

将上式展开成部分分式的形式,有

$$Y(z) = \frac{2z}{z-2} - \frac{z}{z+1} - \frac{3}{2}\frac{z}{z-1} + \frac{1}{2}\frac{z}{z+1} + \frac{2z}{z-2}$$

$$= \frac{4z}{z-2} - \frac{1}{2}\frac{z}{z+1} - \frac{3}{2}\frac{z}{z-1}$$

对上式做 Z 反变换,得系统的全响应 $y(n)$ 为

$$y(n) = \left[2^{n+2} - \frac{1}{2}(-1)^n - \frac{3}{2} \right] \varepsilon(n)$$

6.7 离散时间系统的系统函数

6.7.1 系统函数的定义

连续时间系统的系统函数 $H(s)$ 定义为系统零状态响应的拉普拉斯变换 $Y_{zs}(s)$ 和激励的拉普拉斯变换 $X(s)$ 的比值,即

$$H(s) = \frac{Y_{zs}(s)}{X(s)}$$

同样,离散时间系统的系统函数 $H(z)$ 也可以定义为系统的零状态响应的 Z 变换 $Y_{zs}(z)$ 和激励的 Z 变换 $X(z)$ 的比值,即

$$H(z) = \frac{Y_{zs}(z)}{X(z)} \tag{6-77}$$

离散时间系统的系统函数 $H(z)$ 与连续时间系统的系统函数 $H(s)$ 的地位相当,求法也类似。在第 6.6 节的讨论中,已知离散时间系统的系统函数 $H(z)$ 是系统的单位函数响应 $h(n)$ 的 Z 变换,即

$$H(z) = \mathscr{X}\{h(n)\} \tag{6-78}$$

式(6-78)是系统函数 $H(z)$ 的常见求法。在某些情况下,系统的单位函数响应 $h(n)$ 并不容易求解。但在描述离散时间系统的差分方程已知的情况下,可以直接写出系统函数 $H(z)$。具体方法已在第 6.6 节讨论过,可以归纳如下。

(1)对于如式(6-49)的二阶离散时间系统,其系统函数 $H(z)$ 为

$$H(z) = \frac{b_2 z^2 + b_1 z + b_0}{z^2 + a_1 z + a_0}$$

(2)对于如式(6-55)的多阶离散时间系统,其系统函数 $H(z)$ 为

$$H(z) = \frac{\sum\limits_{j=0}^{m} b_j z^j}{\sum\limits_{i=0}^{k} a_i z^i} = \frac{b_m z^m + b_{m-1} z^{m-1} + \cdots + b_1 z + b_0}{a_n z^n + a_{n-1} z^{n-1} + \cdots + a_1 z + a_0} = \frac{N(z)}{D(z)} \tag{6-79}$$

式中,

$$D(z) = a_n z^n + a_{n-1} z^{n-1} + \cdots + a_1 z + a_0$$

令 $D(z) = 0$,则此方程是系统的特征方程,其根是系统的特征根,也是系统函数的极点。

$$N(z) = b_m z^m + b_{m-1} z^{m-1} + \cdots + b_1 z + b_0$$

令 $N(z) = 0$,此时得到的根值是系统函数的零点。

6.7.2 系统函数的零/极点分布与系统时域特性的关系

在离散时间系统中,离散序列 $x(n)$ 通过 Z 变换转换成 z 域函数 $X(z)$;而 z 域函数 $X(z)$ 又通过 Z 反变换转换为离散序列 $x(n)$。因此,可以从 z 域函数 $X(z)$ 的函数关系式中反映离

散序列 $x(n)$ 的内在性质。

如果一个离散时间系统的系统函数 $H(z)$ 是有理函数，那么它的分子和分母都可以分解成因式的乘积形式，即

$$H(z) = C\frac{\prod\limits_{j=1}^{M}(z-z_j)}{\prod\limits_{i=1}^{K}(z-p_i)} \tag{6-80}$$

式中，C 是常数；$p_i(i=1,2,\cdots,K)$ 是系统函数 $H(z)$ 的极点；$z_j(j=1,2,\cdots,M)$ 是系统函数 $H(z)$ 的零点。又因为系统函数 $H(z)$ 与系统的单位序列响应 $h(n)$ 是一对 Z 变换对，即

$$h(n) \leftrightarrow H(z)$$

所以，可以根据系统函数 $H(z)$ 的零/极点分布确定系统的单位函数响应 $h(n)$ 的性质。

如果 $K > M$，将系统函数 $H(z)$ 展开成部分分式的形式，有

$$H(z) = A_0 + \sum_{i=1}^{K}\frac{A_iz}{z-p_i} \quad \overset{p_0=0}{=} \quad \sum_{i=0}^{K}\frac{A_iz}{z-p_i} \tag{6-81}$$

那么 $H(z)$ 的每个极点将决定与之对应的时间序列 $h(n)$。如果系统函数 $H(z)$ 只含有一阶极点 $p_1,p_2,\cdots,p_K$，并且系统为因果系统，则系统的单位函数响应 $h(n)$ 可以表示为

$$h(n) = \mathscr{Z}^{-1}\{H(z)\} = \mathscr{Z}^{-1}\left\{\sum_{i=0}^{K}\frac{A_iz}{z-p_i}\right\} = \mathscr{Z}^{-1}\left\{A_0 + \sum_{i=1}^{K}\frac{A_iz}{z-p_i}\right\}$$

$$= A_0\delta(n) + \sum_{i=1}^{K}A_ip_i^n\varepsilon(n) \tag{6-82}$$

式中，极点 p_i 既可以是实数，又可以是成对出现的共轭复数。

由式(6-82)可知，单位函数响应 $h(n)$ 的特性取决于系统函数 $H(z)$ 的极点，其幅值取决于系数 A_i，而 A_i 又与系统函数 $H(z)$ 的零点有关。因此可以得出以下结论。

(1)系统函数 $H(z)$ 的极点决定 $h(n)$ 的波形特征；

(2)系统函数 $H(z)$ 的零点只影响 $h(n)$ 的幅值与相位。

下面具体讨论 $H(z)$ 的极点分布与 $h(n)$ 波形的关系，如图 6-4 所示。

(1)如果系统函数 $H(z)$ 有一个单阶实数极点 p，即 $p=r$，r 为实数，则对应的单位函数响应 $h(n)$ 为

$$h(n) = r^n\varepsilon(n) \tag{6-83}$$

r 的取值不同，对 $h(n)$ 波形的影响如下。

①当 $|r|>1$ 时，极点 p 位于单位圆外，则 $h(n)$ 为增幅指数序列。

②当 $|r|<1$ 时，极点 p 位于单位圆内，则 $h(n)$ 为衰减指数序列。

③当 $|r|=1$ 时，极点 p 位于单位圆上，则 $h(n)$ 为等幅序列。

(2)如果系统函数 $H(z)$ 有一对共轭极点 $p_1=re^{j\theta}$ 和 $p_2=re^{-j\theta}$，则系统函数 $H(z)$ 为

$$H(z) = \frac{Az}{z-re^{j\theta}} + \frac{A^*z}{z-re^{-j\theta}}$$

为了讨论方便，令 $A=1$，对上式做 Z 反变换，可得系统的单位函数响应 $h(n)$ 为

$$h(n) = 2r^n\cos(n\theta)\varepsilon(n) \tag{6-84}$$

r 的取值不同，对 $h(n)$ 波形的影响如下。

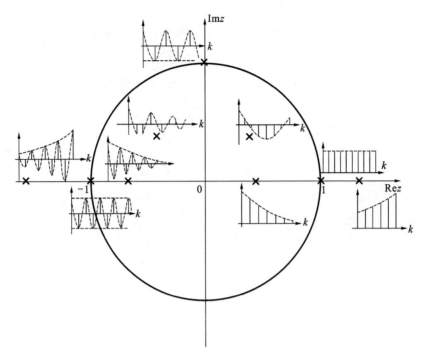

图 6-4 $H(z)$的极点位置与$h(n)$波形的对应关系

①若 $r>1$,极点 p_1 和 p_2 位于单位圆外,则$h(n)$为增幅振荡序列。

②若 $r<1$,极点 p_1 和 p_2 位于单位圆内,则$h(n)$为衰减振荡序列。

③若 $r=1$,极点 p_1 和 p_2 位于单位圆上,则$h(n)$为等幅振荡序列。

【例 6.16】 某线性非时变离散时间系统,当激励为$\varepsilon(n)$时,对应的零状态响应为$r(n)$,试求该系统的单位函数响应 $h(n)$。

解 激励 $x(n)=\varepsilon(n)$,零状态响应 $y_{zs}(n)=r(n)$的 Z 变换分别为

$$X(z)=\mathscr{Z}\{\varepsilon(n)\}=\frac{z}{z-1},Y_{zs}(z)=\mathscr{Z}\{y_{zs}(n)\}=\mathscr{Z}\{r(n)\}=R(z)$$

所以,根据系统函数的定义,有

$$H(z)=\frac{Y_{zs}(z)}{X(z)}=\frac{(z-1)R(z)}{z}=R(z)-\frac{R(z)}{z}$$

对上式做 Z 反变换,得系统单位函数响应 $h(n)$为

$$h(n)=\mathscr{Z}^{-1}\{H(z)\}=\mathscr{Z}^{-1}\left\{R(z)-\frac{R(z)}{z}\right\}=r(n)-r(n-1)$$

6.7.3 系统函数的零/极点分布与系统稳定性的关系

第 5 章已从时域特性出发讨论了离散时间系统的稳定性,并且已知离散时间系统稳定的充分必要条件是单位函数响应 $h(n)$绝对可和,即

$$\sum_{n=-\infty}^{+\infty}|h(n)|\leqslant M \tag{6-85}$$

式中,M 为取值有限的正实数。式(6-85)亦可改写为

$$\sum_{n=-\infty}^{+\infty} |h(n)| < +\infty \tag{6-86}$$

在实际应用中,直接由式(6-85)或式(6-86)来判断系统的稳定性比较困难。在连续时间系统中,可以利用系统函数 $H(s)$ 的收敛域来判断系统的稳定性。与此类似,在离散时间系统中,同样可以利用系统函数 $H(z)$ 的收敛域来判断离散时间系统的稳定性。那么,本章就从 z 域特性出发来探讨离散时间系统的稳定性。

根据系统函数 $H(z)$ 是单位函数响应 $h(n)$ 的 Z 变换,有

$$H(z) = \sum_{n=-\infty}^{+\infty} h(n) z^{-n} \tag{6-87}$$

对于稳定系统,当 $|z|=1$(位于 z 平面的单位圆上)时,有

$$H(z)_{|z|=1} \leqslant \sum_{n=-\infty}^{+\infty} |h(n)| < +\infty \tag{6-88}$$

式(6-88)说明,对于稳定的离散时间系统,其系统函数 $H(z)$ 的收敛域应包含单位圆。

对于因果系统而言,其单位函数响应 $h(n)$ 为因果序列,它的 Z 变换 $H(z)$ 的收敛域应包含无穷远点,通常表示为

$$R < |z| \leqslant +\infty$$

式中,R 为非负实数。对于稳定的因果系统,则要求其收敛域包含单位圆,即满足

$$\begin{cases} R < |z| \leqslant +\infty \\ R < 1 \end{cases} \tag{6-89}$$

此时,要求 $H(z)$ 的极点全部位于单位圆内。

对于非因果系统,其单位函数响应 $h(n)$ 为反因果序列,它的 Z 变换 $H(z)$ 的收敛域应是某个圆的内部,通常表示为

$$|z| < R$$

式中,R 为非负实数。对于稳定的非因果系统,则要求其收敛域包含单位圆,即满足

$$\begin{cases} |z| < R \\ R > 1 \end{cases} \tag{6-90}$$

此时,要求 $H(z)$ 的极点全部位于单位圆外。

【例 6.17】 描述某离散因果系统的差分方程为

$$y(n) - y(n-1) + 0.24y(n-2) = x(n) + x(n-1)$$

(1)试求此系统的系统函数 $H(z)$;

(2)讨论系统函数 $H(z)$ 的收敛域和稳定性;

(3)试求单位函数响应 $h(n)$;

(4)当激励为单位阶跃序列 $\varepsilon(n)$ 时,求系统的零状态响应 $y_{zs}(n)$。

解 (1)由差分方程直接写出系统函数 $H(z)$ 为

$$H(z) = \frac{z^2+z}{z^2-z+0.24} = \frac{z(z+1)}{(z-0.4)(z-0.6)}$$

(2)系统函数 $H(z)$ 有两个极点,分别为 $p_1=0.4$ 和 $p_2=0.6$,它们都在单位圆内,所以此系统是一个稳定的因果系统。其收敛域为 $|z|>0.6$,并且包含无穷远点。

(3)将系统函数 $H(z)$ 展开成部分分式和,有

$$H(z) = -7\frac{z}{z-0.4} + 8\frac{z}{z-0.6} \quad (|z|>0.6)$$

做 Z 反变换,得到系统的单位函数响应 $h(n)$ 为

$$h(n) = [-7(0.4)^n + 8(0.6)^n]\varepsilon(n)$$

(4)当激励 $x(n) = \varepsilon(n)$ 时,其 Z 变换 $X(z)$ 为

$$X(z) = \frac{z}{z-1} \quad (|z|>1)$$

则零状态响应 $y_{zs}(n)$ 的 Z 变换为 $H(z)$ 和 $X(z)$ 的乘积,即

$$Y_{zs}(z) = H(z)X(z) = \frac{z^2(z+1)}{(z-0.4)(z-0.6)(z-1)}$$

将其展开成部分分式和为

$$Y_{zs}(z) = \frac{25}{3}\frac{z}{z-1} - 12\frac{z}{z-0.6} + \frac{14}{3}\frac{z}{z-0.4}$$

做 Z 反变换,得到零状态响应 $y_{zs}(n)$ 为

$$y_{zs}(n) = \left[\frac{25}{3} - 12(0.6)^n + \frac{14}{3}(0.4)^n\right]\varepsilon(n)$$

6.8　离散时间系统的频率响应特性

6.8.1　离散时间系统的频率响应分析方法

对于连续时间系统,系统的频率响应特性 $H(j\omega)$ 的幅值和相位分别反映了系统对复正弦激励信号 $e^{j\omega}$ 的幅值和相位,即系统的幅频特性和相频特性的影响。同样,对于离散时间系统,也要研究系统对复正弦激励序列 $e^{j\omega Tn}$ 的幅值和相位的影响,即研究离散时间系统的幅频特性和相频特性。

离散时间系统的零状态响应 $y_{zs}(n)$ 等于系统的单位函数响应 $h(n)$ 和激励序列 $x(n)$ 的卷积和,即

$$y_{zs}(n) = h(n) * x(n) = \sum_{k=-\infty}^{+\infty} h(k)x(n-k) \tag{6-91}$$

这里要研究的是系统的频率响应,即系统对复正弦序列 $e^{j\omega Tn}$ 的响应。将激励 $e^{j\omega Tn}$ 代入式(6-91),得

$$y_{zs}(n) = \sum_{k=-\infty}^{+\infty} h(k)e^{j\omega T(n-k)} = e^{j\omega Tn}\sum_{k=-\infty}^{+\infty} h(k)e^{-j\omega Tk} = e^{j\omega Tn}\sum_{k=-\infty}^{+\infty} h(k)(e^{j\omega T})^{-k} \tag{6-92}$$

式中,$\sum\limits_{k=-\infty}^{+\infty} h(k)(e^{j\omega T})^{-k}$ 是 $h(n)$ 的 Z 变换 $H(z)$ 在 $z=e^{j\omega T}$ 时的值。

令 $z=e^{j\omega T}$,则关于系统函数 $H(z)$ 存在以下关系式:

$$H(e^{j\omega T}) = H(z)_{z=e^{j\omega T}} = \sum_{k=-\infty}^{+\infty} h(k)(e^{j\omega T})^{-k} \tag{6-93}$$

将式(6-93)代入式(6-92),得

$$y_{zs}(n) = e^{j\omega Tn}H(e^{j\omega T}) \tag{6-94}$$

式中，$H(e^{j\omega T})$ 是该响应的复数幅值，其极坐标表示为

$$H(e^{j\omega T}) = |H(e^{j\omega T})| e^{j\varphi(\omega)}$$

其中，$\varphi(\omega) = \arg[H(e^{j\omega T})]$ 是 $H(e^{j\omega T})$ 的辐角。将上式代入式(6-94)，得

$$y_{zs}(n) = |H(e^{j\omega T})| e^{j[\omega Tn + \varphi(\omega)]} \tag{6-95}$$

由此可知，系统对复正弦序列 $e^{j\omega Tn}$ 的响应仍是同频率的复正弦序列，系统对复正弦序列 $e^{j\omega Tn}$ 的影响表现在幅值和相位两个方面。

6.8.2 离散时间系统的幅频特性和相频特性

由式(6-95)可知，$H(e^{j\omega T})$ 的模 $|H(e^{j\omega T})|$ 反映了系统对复正弦信号 $e^{j\omega Tn}$ 幅值的影响，称为系统的幅频特性；$H(e^{j\omega T})$ 的辐角 $\varphi(\omega)$ 反映了系统对复正弦信号 $e^{j\omega Tn}$ 相位的影响，称为系统的相频特性。

【例 6.18】 描述某二阶离散时间系统的差分方程为

$$y(n) + a_1 y(n-1) + a_0 y(n-2) = b_0 x(n-2)$$

试求此系统的幅频特性和相频特性。

解 根据差分方程式，可以直接写出系统函数 $H(z)$ 为

$$H(z) = \frac{b_0}{z^2 + a_1 z + a_0}$$

则此系统的频率响应为

$$H(e^{j\omega T}) = H(z)_{z=e^{j\omega T}} = \frac{b_0}{e^{j2\omega T} + a_1 e^{j\omega T} + a_0}$$

$$= \frac{b_0}{[\cos(2\omega T) + a_1 \cos(\omega T) + a_0] + j[\sin(2\omega T) + a_1 \sin(\omega T)]}$$

因此，系统的幅频特性为

$$|H(e^{j\omega T})| = \frac{b_0}{\sqrt{[\cos(2\omega T) + a_1 \cos(\omega T) + a_0]^2 + [\sin(2\omega T) + a_1 \sin(\omega T)]^2}}$$

系统的相频特性为

$$\varphi(\omega) = -\arctan \frac{\sin(2\omega T) + a_1 \sin(\omega T)}{\cos(2\omega T) + a_1 \cos(\omega T) + a_0}$$

由幅频特性和相频特性的表达式可知，幅频特性 $|H(e^{j\omega T})|$ 是关于频率 ω 的偶函数，相频特性 $\varphi(\omega)$ 是关于频率 ω 的奇函数。

注意：系统的频率响应特性是频率 ω 的周期函数，其周期为 2π。这也是离散时间系统的频率响应特性区别于连续时间系统的一个重要特征。

6.9 Matlab 在 z 域分析中的应用

6.9.1 离散时间系统 z 域分析基本函数

(1)对信号进行 Z 变换，调用格式为

Fz＝ztrans(fn,n,z)

其中，fn 为 $f(n)$ 的符号表达式；n 为序号；z 为复频率。

(2)对信号进行 Z 反变换，其调用格式为

$$Y=itrans(Fz,n)$$

①用长除法进行 Z 反变换的指令为

$$impz(b,a,N)$$

其中，N 为样点的长度。

②用部分分式展开法进行 Z 反变换的指令为

$$[r,p,k]=residue(b,a)$$

(3)计算频率响应调用格式为

$$freqz(b,a,n)$$

其中，b 和 a 分别为系统函数 $H(z)$ 的分子、分母之系数向量，n 为频率的计算点数，常取 z 的整数次幂；Ω 为绘制频率特性的横坐标，Ω（即 ωT）的范围为 $0\sim\pi$。

6.9.2 离散时间系统 z 域分析实例

【例 6.19】 求因果序列 $f(n)=r^n$ 的 Z 变换。

程序如下：

```
Ss601.m
symsrnz              %定义符号变量
fn=r^n;              %定义 f(n)
fz=ztrans(fn,n,z);   %对 f(n)进行 z 变换
fz=simple(fz)
```

运行结果为

$$fz=-z/(-z+r)$$

即

$$F(z)=\frac{z}{z-r}$$

【例 6.20】 利用部分分式展开法将 z 域函数 $F(z)=\frac{z(2.5z-0.9)}{(z-0.6)(z-0.3)}$，即 $\frac{F(z)}{z}=\frac{2.5z-0.9}{(z-0.6)(z-0.3)}$ 展开。

程序如下：

```
Ss602.m
p=[0.60.3];
a=poly(p);
b=[2.5-0.9];
[rpk]=residuez(b,a)
```

运行结果为

```
r=2.0000    0.5000
p=0.6000    0.3000
k=[]
```

即
$$F(z)=\frac{2z}{z-0.6}+\frac{0.5z}{z-0.3}$$

【例 6.21】　求 z 域函数 $F(z)=\dfrac{z^3+z^2}{(z-1)^3}=\dfrac{1+z^{-1}}{1-3z^{-1}+3z^{-2}-z^{-3}}$ 的 Z 反变换,计算到 $n=$ 20,画出 $f(n)$ 曲线。

程序如下:

```
Ss603.m
b=[11];
a=[1-33-1];
[fnn]=impz(b,a,20);            %用长除法求逆 Z 变换 f(n)
stem(n,fn,'filled');           %绘制 f(n)的波形
```

运行结果如图 6-5 所示。

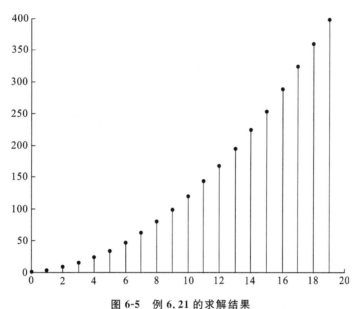

图 6-5　例 6.21 的求解结果

【例 6.22】　设 $H(z)=\dfrac{1}{z^2-5z+6}=\dfrac{z^{-2}}{1-5z^{-1}+6z^{-2}}$

(1)画出零/极点图;

(2)求系统响应 $h(n)$;

(3)求系统的幅频特性 $H(e^{j\Omega})$ 和相频特性 $\varphi(\Omega)$。

解　程序如下:

```
Ss604.m
b=[001];
a=[1-56];
subplot(2,2,1),zplane(b,a);    %绘制系统的零/极点图
title('系统的零/极点图');
[hnn]=impz(b,a,10);            %用长除法求 Z 反变换 h(n)
```

```
subplot(2,2,2),stem(n,hn,'filled');           ％绘制单位函数响应 h(n)的波形
title('单位响应 h(n)');gridon;axistight;
[hw]＝freqz(b,a,10);                           ％计算频率响应
subplot(2,2,3),plot(w,abs(h)');                ％绘制幅频特性曲线
title('幅频特性曲线');gridon;

subplot(2,2,4),plot(w,angle(h));               ％绘制相频特性曲线
title('相频特性曲线');gridon;
```
运行结果如图 6-6 所示。

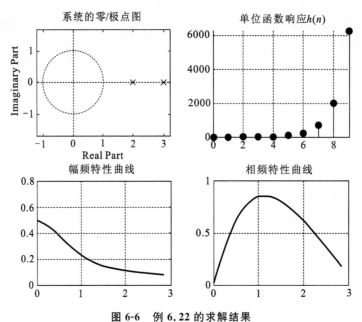

图 6-6　例 6.22 的求解结果

6.9.3　离散时间系统的 z 域分析实验

（1）求因果序列 $f(n)＝a^n$ 的 Z 变换。

（2）利用部分分式展开法将 z 域函数 $F(z)＝\dfrac{z(z-0.5)}{(z+0.5)(z+0.25)}$ 展开,并求它的 Z 反变换,计算到 $n＝20$,画出 $f(n)$ 曲线。

小　　结

一、Z 变换的定义及其收敛域
1. Z 变换的定义
（1）双边 Z 变换

$$X(z) = \sum_{n=-\infty}^{+\infty} x(n)z^{-n}$$

(2)单边 Z 变换

$$X(z) = \sum_{n=0}^{+\infty} x(n) z^{-n}$$

2. Z 变换的收敛域

对于任意有界序列 $x(n)$,使其 Z 变换收敛的所有 z 值集合,称为 $x(n)$ 的 Z 变换 $X(z)$ 的收敛域。根据幂级数收敛半径的比值判定法和根值判定法,可以求得 Z 变换 $X(z)$ 的收敛域。

几类常见序列的 Z 变换的收敛域如下。

(1)有限长序列的收敛域为 $0 < |z| < +\infty$。

(2)右边序列的 Z 变换的收敛域位于某个以原点为圆心的圆的外部,即 $|z| > R_1$。

(3)左边序列的 Z 变换的收敛域位于某个以原点为圆心的圆的内部,即 $|z| < R_2$。

(4)如果双边序列的 Z 变换存在,则其收敛域是一个环形区域,即 $R_1 < |z| \leqslant R_2$。

3. 典型序列的 Z 变换

(1)单位函数 $\delta(n)$ 的 Z 变换: $\delta(n) \leftrightarrow 1$;

(2)单位阶跃序列 $\varepsilon(n)$ 的 Z 变换: $\varepsilon(n) \leftrightarrow \dfrac{z}{z-1}$ 　($|z| > 1$);

(3)单边指数序列 $\alpha^n \varepsilon(n)$ 的 Z 变换: $\alpha^n \varepsilon(n) \leftrightarrow \dfrac{z}{z-\alpha}$ 　($|z| > |\alpha|$)。

二、Z 变换的基本性质

1. 线性特性

若

$$x_1(n) \leftrightarrow X_1(z), \quad x_2(n) \leftrightarrow X_2(z)$$

则

$$a x_1(n) + b x_2(n) \leftrightarrow a X_1(z) + b X_2(z)$$

2. 移序(移位)特性

(1)双边序列 $x(n)$ 做双边 Z 变换时,若

$$x(n) \leftrightarrow X(z)$$

则

$$x(n+m) \leftrightarrow z^m X(z)$$
$$x(n-m) \leftrightarrow z^{-m} X(z)$$

(2)双边序列 $x(n)$ 做单边 Z 变换时,若

$$x(n) \leftrightarrow X(z)$$

则

$$x(n+m)\varepsilon(n) \leftrightarrow z^m \left[X(z) - \sum_{n=0}^{m-1} x(n) z^{-n} \right]$$

$$x(n-m)\varepsilon(n) \leftrightarrow z^{-m} \left[X(z) + \sum_{n=-m}^{-1} x(n) z^{-n} \right]$$

(3)因果序列 $x(n)$ 做单边 Z 变换时,若

$$x(n)\varepsilon(n) \leftrightarrow X(z)$$

则

$$x(n-m)\varepsilon(n-m)\leftrightarrow z^{-m}X(z)$$

$$x(n+m)\varepsilon(n)\leftrightarrow z^m\left[X(z)-\sum_{n=0}^{m-1}x(n)z^{-n}\right]$$

3. z 域尺度变换特性

若

$$x(n)\leftrightarrow X(z)$$

则

$$a^n x(n)\leftrightarrow X\left(\frac{z}{a}\right) \quad (R_1<\left|\frac{z}{a}\right|<R_2)$$

$$a^{-n}x(n)\leftrightarrow X(az) \quad (R_1<|az|<R_2)$$

$$(-1)^n x(n)\leftrightarrow X(-z) \quad (R_1<|z|<R_2)$$

4. 序列的线性加权（z 域微分）

若

$$x(n)\leftrightarrow X(z)$$

则

$$nx(n)\leftrightarrow -z\frac{\mathrm{d}X(z)}{\mathrm{d}z}$$

5. 初值定理

（1）若 $x(n)$ 为因果序列，且 $x(n)\leftrightarrow X(z)$，则 $x(n)$ 的初值 $x(0)$ 为

$$x(0)=\lim_{n\to +\infty}X(z)$$

（2）若 $x(n)$ 为右边序列，并且当 $n<M$ 时，序列值 $x(n)=0$，则其初值 $x(M)$ 为

$$x(M)=\lim_{n\to +\infty}z^M X(z)$$

6. 终值定理

设 $x(n)$ 为因果序列，且 $x(n)\leftrightarrow X(z)$，则序列 $x(n)$ 的终值为

$$\lim_{n\to +\infty}x(n)=\lim_{z\to 1}\left[(z-1)X(z)\right]$$

7. 时域卷积定理

已知序列 $x_1(n)$ 和 $x_2(n)$，其 Z 变换分别为

$$x_1(n)\leftrightarrow X_1(z), x_2(n)\leftrightarrow X_2(z)$$

则

$$x_1(n)*x_2(n)\leftrightarrow X_1(z)X_2(z)$$

三、Z 反变换

Z 反变换的计算方法通常有以下三种。

1. 幂级数展开法

幂级数展开法将 Z 变换 $X(z)$ 展开成 z^{-1} 的幂级数形式，幂级数的系数的集合就是原函数的序列 $x(n)$。若 $X(z)$ 是一个多项式分式，则用长除法可以展开成幂级数。

2. 部分分式展开法

把复杂的 Z 变换式展开成简单的部分分式之和，对部分分式做 Z 反变换，然后再对这些

部分分式的 Z 反变换求和即可。Z 反变换的基本变换式为 $\dfrac{z}{z-a}$、$\dfrac{z}{(z-a)^2}$ 等形式,它们的分母上都有 z。为了保证 $X(z)$ 分解后的部分分式为基本变换式形式,通常先将 Z 变换式 $X(z)$ 除以 z,再将 $\dfrac{X(z)}{z}$ 展开为部分分式,然后再乘以 z。根据 $X(z)$ 的极点情况,分为以下几种。

(1) $X(z)$ 只含有一阶极点。

如果 $X(z)$ 有 m 个一阶极点 a_1、a_2、……、a_m,则 $\dfrac{X(z)}{z}$ 的部分分式和为

$$\frac{X(z)}{z} = \frac{A_0}{z} + \frac{A_1}{z-a_1} + \cdots + \frac{A_m}{z-a_n} = \sum_{i=0}^{m} \frac{A_i}{z-a_i}$$

式中,$a_0 = 0$,则系数 A_i 为

$$A_i = (z-a_i)\frac{X(z)}{z}\bigg|_{z=a_i}$$

将系数 A_i 代入 $\dfrac{X(z)}{z}$,等式两边再同乘以 z,得

$$X(z) = A_0 + \sum_{i=1}^{m} \frac{A_i z}{z-a_i}$$

再利用以下基本变换式

$$\delta(n) \leftrightarrow 1; a^n \varepsilon(n) \leftrightarrow \frac{z}{z-a}\ (|z|>|a|); -a^n\varepsilon(-n-1) \leftrightarrow \frac{z}{z-a}\ (|z|<|a|)$$

即可求得 $X(z)$ 的原序列 $x(n)$。

(2) $X(z)$ 有共轭一阶极点。

如果 $X(z)$ 有一对共轭一阶极点,即 $a_{1,2} = c \pm \mathrm{j}d = \alpha \mathrm{e}^{\pm \mathrm{j}\beta}$,则

$$\frac{X(z)}{z} = \frac{K_1}{z-c-\mathrm{j}d} + \frac{K_1^*}{z-c+\mathrm{j}d}$$

式中,K_1 与 K_1^* 互为共轭复数,若 $K_1 = |K_1|\mathrm{e}^{\mathrm{j}\theta}$,则 $K_1^* = |K_1|\mathrm{e}^{-\mathrm{j}\theta}$。系数 K_1 的计算方法同一阶单极点,则 $X(z)$ 可以展开成如下部分分式的和式

$$X(z) = \frac{|K_1|\mathrm{e}^{\mathrm{j}\theta}z}{z-\alpha\mathrm{e}^{\mathrm{j}\beta}} + \frac{|K_1|\mathrm{e}^{-\mathrm{j}\theta}z}{z-\alpha\mathrm{e}^{-\mathrm{j}\beta}}$$

若 $X(z)$ 的收敛域为 $|z|>\alpha$,则原序列 $x(n)$ 为因果序列,即
$$x(n) = 2|K_1|\alpha^n\cos(\beta n+\theta)\varepsilon(n)$$
若 $X(z)$ 的收敛域为 $|z|<\alpha$,则原序列 $x(n)$ 为反因果序列,即
$$x(n) = -2|K_1|\alpha^n\cos(\beta n+\theta)\varepsilon(-n-1)$$

(3) 围线积分法。

通过在 z 平面中进行围线积分来求 Z 反变换。

四、Z 变换与拉普拉斯变换的关系

1. s 平面与 z 平面之间的映射关系

z 平面中的复变量 z 与 s 平面中的复变量 s 之间有如下关系

$$z = \mathrm{e}^{sT}, s = \frac{1}{T}\ln z$$

为了便于讨论 s 平面与 z 平面之间的映射关系,将 s 用直角坐标形式表示,而 z 用极坐标

形式表示,有

$$\begin{cases} s=\sigma+\mathrm{j}\omega \\ z=re^{j\theta} \end{cases},\text{或者}\begin{cases} r=\mathrm{e}^{\sigma T}=\mathrm{e}^{\frac{2\pi\sigma}{\omega_{\mathrm{s}}}} \\ \theta=\omega T=\frac{2\pi\omega}{\omega_{\mathrm{s}}} \end{cases}$$

则 s 平面与 z 平面之间的映射关系如下。

(1)s 平面上的整个虚轴($\sigma=0,s=\mathrm{j}\omega$)映射到 z 平面的单位圆($r=1$),右半平面的点($\sigma>0$)映射到 z 平面单位圆的圆外($r>1$),左半平面的点($\sigma<0$)映射到 z 平面单位圆的内部($r<1$);

(2)s 平面上的实轴($\omega=0,s=\sigma$)映射到 z 平面是正实轴($\theta=0$),平行于实轴的直线(ω 为常数)映射到 z 平面是从原点发出的辐射线(θ 为常数),而通过 $\mathrm{j}\frac{k\omega_{\mathrm{s}}}{2}$ $(k=\pm1,\pm3,\cdots)$ 平行于实轴的直线映射到 z 平面是负实轴($\theta=\pi$);

(3)从 z 平面向 s 平面的映射并不是单值的,因为 $\mathrm{e}^{j\theta}$ 是以 ω_{s} 为周期的周期函数,而 s 平面上的点沿着虚轴移动时,对应的 z 平面上的点沿单位圆做周期性旋转,s 平面上的点每平移 ω_{s},z 平面上的点沿单位圆转一圈。

2.直接从拉普拉斯变换的像函数求 Z 变换

直接从拉普拉斯变换的像函数 $X(s)$ 求相应的 Z 变换 $X(z)$ 的关系式为

$$X(z)=\sum_{X(s)\text{的极点}}\mathrm{Res}\left[\frac{zX(s)}{z-\mathrm{e}^{sT}}\right]$$

五、离散时间系统的 z 域分析法

在用 Z 变换求解系统响应时,常用以下两种方法。

1.系统的零状态响应和零输入响应求解法

这种方法类似时域响应解法,可以将系统的 z 域响应分成零输入响应和零状态响应来分别求解,二者相加即得全响应。

(1)零输入响应。

令激励为零,将描述离散的差分方程改写成齐次方程,利用 Z 变换的移位特性,对其求单边 Z 变换,得到零输入响应的 Z 变换 $Y_{\mathrm{zi}}(z)$,然后做 Z 反变换,即得系统的零输入响应 $y_{\mathrm{zi}}(n)$。

(2)零状态响应。

对差分方程两边同时做单边 Z 变换,求出系统函数 $H(z)$;将系统函数 $H(z)$ 与激励信号 $x(n)$ 的 Z 变换 $X(z)$ 相乘,得到 $Y_{\mathrm{zs}}(z)$;对 $Y_{\mathrm{zs}}(z)$ 做 Z 反变换即可得到系统的零状态响应 $y_{\mathrm{zs}}(n)$。

2.系统响应的直接 Z 变换解法

这种方法与用拉普拉斯变换分析连续时间系统类似,离散时间系统也可以用 Z 变换一次求出系统的全响应。对差分方程式两边同做单边 Z 变换,然后利用 Z 变换的移位特性,并将响应的初始状态代入,解出全响应的 Z 变换 $Y(z)$ 后,再做 Z 反变换即可求出全响应 $y(n)$。

六、离散时间系统的系统函数

1.系统函数的定义

离散时间系统的系统函数 $H(z)$ 也可以定义为系统的零状态响应的 Z 变换 $Y_{\mathrm{zs}}(z)$ 和激励的 Z 变换 $X(z)$ 的比值,即

$$H(z) = \frac{Y_{zs}(z)}{X(z)}$$

离散时间系统的系统函数 $H(z)$ 是系统的单位函数响应 $h(n)$ 的 Z 变换，即

$$h(n) \leftrightarrow H(z)$$

在某些情况下，系统的单位函数响应 $h(n)$ 并不容易求解。但在描述离散系统的差分方程已知的情况下，可以直接写出系统函数 $H(z)$。

2. 系统函数的零/极点分布与系统时域特性的关系

单位函数响应 $h(n)$ 的特性取决于系统函数 $H(z)$ 的极点，即系统函数 $H(z)$ 的极点决定 $h(n)$ 的波形特征；系统函数 $H(z)$ 的零点只影响 $h(n)$ 的幅值与相位。

离散时间系统稳定的充分必要条件是单位函数响应 $h(n)$ 绝对可和，即

$$\sum_{n=-\infty}^{+\infty} |h(n)| \leqslant M$$

对于稳定的离散时间系统，其系统函数 $H(z)$ 的收敛域应包含单位圆。对于稳定的因果系统，则要求其收敛域包含单位圆，即 $H(z)$ 的极点全部位于单位圆内。对于稳定的非因果系统，则要求其收敛域包含单位圆，即 $H(z)$ 的极点全部位于单位圆外。

七、离散时间系统的频率响应特性

离散时间系统对复正弦激励序列 $e^{j\omega Tn}$ 的零状态响应 $y_{zs}(n)$ 的极坐标形式为

$$y_{zs}(n) = |H(e^{j\omega T})| e^{j[\omega Tn + \varphi(\omega)]}$$

由此可知，系统对复正弦序列 $e^{j\omega Tn}$ 的响应仍是同频率的复正弦序列，系统对复正弦序列 $e^{j\omega Tn}$ 的影响表现在幅值和相位两个方面。$H(e^{j\omega T})$ 的模 $|H(e^{j\omega T})|$ 反映了系统对复正弦信号 $e^{j\omega Tn}$ 幅值的影响，称为系统的幅频特性；$H(e^{j\omega T})$ 的辐角 $\varphi(\omega)$ 反映了系统对复正弦信号 $e^{j\omega Tn}$ 相位的影响，称为系统的相频特性。其中，幅频特性 $|H(e^{j\omega T})|$ 是关于频率 ω 的偶函数，相频特性 $\varphi(\omega)$ 是关于频率 ω 的奇函数。

习　题

6.1　求下列各序列的 Z 变换，用闭合形式表示，并画出零/极点图，标明收敛区域。

(1) $\left(\frac{1}{5}\right)^n [\varepsilon(n) - \varepsilon(n-8)]$；　　　　(2) $\left(\frac{1}{2}\right)^n \sin\left(\frac{\pi n}{3} + \frac{\pi}{4}\right)\varepsilon(n)$；

(3) $x(n) = \begin{cases} 0 & (n<0 \text{ 或 } n>12) \\ 1 & (0 \leqslant n \leqslant 11) \end{cases}$；　　(4) $\cos\left(\frac{\pi n}{4} + \frac{\pi}{3}\right)\varepsilon(n)$。

6.2　已知有界序列 $x(n)$ 的定义为

$$x(n) \begin{cases} \neq 0 & (k_1 \leqslant n \leqslant k_2) \\ = 0 & (\text{其他}) \end{cases}$$

式中，k_1，k_2 是有界值，试证明 $X(z)$ 的收敛区域是除 $z=0$ 或 $z=+\infty$ 外的整个 z 平面。

6.3　已知右边序列 $x(n)$ 的定义为

$$x(n) \begin{cases} \neq 0 & (n \geqslant N_1) \\ = 0 & (n < N_1) \end{cases}$$

试证明 $X(z)$ 的收敛区为 $|z| > r_{\max}$，其中 $r_{\max}$ 为 $X(z)$ 极点的最大幅度。

6.4 试求下列各序列的 Z 变换。

(1) $x(n) = na^n \varepsilon(n)$;   (2) $x(n) = na^{n-1} \varepsilon(n)$;

(3) $x(n) = \dfrac{1}{2} n(n-1) a^{n-2} \varepsilon(n)$。

6.5 试求 $X(z) = z^2 \left(1 - \dfrac{1}{3} z^{-1}\right)(1 - z^{-1})(1 + 3z^{-1})$ $(0 < |z| < +\infty)$ 的 Z 反变换。

6.6 利用幂级数展开式

$$\lg(1-w) = -\sum_{i=1}^{+\infty} \frac{w^i}{i} \quad (|w| < 1)$$

求下列各 Z 变换像函数的 Z 反变换。

(1) $X_1(z) = \lg(1-2z)$ $\left(|z| < \dfrac{1}{2}\right)$;   (2) $X_2(z) = \lg\left(1 - \dfrac{1}{2} z^{-1}\right)$ $\left(|z| > \dfrac{1}{2}\right)$。

6.7 利用幂级数展开式

$$e^r = \sum_{k=0}^{+\infty} \frac{1}{n!} r^k \quad (|r| < 1)$$

求下列各式的 Z 反变换。

(1) $X_1(z) = e^z$ 所对应的左边序列;(2) $X_2(z) = e^{z^{-1}}$ 所对应的右边序列。

6.8 利用部分分式展开法,求 $X(z) = \dfrac{9z^2}{9z^2 - 9z + 2}$ 在下列区间的 Z 反变换。

(1) $|z| > \dfrac{2}{3}$;   (2) $|z| < \dfrac{1}{3}$;   (3) $\dfrac{1}{3} < |z| < \dfrac{2}{3}$。

6.9 利用部分分式展开法,求 $F(z) = \dfrac{z}{(z-1)^2 (z-2)}$ 在下列区间的 Z 反变换。

(1) $|z| > 2$;   (2) $|z| < 1$;   (3) $1 < |z| < 2$。

6.10 设 $f(n)$ 的 Z 变换为 $F(z)$,试用 $F(z)$ 表示下列各序列的 Z 变换。

(1) $f_1(n) = \begin{cases} f(k/2) & (k \text{ 为偶数}) \\ 0 & (k \text{ 为奇数}) \end{cases}$;

(2) $f_2(n) = f(2n)$,$f_3(n) = f(2n+1)$。

6.11 已知描述某一因果线性时不变系统的差分方程为

$$y(n) = y(n-1) + y(n-2) + f(n-1)$$

试求:

(1) 系统函数 $H(z) = \dfrac{Y(z)}{F(z)}$,画出 $H(z)$ 的零/极点图,并标明其收敛域;

(2) 系统的单位函数响应 $h(n)$;

(3) 一个满足上述差分方程的稳定(但非因果)系统的单位函数响应 $h_1(n)$。

6.12 已知描述某一线性非时变系统的差分方程为

$$y(n+1) - \frac{5}{2} y(n) + y(n-1) = f(n)$$

试画出该系统的零/极点图,求出满足上述差分方程的三种单位函数响应式。

6.13 已知某一离散系统的单位函数响应 $h(n)$ 和输入 $e(n)$ 分别为

$$h(n)=\begin{cases}a^k & (n\geqslant 0)\\ 0 & (n<0)\end{cases},\quad e(n)=\begin{cases}1 & (0\leqslant n\leqslant k-1)\\ 0 & （其他）\end{cases}$$

试用 Z 变换的卷积特性，求出系统的零状态响应 $y_{zs}(n)$。

6.14　已知描述某一离散时间系统的差分方程为 $y(n)-ay(n-1)=f(n)$，其中，a 是常数，其初始状态 $y(-1)=\alpha$，输入 $f(n)=m\delta(n)$，试求系统全响应 $y(n)$。

6.15　利用 Z 变换，求下列给定初始状态和激励的系统全响应。

(1) $y(n)-3y(n-1)=f(n)$，$f(n)=4\varepsilon(n)$，$y(-1)=1$；

(2) $y(n)-5y(n-1)+6y(n-2)=f(n)$，$f(n)=\varepsilon(n)$，$y(-1)=3$，$y(-2)=2$。

参 考 文 献

[1] 容太平,谭文群.信号与系统[M].武汉:华中科技大学出版社,2010.

[2] 郑君里,应启珩,杨为理.信号与系统[M].3版.北京:高等教育出版社,2011.

[3] 管致中,夏恭恪,孟桥.信号与系统[M].5版.北京:高等教育出版社,2011.

[4] 刘百芬,张利华.信号与系统[M].北京:人民邮电出版社,2012.

[5] 沈元隆,周井泉.信号与系统[M].2版.北京:人民邮电出版社,2009.